普通高等学校网络工程专业教材

计算机网络实践教程

杨玺 王艳 编著

清华大学出版社
北京

内 容 简 介

本书是为高等学校计算机类专业的学生编写的计算机网络实训教材。本书由两篇共 16 章组成,第一篇(第 1～8 章)是虚拟篇,基于 eNSP 开展计算机网络虚拟实验,涵盖交换机、VLAN、RIP 路由协议、OSPF 路由协议、NAT 等内容,有助于读者理解计算机网络的理论知识,尤其是网络模型中低层的数据链路层和网络层的相关理论知识。第二篇(第 9～16 章)是实体篇,利用 Windows Server 2019 在组建局域网和交换机配置管理的基础上开展计算机网络应用实践,涵盖 DHCP、DNS、WWW、FTP 和电子邮件服务器等应用,有助于锻炼读者网络设计与综合应用能力。

本书集虚拟实践与实体实践于一体,融合课程思政,配套资源丰富,易于实施。本书可用于计算机网络课程的课上教学,作为计算机网络实践的指导书,也可用于课下自学,通过自学实践助力计算机理论知识的理解。

图书在版编目(CIP)数据

计算机网络实践教程 / 杨玺,王艳编著. -- 北京 :清华大学出版社,2025.6.
(普通高等学校网络工程专业教材). -- ISBN 978-7-302-69423-6

Ⅰ. TP393

中国国家版本馆 CIP 数据核字第 2025HP0348 号

责任编辑:袁勤勇 杨 枫
封面设计:常雪影
责任校对:韩天竹
责任印制:杨 艳

出版发行:清华大学出版社
  网 址:https://www.tup.com.cn,https://www.wqxuetang.com
  地 址:北京清华大学学研大厦 A 座   邮 编:100084
  社 总 机:010-83470000   邮 购:010-62786544
  投稿与读者服务:010-62776969,c-service@tup.tsinghua.edu.cn
  质量反馈:010-62772015,zhiliang@tup.tsinghua.edu.cn
  课件下载:https://www.tup.com.cn,010-83470236
印 装 者:大厂回族自治县彩虹印刷有限公司
经 销:全国新华书店
开 本:185mm×260mm   印 张:15.25   字 数:380 千字
版 次:2025 年 7 月第 1 版   印 次:2025 年 7 月第 1 次印刷
定 价:48.00 元

产品编号:105480-01

前 言

在工程教育专业认证评审过程中,实践教学是工程教育至关重要的环节之一。计算机网络是高等院校计算机类专业的专业必修课。在学习过程中,读者普遍感觉计算机网络较为抽象,难以理解,其主要原因之一就是理论与实践不能很好地结合起来,缺少实践方面的训练。

本书由两篇共 16 章组成,第一篇(第 1~8 章)是虚拟篇,安排了 8 个实验内容,涵盖交换机、VLAN、RIP 路由协议、OSPF 路由协议、NAT 等内容,有助于学生理解计算机网络理论课程的理论知识,尤其是网络模型中低层的数据链路层和网络层的相关理论知识。第二篇(第 9~16 章)是实体篇,安排了 8 个实验内容,在组建局域网和交换机配置管理的基础上开展应用层实践,包括 DHCP、DNS、WWW、FTP 和电子邮件服务器的架设与应用。

本书各实验均分为 4 部分。第一部分是知识准备,介绍该实验所涉及的理论和实践知识。第二部分是实验目的与实验环境,除了介绍实验目的外,还结合实际工程应用(模拟场景)设计了实验的网络场景。第三部分是实验步骤,介绍整个实验的配置、验证过程和步骤。第四部分是思考题和实训记录与分析,结合不同的网络场景设计了实训记录与分析的各类表格,供学生填写记录;思考题有助于学生掌握理论知识,解决复杂网络中的工程问题。

本书具有以下特点。

(1) 集虚拟实践与实体实践于一体。虚拟篇偏底层,既可用于教师课上实践教学,也可用于学生课后自学实践操作;实体篇偏应用,可用于教师课上实践教学。每个实验涉及不同的网络技术或知识,将虚拟篇与实体篇相结合,就可以构建面向一般企业的计算机网络复杂工程应用。

(2) 融合课程思政。本书采用国产网络设备(神州数码、华为)和国产网络模拟软件(华为的 eNSP)开展实践设计,在潜移默化的过程中达到课程思政的效果。

(3) 易于实施。本书的虚拟实践对实验条件要求较低,实体实践给出了多种网络设计方案,以便教师在实施过程中可根据自身学校的网络环境进行调整,使本教材的虚拟实践和实体实践环境门槛低,易于实施。

（4）配套资源丰富。与本书配套有多层次立体化教学资源，涵盖教案课件、实践视频、实训记录与分析、基于工程认证的考核评价等线上线下资源，可方便教师开展线上线下教学。

本书可用于计算机网络课程的课上教学，作为计算机网络实践的指导书，也可用于课下辅助，通过学生自学实践助力对计算机理论知识的理解。本书也可用于高等院校教学。

本书共 16 个实验项目，建议虚拟篇教学课时为 16 学时，实体篇教学课时16 学时，两篇既可单独使用，也可配合使用。

本书第一篇由王艳编著，第二篇由杨玺编著，岳溥麻参与部分实验环境设计，全书由杨玺统稿。

由于编者水平有限，书中难免有不足之处，敬请各位同行、专家和读者指正。

编　者

2025 年 3 月

CONTENTS

目　录

第一篇　虚　拟　篇

CONTENTS

CONTENTS

CONTENTS

CONTENTS

CONTENTS

CONTENTS

第二篇 实 体 篇

CONTENTS

CONTENTS

C O N T E N T S

C O N T E N T S

C O N T E N T S

CONTENTS

第一篇 虚 拟 篇

第1章 eNSP 基本操作

1.1 知识准备

1.1.1 eNSP 简介

eNSP(enterprise Network Simulation Platform)是一款由华为提供的免费的、可扩展的、图形化的网络设备仿真平台,主要对企业路由器、交换机、WLAN 设备等进行软件仿真,完美呈现真实设备部署实景,支持大型网络模拟,让用户可以在没有真实设备的情况下也能够开展实验测试,学习网络技术。

该软件自带丰富的使用教程,具有下述特点。

(1) 高度仿真。eNSP 按照真实设备支持特性情况进行模拟,模拟的设备形态多,支持功能全面,模拟程度高。此软件可模拟华为 AR 路由器、x7 系列交换机的大部分特性;可模拟 PC 终端、Hub、云、帧中继交换机等;可以仿真设备配置功能,快速学习华为命令;可模拟大规模设备组网;可通过真实网卡与真实网络设备实现对接;可模拟网络接口抓包,直观展示协议交互过程。

(2) 图形化操作。eNSP 提供便捷的图形化操作界面,让复杂的组网操作变得更简单。该软件支持拓扑创建、修改、删除、保存等操作;支持设备拖拽、接口连线操作;通过不同颜色,直观反映设备与接口的运行状态;预置大量工程案例,可直接打开演练学习。eNSP 提供的图形化操作界面不但可以直观感受设备形态,而且支持一键获取帮助和在华为网站查询设备资料等功能。

(3) 分布式部署。eNSP 不仅支持单机部署,还支持 Server 端分布式部署在多台服务器上。分布式部署环境下支持单机版本和多机版本,支持组网培训场景;多机组网场景最大可模拟 200 台设备的组网规模。

(4) 可与真实设备对接。eNSP 支持与真实网卡的绑定,实现模拟设备与真实设备的对接,组网更灵活。

(5) 免费对外开放。华为完全免费对外开放 eNSP,直接下载安装即可使用,不需要申请 license(许可证)。无论是初学者还是专业人员均能使用,该软件提供的功能可以满足学生、教师、技术人员等在各种应用场景的不同需求。

1.1.2 eNSP 界面

1. 引导界面概述

eNSP 引导界面如图 1-1 所示,包括的区域主要有:①主菜单栏;②工具栏;③设备列表区域,与主界面相同;④快捷按钮,提供"新建拓扑"和"打开"的操作入口;⑤样例区,用于提供常用的拓扑案例,可以为初学者提供实例参考;⑥最近打开,作用是显示最近已浏览的拓扑文件名称；⑦"学习"帮助区域，作用是提供学习 eNSP 操作方法的入口；⑧接口列表区，与主界面的接口列表区相同。

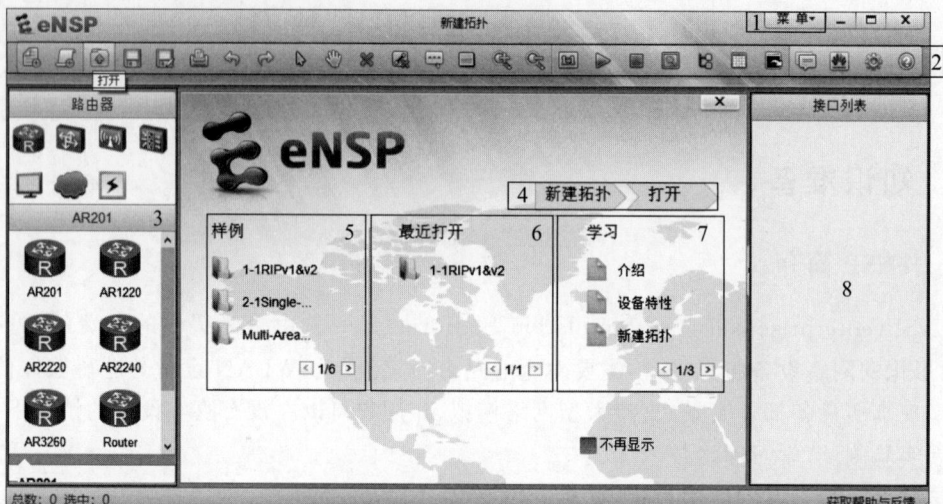

图 1-1　eNSP 引导界面

2. 主界面概述

eNSP 主界面如图 1-2 所示，包括的区域主要有：①主菜单栏；②工具栏；③设备列表区域；④工作区；⑤接口列表区。

图 1-2　eNSP 主界面

3. 主菜单栏

主菜单栏提供【文件】、【编辑】、【视图】、【工具】、【考试】、【帮助】菜单，每个菜单下面包含若干子菜单项，简要说明如表 1-1 所示。

表 1-1　各子菜单项的简要说明

菜单项	子菜单项	快 捷 键	简 要 说 明
文件	新建拓扑	Ctrl+N	新建拓扑
	新建试卷工程	—	新建试卷工程
	打开拓扑	Ctrl+O	打开拓扑
	打开示例	Ctrl+Alt+O	打开拓扑示例
	保存拓扑	Ctrl+S	保存拓扑
	另存为	Ctrl+Alt+S	另存为指定文件名和文件类型
	向导	Ctrl+G	打开引导界面
	打印	Ctrl+P	打印拓扑
	最近打开	—	显示最近打开的拓扑文件
	文件退出	—	退出程序
编辑	撤销	Ctrl+Z	撤销上次操作
	恢复	Ctrl+Y	恢复上次操作
	复制	Ctrl+C	复制
	粘贴	Ctrl+V	粘贴
视图	缩放	—	对拓扑图进行放大、缩小、大小重置操作
	工具栏	—	用于控制是否显示网络设备区(窗口左侧)和设备接口区(窗口右侧)
工具	调色板	Ctrl+Alt+P	描绘拓扑图中的图形
	启动设备	Ctrl+Alt+A	启动拓扑中选中的设备,默认启动所有未启动设备
	停止设备	Ctrl+Alt+C	关闭拓扑中选中的设备,默认关闭所有已启动设备
	数据抓包	Ctrl+Alt+D	启动报文采集功能
	选项	Ctrl+Alt+E	软件参数设置
	合并/展开 CLI	—	将多个设备的命令行界面合并到一个窗口或取消合并
	注册设备	—	注册 AR、AC、AP 等设备
	添加/删除设备	—	添加/删除拓展设备
考试	阅卷	—	评阅试卷
帮助	目录	F1	查看帮助文档
	检查更新	—	检测 eNSP 工具的最新版本信息
	关于 eNSP...	—	查看软件版本和版权信息

4. 工具栏

工具栏提供了丰富的工具,各工具的简要说明如表 1-2 所示。

表 1-2　工具简要说明

工　具	简　要　说　明	工　具	简　要　说　明
	新建拓扑		新建试卷工程
	打开拓扑		保存拓扑
	另存为指定文件名和文件类型		打印拓扑
	撤销上次操作		恢复上次操作
	恢复鼠标		选定工作区,便于移动
	删除对象		删除所有连线
	添加描述框		添加图形
	放大		缩小
	恢复原大小		启动设备
	停止设备		采集数据报文
	显示所有接口		显示网格
	打开拓扑中设备的命令行界面		eNSP 论坛
	华为官网		选项设置
	帮助文档		

5. 设备列表区

设备列表区包括设备类别列表、设备型号列表及物理参数说明。

(1) 设备类别列表。根据设备类别的选择,设备型号区的内容将会变化。用户可以将此区域的设备直接拖至工作区,系统默认将设备型号区中该类别的第一种型号的设备添加至工作区中。

设备类别列表及相关简要说明如表 1-3 所示。

表 1-3　设备类别说明

图　标	说　明	图　标	说　明
	企业路由器		企业交换机
	WLAN 设备		防火墙
	终端设备		其他设备
	连接线		

(2) 设备型号列表。设备型号列表提供设备和设备连线的具体信息,供选择到工作区。设备型号列表及相关简要说明如表 1-4 所示。

（3）物理参数说明。物理参数说明是对所选的具体设备型号的物理参数进行说明,对于路由器、交换机、WLAN 及防火墙一般说明其物理接口;对于终端及其他设备一般说明其网络接口以及该设备的主要功能与作用;对于设备连线一般说明其所能连接的设备接口类型。

表 1-4　设备型号说明

类　别	图标	说　明
路由器		AR 系列的接入路由器,包含 CON/AUX 接口、以太网接口、WAN 侧上行接口、USB 接口
交换机		S5700-28C-HI 型号的企业级交换机,包含 24 个 10/100/1000BASE-T 以太网接口、1 个 Console 接口、1 个管理接口、1 个 USB 接口
		S3700-26C-HI 型号的企业级交换机,包含 22 个 10/100BASE-T 以太网接口、2 个千兆 Combo 接口(10/100/1000BASE-T＋100/1000BASE-X)、1 个 Console 接口、1 个管理接口、1 个 USB 接口
		CE6800 型号的数据中心交换机
		CE12800,第三方集成设备
无线局域网		AC6005 型号的 AC 设备,包含 6 个 10/100/1000BASE-T 以太网接口、2 个 Combo 接口、1 个 Console 接口和 1 个 USB 接口
		AC6605 型号的 AC 设备,包含 24 个 10/100/1000BASE-T 以太网接口、4 个 Combo 接口、1 个 Console 接口、1 个 RS-232 维护串口和 1 个 Mini USB 维护接口(与 RS-232 口互斥)
		AP 设备包含 AP2010、AP2030、AP2050、AP3030、AP4030、AP4050、AP5030、AP6050、AP7030、AP7050、AP8030、AP8130 和 AP9131
		AD9430 型号的 AD(中心 AP)设备
		R250D 型号的 SAP(RRU)设备
防火墙		USG 防火墙设备,包括 USG5500 和 USG6000v
终端		PC,包含 1 个以太网接口,可模拟发送和接收数据报文
		组播源,包含 1 个以太网接口,可向 PC 发送组播数据报文
		客户端,包含 1 个以太网接口,可模拟 FTP 客户端和 HTTP 客户端
		服务器,包含 1 个以太网接口,可模拟 DNS 服务器、FTP 服务器和 HTTP 服务器
		带无线网卡的笔记本计算机模拟器,包含一个 WiFi 接口,可模拟发送和接收无线数据报文
		手机模拟器,包含一个 WiFi 接口,可模拟收发无线报文
其他设备		云,可动态配置设备接口,管理接口映射规则,将接口与真实网卡绑定
		帧中继交换机,包含 16 个串口,可模拟 DLCI 标签交换过程
		集线器,包含 16 个以太网接口

续表

类　别	图标	说　　明
设备连线		以太网线,连接设备的以太网接口
		串口线,连接设备的串口
		POS 口连接线,连接路由器的 POS 接口
		E1 口连接线,连接路由器的 E1 接口
		ATM 口连接线,连接路由器的 4G.SHDSL 接口
		Console 口连接线,PC 与设备之间的串口连线

6. 接口列表区

接口列表区显示拓扑中的设备和设备已连接的接口,用不同颜色的指示灯代表当前设

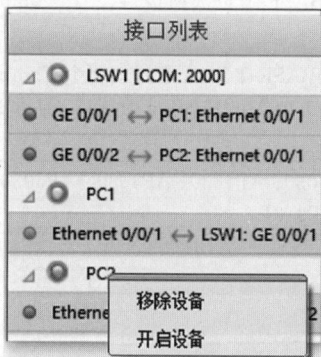

图 1-3　接口列表

备或接口的状态,如图 1-3 所示。双击或者拖动标题栏时可以将其脱离主界面,增大工作区可视面积。再次双击或者拖动标题栏时,可以将其放回至原位置。如果打开的 eNSP 主界面上没有接口列表区,可以在【视图】菜单单击【工具栏】,然后选中【右工具栏】,或者直接用快捷键 Ctrl+R 实现。

接口列表区用不同颜色的指示灯标识当前设备或接口的状态,指示灯有红色、绿色和蓝色 3 种颜色,分别代表以下含义。

红色:设备未启动或接口处于物理 DOWN 状态。

绿色:设备已启动或接口处于物理 UP 状态。

蓝色:接口正在采集报文。

在接口列表区右键单击设备名即可启动/停止设备;右击处于物理 UP 状态的接口名即可启动/停止接口报文采集。

1.1.3　eNSP 常用功能及使用方法

1. 选择并添加设备

首先在设备类型列表中选择需要的网络设备,与之关联的设备型号列表就会显示该设备类型的各种网络设备型号,从中选择自己需要的具体设备,单击图标,此时鼠标指针移至工作区时会变成图标的形式,在工作区适当的位置单击,可以看到所选设备已经添加至工作区中。如果要添加多台同种设备,则可以在工作区中多处单击,即可看到多台同种设备添加至工作区;如果要结束设备的添加,单击工具栏上的【恢复鼠标】图标即可。

以添加路由器为例,给出添加设备步骤,如图 1-4 所示。

(1) 在设备类型列表中选择【路由器】,可以看到相应的设备型号列表中显示了不同型

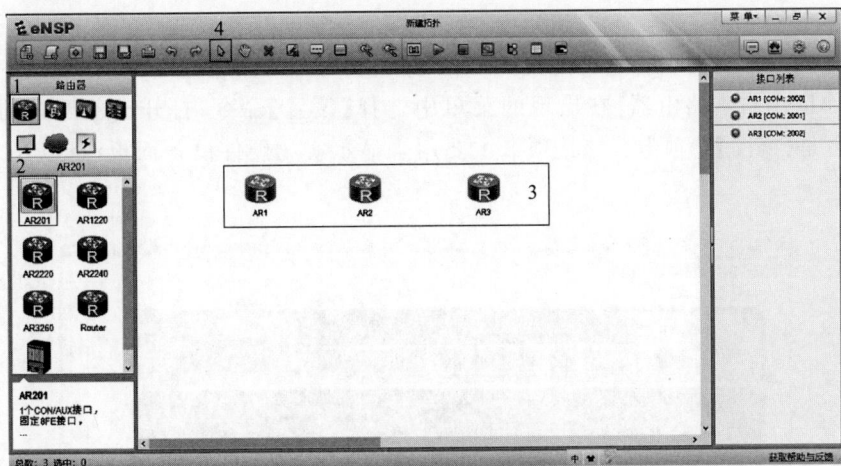

图 1-4　选择并添加设备

号的路由器。

（2）在设备型号列表中选择 AR201 路由器，将鼠标指针移至工作区时变成所选设备图标的形式。

（3）在工作区适当的位置单击，可将所选设备已经添加至工作区中；此时工作区中的鼠标指针仍然是路由器图标的形式，在工作区中其他两处再分别单击，即可将另外的两台 AR201 路由器添加至工作区。

（4）单击工具栏上的【恢复鼠标】图标，退出添加设备状态。

2. 连接设备

选择好的设备需要通过合适的线型将其连接起来。下面以交换机与 PC 相连为例进行说明。交换机与 PC 需要通过双绞线连接，因此首先在设备类型列表中选择【设备连线】，然后在设备型号列表中选择 Copper。在交换机上单击，此时会出现适合该线型的接口，选择想要使用的接口，这时在交换机与鼠标指针间会出现一条连线，单击所要连接的 PC，同样会出现适合该线型的接口，选择想要使用的接口，这样交换机与 PC 就相连了。已完成设备连接的连线上会有端口显示，如图 1-5 所示。

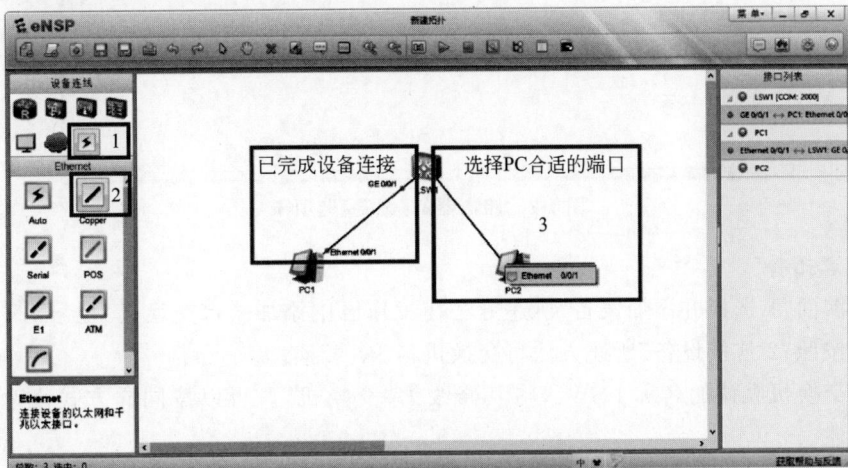

图 1-5　设备连接过程示意图

3. 配置设备

设备连接后需要对设备进行配置,下面以路由器配置为例进行说明。

在工作区中右击路由器,在出现的菜单中选择【设置】命令,打开设备配置的对话框,图 1-6 所示是【视图】选项卡。该选项卡主要用来显示实物硬件设备面板,可以添加必要的接口模块。

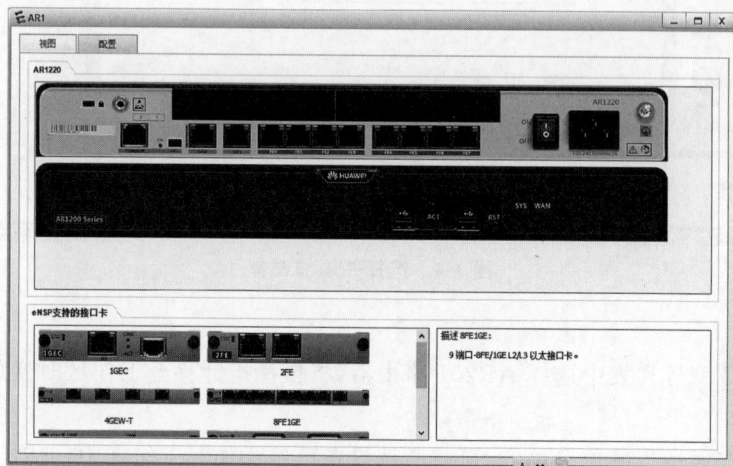

图 1-6　路由器的【视图】选项卡

【配置】选项卡主要提供串口号配置。如果启动设备时出现串口号冲突的情况,可以在此处进行修改,如图 1-7 所示。

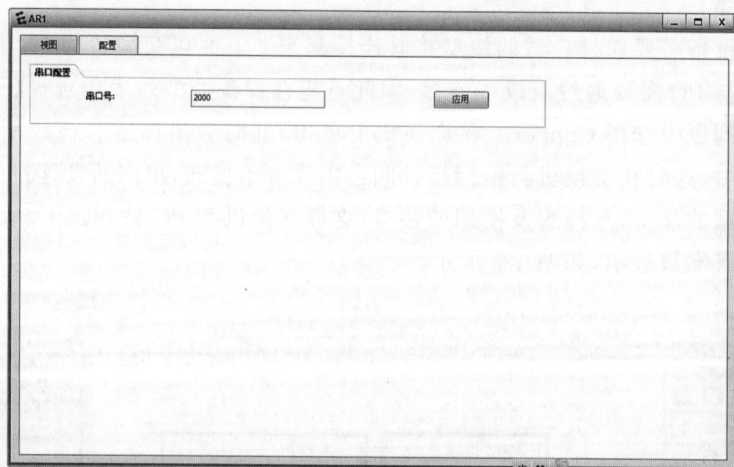

图 1-7　路由器的【配置】选项卡

4. 新建拓扑

按照前面“1.选择并添加设备”所述方法在工作区中添加一台交换机(型号 S5700)与两台 PC,并按照“2.连接设备”所述方法将交换机与 PC 相连。

单击交换机默认的名称 LSW1,将其修改为“交换机”。可以按同样方式修改两台 PC 的默认描述。

启动工作区的设备。右击设备,选择【启动】命令。也可以在工作区中用鼠标选定一个区域,单击工具栏的【启动】按钮,批量启动该区域的设备,如图 1-8 所示。设备开启后连线指示灯颜色会发生变化。

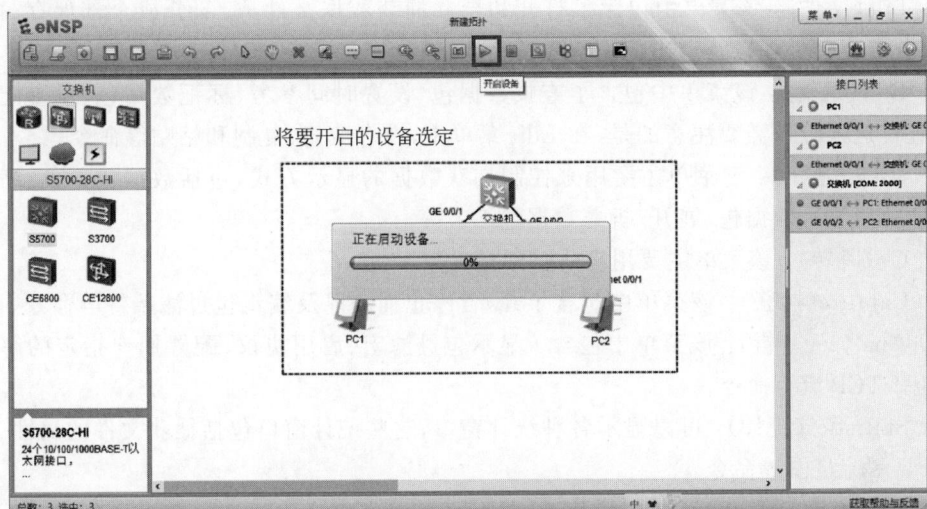

图 1-8 批量开启设备

5. 报文采集——Wireshark 抓包软件

Wireshark(前称 Ethereal)是一个网络封包分析软件。网络封包分析软件的功能是截取网络封包,并尽可能显示出最为详细的网络封包资料。Wireshark 使用 WinPCAP 作为接口,直接与网卡进行数据报文交换。

Wireshark 可以满足不同人群的需求,网络管理员使用 Wireshark 检测网络问题,网络安全工程师使用 Wireshark 检查信息安全相关问题,开发者使用 Wireshark 为新的通信协议除错,普通使用者使用 Wireshark 学习网络协议的相关知识。

图 1-9 所示为 Wireshark 抓包界面,主要由菜单栏、工具栏、显示过滤信息、分组列表、选中的分组详情、分组字节流组成。

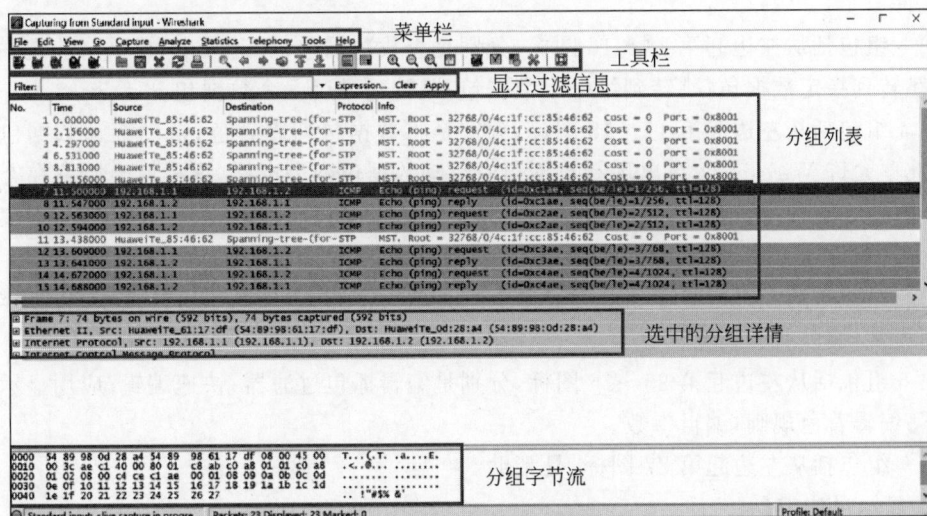

图 1-9 Wireshark 抓包界面

1) 菜单栏

菜单栏从左到右的功能依次介绍如下。

① File(文件)：该菜单中包含了打开和合并捕获数据文件项、部分或全部保存/打印/导出捕获数据文件项以及退出应用程序等命令。

② Edit(编辑)：该菜单中包含了查找数据包、设置时间参考、标记数据包、设置配置文件、设置首选项等。需要注意的是，在 Edit 菜单中，没有剪切、复制和粘贴等命令。

③ View(视图)：该菜单主要用来控制捕获数据的显示方式，包括数据包着色、缩放字体、在新窗口显示数据包、展开/折叠数据包细节等。

④ Go(跳转)：该菜单主要用来跳转到指定数据包。

⑤ Capture(捕获)：该菜单中包含了开始/停止捕获以及编辑包过滤条件等命令。

⑥ Analyze(分析)：该菜单中包含了显示包过滤宏、启用协议、配置用户指定的解码方式及追踪 TCP 流等命令。

⑦ Statistics(统计)：可以显示各种统计窗口，这些统计窗口包括捕获文件的属性、协议分级及显示流量图等命令。

⑧ Telephony 可以显示与电话相关的统计窗口，这些统计窗口包括媒介分析、VoIP 通话统计及 SIP 流统计等命令。

⑨ Tools(工具)：该菜单包含了 Wireshark 中能够使用的工具。

⑩ Help(帮助)：该菜单用于为用户提供一些基本的帮助，包括说明文档、网页在线帮助及常见问题等命令。

2) 工具栏

工具栏从左到右被分成 7 组，各部分的功能依次介绍如下。

第 1 组包括从左边起第 1～5 图标，分别是列出可用接口；显示抓包时需要设置的一些选项，一般会保留最后一次的设置结果；开始新的一次抓包；暂停抓包；继续进行本次抓包。

第 2 组包括从左边起第 6～10 图标，分别是打开抓包文件；保存文件，把本次抓包或分析的结果进行保存；关闭打开的文件，文件被关闭后会切换到原始界面；重载抓包文件；打印抓包文件。

第 3 组包括从左边起第 11～16 图标，分别是查找数据包；后退一个数据包；前进一个数据包；跳转到指定数据包；跳转到第一个数据包；跳转到最后一个数据包。

第 4 组包括从左边起第 17～18 图标，分别是将数据包列表着色；自动滚动数据包列表窗格，此项允许 Wireshark 在出现新数据包时滚动数据包列表窗格，这样就会始终在查看最后一个数据包。如果未指定，则 Wireshark 只会将新数据包添加到列表的末尾，而不滚动数据包列表窗格。

第 5 组包括从左边起第 19～22 图标，分别是增大字体大小；减小字体大小；将字体大小设置回正常；调整所有列宽。

第 6 组包括从左边起第 23～26 图标，分别是编辑抓包过滤器；快速编辑/应用显示抓包过滤器；编辑着色规则；编辑参数。

第 7 组包括从左边起第 27 图标，是帮助。

3) 显示过滤信息

用于设置过滤条件，从而显示只符合过滤条件的数据包，但不会把不符合条件的数据包删除。如果想恢复原来状态,只需要把过滤条件删除即可。

4) 分组列表区

显示获取的数据包,不同的颜色有特殊含义,可以通过【着色】进行设置。

5) 选中的分组详情

该部分对分组列表区中选中的数据包按照网络分层进行分析,例如图 1-9 中选中 NO.7 的 ICMP(Internet Control Message Protocol,Internet 控制报文协议)数据包,在分组详情中会显示以下内容:①数据包的整体概述;②数据链路层的详细信息,包括双方的 MAC(Media Access Control,媒体存取控制)地址;③网络层的详细信息,包括双方的 IP 地址;④所选 ICMP 数据包的具体报文内容,不同报文内容不同。单击每行最前面的+会显示该层协议报文的详细信息。

6) 分组字节流

该部分显示选中的数据包的原始数据,以十六进制数字显示,可根据各层协议报文格式对数据包进行分析。

1.1.4　常用网络命令简介

1. ping 命令

ping 命令是网络管理命令中的一种常见命令,基于 ICMP,用于测试网络的连通性。通常情况下,直接使用"ping 目的地/目的主机名"的格式发送请求报文,测试与目的主机的连通性。eNSP 中 ping 命令默认返回 5 个分组,目的主机接收到请求报文后,会返回应答报文,否则系统返回超时信息。

eNSP 中 ping 命令的用法及选项信息如图 1-10 所示。

```
Usage: ping <host> [-t] [-f] [-c count] [-l size][-i TTL] [-w timeout]

Options:
-t              Ping the specified host until stopped.
-f              Set Don't Fragment flag in packet (IPv4-only).
-c count        Number of echo requests to send.
-l size         Send buffer size.
-i TTL          Time To Live.
-w timeout      Timeout in milliseconds to wait for each reply.
-4              Force using IPv4.
-6              Force using IPv6.
```

图 1-10　eNSP 中 ping 命令的用法及选项

2. ipconfig 命令

ipconfig 命令的作用是显示所有当前的 TCP/IP 网络配置值,并刷新动态主机配置协议(Dynamic Host Configuration Protocol,DHCP)和域名系统(Domain Name System,DNS)设置。该命令可以帮助用户查看网络状况,查看到众多网络信息,比如 IP 地址、主机信息、物理地址信息等。在不使用参数的情况下,ipconfig 命令显示 Internet 协议版本 IPv4 和 IPv6 地址、子网掩码以及所有适配器的默认网关。

eNSP 中 ipconfig 命令的用法及选项信息如图 1-11 所示。

3. arp 命令

arp 命令显示和修改地址解析协议(Address Resolution Protocol,ARP)使用的 IP 地址

```
Usage: ipconfig [?] [/renew] [/release] [/renew6] [/release6]

Options:
?              Display this help message
/renew         Renew the IPv4 address
/release       Release the IPv4 address
/renew6        Renew the IPv6 address
/release6      Release the IPv6 address
```

图 1-11　eNSP 中 ipconfig 命令的用法及选项

到物理地址转换表(即缓存表)。ARP 缓存中包含一个或多个表,它们用于存储 IP 地址及其经过解析的网络物理地址。计算机上安装的每一个网络适配器都有自己单独的表。arp 命令的用法一般有 3 种:查询显示、添加记录、删除记录。

eNSP 中 arp 命令的用法及选项信息如图 1-12 所示。

```
Usage: arp [-a]
       arp [-d inet_addr(if_addr)]
       arp [-s inet_addr eth_addr]

Options:
-a        Display current ARP table.
-d        Delete the host specified by inet_addr. inet_addr may be
          wildcarded with * to delete all hosts.
-s        Add the host and associates the Internet address inet_addr
          with the Physical address eth_addr.  The Physical address is
          given as 6 hexadecimal bytes separated by hyphens. The entry
          is permanent.
```

图 1-12　eNSP 中 arp 命令的用法及选项

4. tracert 命令

tracert 命令是 Windows 系统下的一个命令行工具,用于检测网络路径,检查网络连接。它是基于 ICMP 实现的,可以在命令行中用于诊断网络连接问题并查找网络故障。

eNSP 中 tracert 命令的用法及选项信息如图 1-13 所示。

```
Usage: tracert <host> [-h maximum_hops]

Options:
-h maximum_hops  Maximum number of hops to search for target.
-4               Force using IPv4.
-6               Force using IPv6.
```

图 1-13　eNSP 中 tracert 命令的用法及选项

5. nslookup 命令

nslookup 是查询域名信息的一个非常有用的命令,可以指定查询的类型,可以查到 DNS 记录的生存时间,还可以指定使用哪个 DNS 服务器进行解析。在已安装 TCP/IP 的计算机上均可使用这个命令。

eNSP 中的 PC 不支持 nslookup 命令。eNSP 中的 PC 支持的命令如图 1-14 所示。

```
?                        Print help
help                     Print help
arp [-options]           Show arp table or delete arp table
ipconfig [-options]      Show local ip configuration
ping <host> [-options]   Ping the network <host> with ICMP
tracert <host> [-options] Print the path packets take to network <host>
```

图 1-14　eNSP 中 PC 支持的命令

1.2　实验目的

（1）熟悉 eNSP 界面及菜单栏、工具栏、工作区、设备列表区及接口列表区各元素的主要功能。

（2）掌握 eNSP 中选择并连接设备、配置设备及 wireshark 抓包软件的使用方法。

（3）掌握 eNSP 中常用命令的使用。

（4）能够结合工程应用场景，使用命令查看 TCP/IP 属性的配置、测试和验证网络的连通性。

1.3　实验环境

1.3.1　模拟场景

某公司新成立了一个部门，该部门组建了局域网，网络工程师需要查看计算机 TCP/IP 属性的配置，使用命令检测网络是否连通，以便排除网络故障。

1.3.2　实验条件

实验中构建如图 1-15 所示的拓扑结构。

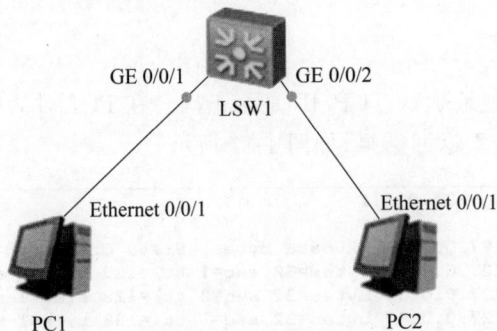

图 1-15　拓扑结构

1.4　实验步骤

1.4.1　新建网络拓扑并启动设备

根据 1.1.3 节中"4.新建拓扑"介绍的方法，按照图 1-15 所示构建网络拓扑，并且选中所有设备并启动。

1.4.2　配置 PC

双击 PC1，进入 PC 的配置页面，如图 1-16 所示。选择【基础配置】选项卡，在此选项卡可以对 PC 的主机名、IPv4、IPv6 等基本属性进行配置。在【IPv4 配置】中选择【静态】单选按钮,在【IP 地址】中输入 192.168.1.11(最后一个字段可以根据自己学号的最后两位确定),在【子网掩码】中输入 255.255.255.0,说明上述 IP 地址中的前 3 个字段代表网络号,然后单击【应用】按钮。这样 PC1 就获得了一个 IP 地址。

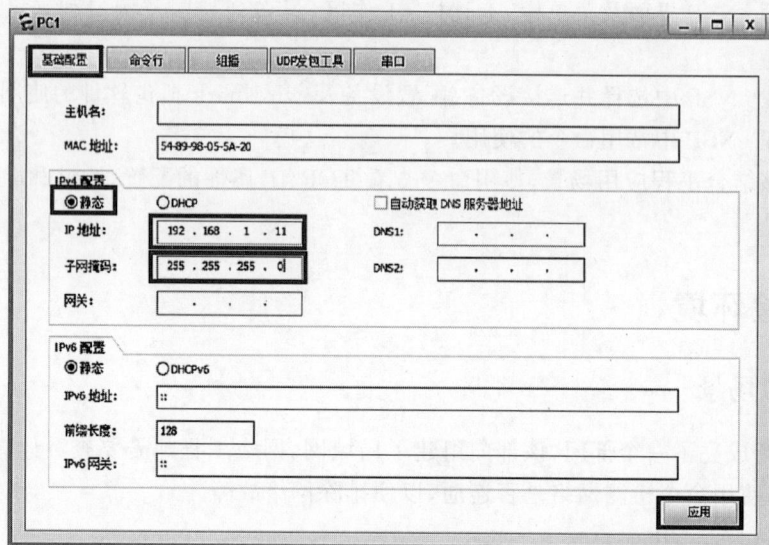

图 1-16   PC 基础配置

用同样的方法实现 PC2 的基础配置。

1.4.3   实现 ping 命令

首先利用环回测试地址确认 TCP/IP 是否正确。在 PC1 对话框打开【命令行】选项卡,输入"ping 127.0.0.1",查看返回结果,如图 1-17 所示。

```
PC>ping 127.0.0.1

Ping 127.0.0.1: 32 data bytes, Press Ctrl_C to break
From 127.0.0.1: bytes=32 seq=1 ttl=128 time<1 ms
From 127.0.0.1: bytes=32 seq=2 ttl=128 time<1 ms
From 127.0.0.1: bytes=32 seq=3 ttl=128 time<1 ms
From 127.0.0.1: bytes=32 seq=4 ttl=128 time<1 ms
From 127.0.0.1: bytes=32 seq=5 ttl=128 time<1 ms
```

图 1-17   环回测试结果

eNSP 中 ping 命令默认返回 5 个分组,可以通过 Ctrl+C 组合键终止。

然后 ping 自己,检查网卡是否正常工作,如 ping 192.168.1.11。查看返回结果,将结果及分析填写至实训记录与分析中。

最后 ping 邻居,查看局域网是否连通,如 ping 192.168.1.12。查看返回结果,将结果及分析填写至实训记录与分析中。

1.4.4   实现 ipconfig 命令

eNSP 中 ipconfig 命令的选项比较简单,只有显示帮助、重获 IPv4 地址、释放 IPv4 地址、重获 IPv6 地址、释放 IPv6 地址这 5 个选项。

在命令行下输入"ipconfig",查看返回结果,将结果及分析填写至实训记录与分析中。

在 PC1【基础配置】选项卡的【IPv4 配置】中选择 DHCP 单选按钮,然后单击【应用】按钮。在 PC1【命令行】选项卡中输入"ipconfig/release",查看返回结果,将结果及分析填写至实训记录与分析中。

由于此时没有配置 DHCP 服务器,因此重获 IPv4 地址无法实现。

1.4.5　实现 arp 命令

eNSP 中 arp 命令的选项有显示当前 arp 列表、删除 arp 列表中指定的 IP 地址、绑定 IP 地址与物理地址这 3 个选项。

在命令行下输入"arp -a",查看返回结果,将结果及分析填写至实训记录与分析中。

1.5　实训记录与分析

1.5.1　测试连通性

测试连通性的命令见表 1-5。

表 1-5　实现 ping 命令

执行的命令说明	结果截图并加以分析
(1) 环回测试(IP:＿＿＿＿＿)	
(2) ping 自己(IP:＿＿＿＿＿)	
(3) ping 邻居(IP:＿＿＿＿＿)	

1.5.2　查看网络配置

查看网络配置的命令见表 1-6。

表 1-6　实现 ipconfig 命令

执行的命令说明	结果截图并加以分析
(1) PC1 配置完静态 IP 地址后运行 ipconfig 命令	
(2) PC2 配置完静态 IP 地址后运行 ipconfig 命令	
(3) PC1 配置完 DHCP 获取 IP 地址后运行 ipconfig /release 命令	
(4) PC1 释放掉 IP 地址后运行 ipconfig 命令	

1.5.3　查看 arp 缓存列表

查看 arp 缓存列表的命令见表 1-7。

表 1-7　实现 arp 命令

执行的命令说明	结果截图并加以分析
（1）arp -a 查看 arp 缓存列表	
（2）arp -d 删除掉一条项目后再用 arp -a 查看	
（3）ping 邻居（刚删除的那个 ip）	
（4）arp -a 再次查看 arp 缓存列表	

第2章 交换机的基本配置及交换表的自学习功能

2.1 知识准备

交换机是目前局域网中最常用的组网设备之一,它可以为接入交换机的任意两个网络节点提供独享的电信号通路,最常见的交换机是以太网交换机(以下简称交换机)。交换机工作于 OSI 参考模型的第二层,即数据链路层,协议数据单元为帧。交换机拥有一条高带宽的背部总线和内部交换矩阵,在同一时刻可进行多个端口对之间的数据传输,传输模式有全双工、半双工、全双工/半双工自适应。

不同于物理层共享式的集线器,交换机是交换式的通信方式,通过查找交换表中的记录转发数据帧,而不是一直向局域网中的所有端口广播信息。交换机的交换表不需要人工配置,通过交换机的自学习功能实现。

2.1.1 交换机设备管理

交换机的管理方式基本分为两种:带内管理和带外管理。

1. 带外管理

带外管理(Out-Band Management)是不占用网络带宽的管理方式,即用户经过交换机的 Console 端口对交换机进行配置管理,如图 2-1 使用 Console 线缆连接所示。第一次配置交换机通常利用 Console 端口进行配置。

2. 带内管理

带内管理(In-Band Management)是需要占用网络带宽的管理方式。通过交换机的以太网端口对设备进行远程管理配置属于带内管理,如图 2-1 使用 RJ-45 双绞线连接所示。

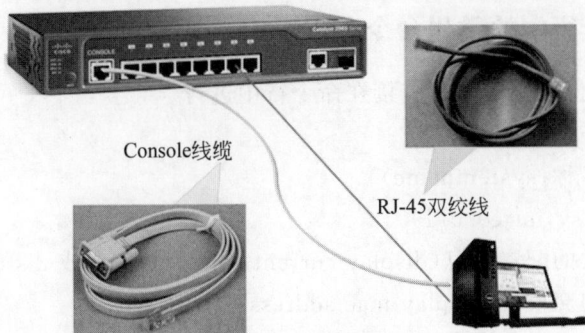

Console线缆

RJ-45双绞线

图 2-1 交换机管理方式

2.1.2 eNSP 的视图模式

eNSP 中常用的视图模式主要包括用户模式＜Huawei＞、系统模式［Huawei］、接口模式[Huawei-Ethernet0/0/1]、协议模式[Huawei-rip-1]。一般使用较多的模式是系统模式和接口模式。

1. 用户模式

开启后交换机进入启动状态,当启动完成后按回车键即可进入用户模式。此时功能受限,只能查看一些运行状态和统计信息。

2. 系统模式

在用户模式下输入"system-view"或"sy"则进入系统模式,此模式下可以配置系统的参数,也可以查看设备的系统参数。

3. 接口模式

使用 interface 命令并指定接口类型及接口编号可以进入相应的接口模式。此模式下可以配置接口参数的物理属性、链路层特性及 IP 地址等。接口一般有两种类型,以 E 开头和以 G 开头,以 E 开头的为百兆接口,以 G 开头的为千兆接口。

4. 协议模式

系统模式下输入对应的协议名称即可进入协议模式。此模式下所做的配置均针对该协议设定。

各模式的进入和退出方式及命令提示符如表 2-1 所示。

表 2-1　eNSP 中的视图模式

模　式	进入和退出该模式的方法	命令提示符
用户模式	进入：开始一个进程就进入该模式 退出：quit	<Huawei>
系统模式	进入：system-view 或 sy 退出：quit 或 return(快捷键 Ctrl+Z)返回用户模式	[Huawei]
接口模式	进入：interface GigabitEthernet0/0/1 或 int g0/0/1 退出：quit 或 return(快捷键 Ctrl+Z)直接返回用户模式	[Huawei-Ethernet0/0/1]
协议模式	进入：系统模式下输入对应的协议名称 退出：quit 或 return(快捷键 Ctrl+Z)直接返回用户模式	[Huawei-rip-1](注：此处以 RIP 为例)

2.1.3　交换机命令行中的常用命令

在 eNSP 中交换机的配置可以直接在命令行中进行。

- 帮助信息(如？、s?)
- 配置交换机名称(systemname)
- 命令简写(如 sy,int e0/0/1)
- 查看当前生效的配置信息(display current-configuration 或 dis cu)
- 查看交换机的交换表(display mac-address)
- 删除当前界面配置的命令(undo 配置命令)
- 设置 IP 地址(ip address)
- 保存设置(save)

2.2　实验目的

（1）理解交换机的工作原理。

（2）掌握交换机的 Console 端口的连接和配置方法。

（3）掌握交换机的常用命令。

（4）能够根据需求在 eNSP 中选择合适的设备进行网络拓扑结构连接，并使用 Wireshark 抓取数据包，对数据包进行分析。

2.3　实验环境

2.3.1　模拟场景

某公司新进一批交换机，在投入网络以后要进行初始配置与管理，作为网络管理员，需要通过 Console 端口对交换机进行基本的配置与管理。

2.3.2　实验条件

实验中构建如图 2-2 所示拓扑结构。

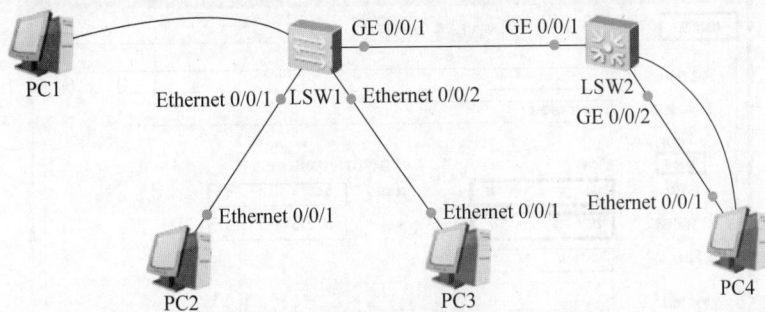

图 2-2　拓扑结构

2.3.3　网络规划

网络环境和设备配置如表 2-2 所示。

表 2-2　网络配置

设备类型	设备名	IP 地 址	子网掩码
交换机	LSW1	192.168.X.1Y0	255.255.255.0
交换机	LSW2	192.168.X.1Y5	255.255.255.0
PC	PC1	192.168.X.1Y1	255.255.255.0
PC	PC2	192.168.X.1Y2	255.255.255.0
PC	PC3	192.168.X.1Y3	255.255.255.0
PC	PC4	192.168.X.1Y4	255.255.255.0

表 2-2 中 X 为自己学号的倒数第 2 位，Y 为自己学号的末位。比如某学生学号为 2221310090，则 X＝9，Y＝0。以下实验均以此学号为例。

2.4 实验步骤

2.4.1 搭建网络环境

添加图 2-2 所示所需要的网络设备：交换机 3700 1 台，交换机 5700 1 台，台式机 4 台，选择合适的线缆完成设备的连接：PC1 的 RS232 串口与交换机 LSW1 的 Console 端口连接，PC4 的 RS232 串口与交换机 LSW2 的 Console 端口连接，PC2 和 PC3 的以太网端口分别与交换机 LSW1 的 Ethernet 0/0/1 端口与 Ethernet 0/0/2 端口相连，PC4 的 Ethernet 0/0/1 端口与交换机 LSW2 的 GE 0/0/2 端口相连（注意线缆型号，填写实训记录与分析）。两台交换机通过 GE 0/0/1 接口连接。然后将上述添加的设备选中，单击工具栏的【启动】按钮。

2.4.2 完成 PC 的网络配置

按照表 2-2 的要求，完成 PC 的配置。下面以 PC1 为例进行配置，如图 2-3 所示。

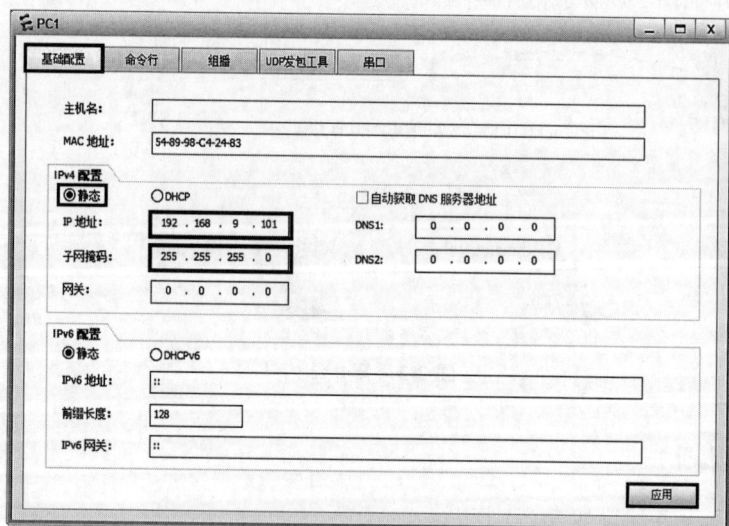

图 2-3 PC1 的 IP 配置

根据同样方法配置 PC2、PC3 和 PC4。

2.4.3 通过 Console 端口实现交换机的带外管理

在 PC1 设置界面上单击【串口】选项卡，进入串口设置界面，如图 2-4 左图所示。保持波特率、数据位等设置数据不变。单击【连接】按钮，进入用户模式，如图 2-4 右图所示。

1. 修改交换机名称

修改交换机的 sysname 名称为自己名字的拼音首字母缩写。例如学生张三，交换机的 sysname 名称为 zs。依次输入以下命令（未加粗字体为提示符，加粗字体为输入内容）。

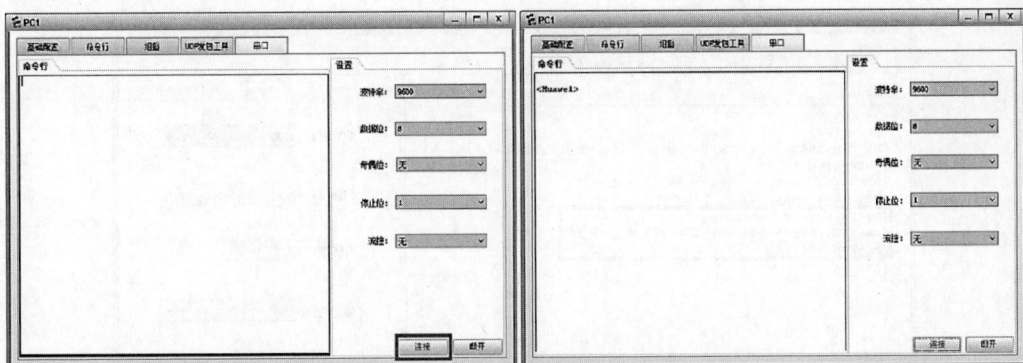

图 2-4　PC1 串口设置

```
<Huawei>system-view          //可简写为 sy
[Huawei]un in en             //关闭信息中心,以免过多信息提示
[Huawei]sysname zs
[zs]
```

修改完成后的效果如图 2-5 所示。

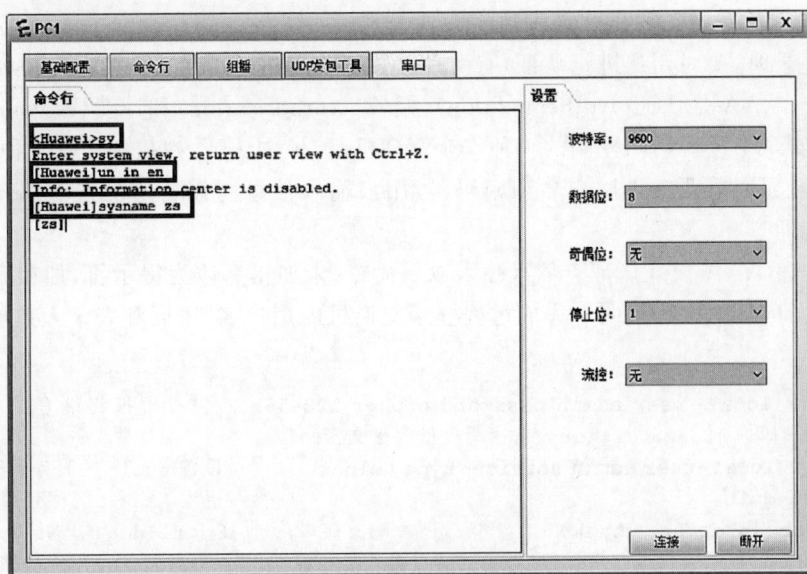

图 2-5　修改交换机名称

2. 配置交换机的 IP 地址

按照表 2-2 的要求,将交换机的 IP 地址设置成 192.168.9.100/24。二层交换机默认所有端口属于 VLAN 1,这里配置 VLAN 1,完成交换机的 IP 地址配置后可以通过这个地址对交换机进行登录管理。

依次输入以下命令(加粗字体为输入内容),完成交换机的 IP 地址配置。

```
[zs]interface vlanif 1
[zs-Vlanif1]ip address 192.168.9.100 24
```

用 quit 或 q 命令返回到系统模式后,配置完成后的效果如图 2-6 所示。

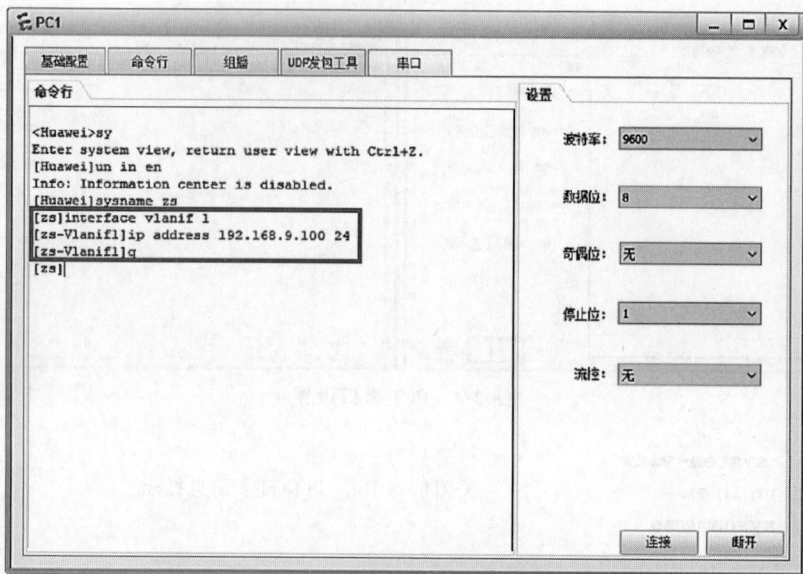

图 2-6　通过 Console 端口配置交换机 IP 地址

3. 配置远程登录密码和登录人数

用户登录时,要对用户进行认证,有两种方式对设备进行配置,分别是 password 模式和 AAA 模式。AAA 是认证(Authentication)、授权(Authorization)和计费(Accounting)的简称,是网络安全中进行访问控制的一种安全管理机制,提供认证、授权和计费 3 种安全服务。AAA 模式登录时需要输入用户名和密码,当用户输入信息与设备所配置的用户名和密码正确时才能通过。

首先配置 AAA 模式认证。依次输入以下命令(未加粗字体为提示符,加粗字体为输入内容;//后面内容为解释说明),完成远程登录交换机的用户名、密码和登录人数配置。

[zs]**aaa**　　　//进入 AAA 模式
[zs-aaa]**local-user admin password cipher 123456**　　//设置虚拟终端登录的用户名为 admin,密码为 123456,cipher 设置密码类型为密文密码
[zs-aaa]**local-user admin service-type telnet**　　//设置 admin 的服务类型为 telnet
[zs-aaa]**quit**　　　　　　　　　　//退出 AAA 模式,回到系统模式下
[zs]**user-interface vty 0 4**　　　//进入 vty 接口;vty 属于 telnet 的虚接口,如果想用
//telnet 远程连接管理网络设备,需要提前在服务器配置 vty,没有配置 vty 就无法使用 telnet,
//vty 0 4 中的 0 4 代表 0~4 个用户
[zs-ui-vty0-4]**authentication-mode aaa**　　// vty 中配置登录信息的认证方法
[zs-ui-vty0-4]**quit**　　　　　　　//退出 vty 接口

配置完成后的效果如图 2-7 所示。

下面配置 password 模式认证。依次输入以下命令(未加粗字体为提示符,加粗字体为输入内容;//后面内容为解释说明),完成登录交换机的密码配置。

[zs]**user-interface console 0**　　　　　　//进入控制台
[zs-ui-console0]**authentication-mode password**　　//配置登录信息的认证方法
[zs-ui-console0]**set authentication password cipher 654321**　//设置登录密码为 654321

配置完成后的效果如图 2-8 所示。

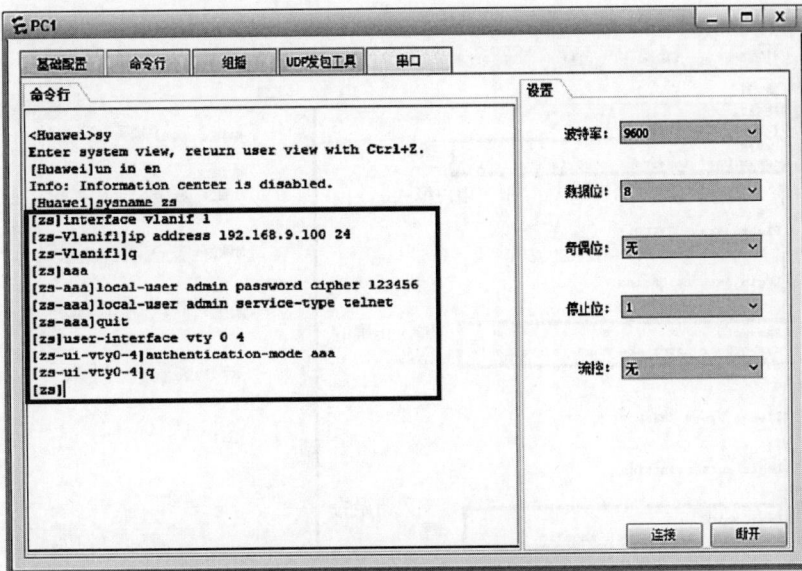

图 2-7　配置交换机远程登录设置

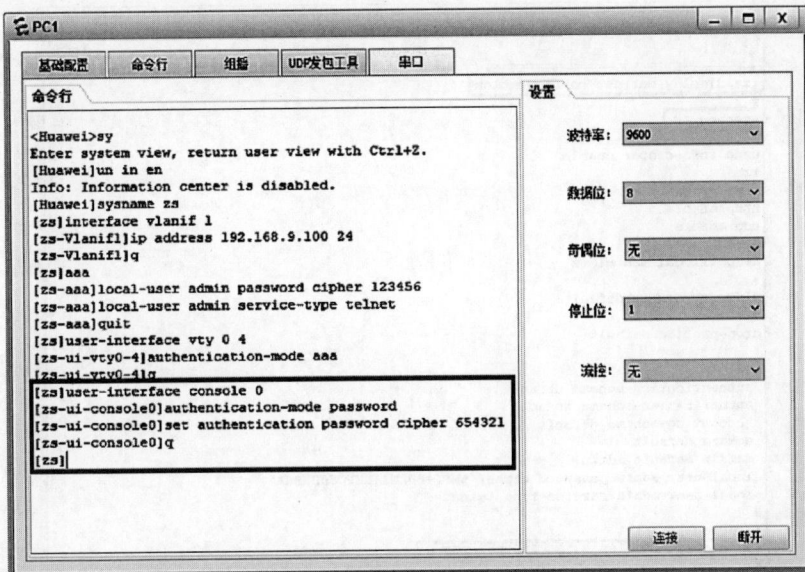

图 2-8　配置交换机登录密码

退出用户模式进行验证,效果如图 2-9 所示。

4. 查看交换机的配置信息

在 eNSP 工作区双击交换机,进入交换机的命令行界面。在用户模式下输入 display current configuration,可以查看交换机的配置信息(也可以在 PC1 上输入上述命令),如图 2-10 所示。

2.4.4　通过 Wireshark 抓取数据包分析交换表

清空交换机的 MAC 地址表并查看:在交换机命令行窗口,系统模式输入下列命令,即

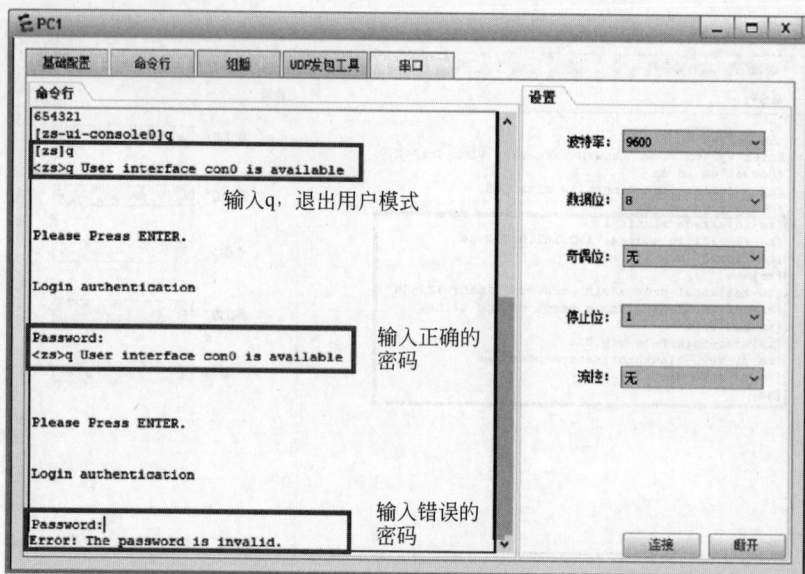

图 2-9　用不同密码登录交换机

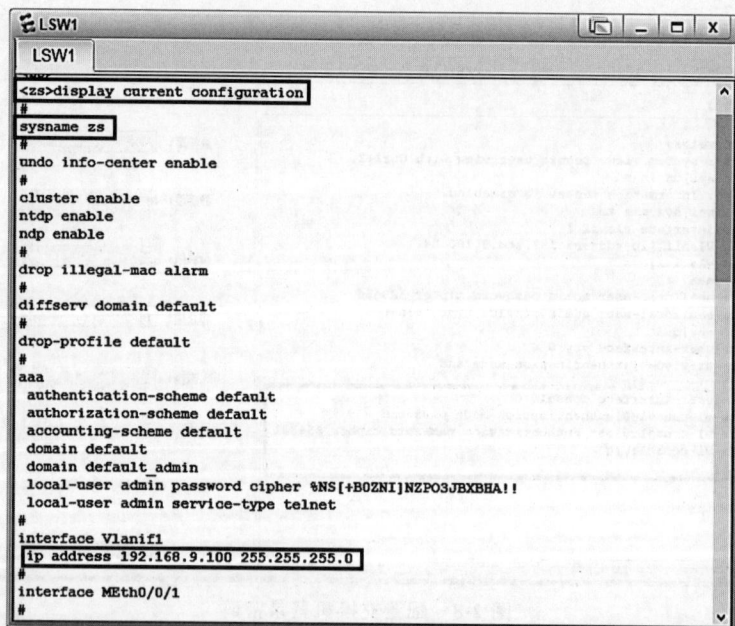

图 2-10　查看交换机配置信息

[zs]**undo mac-address all**
[zs]**display mac-address**

　　上面加粗字体表示输入的命令，截图并粘贴到实训记录与分析中。然后在 eNSP 工作区右击 PC2 的 Ethernet0/0/1 端口，单击【开始抓包】；在 PC2 的命令行中执行 ping 命令，ping PC3 的 IP 地址，即 ping 192.168.9.103。返回 Wireshark，观察到有两个 ARP 数据包，分别是广播分组和应答分组，观察并分析 ARP，如图 2-11 与图 2-12 所示。截图并粘贴到实训记录与分析中。

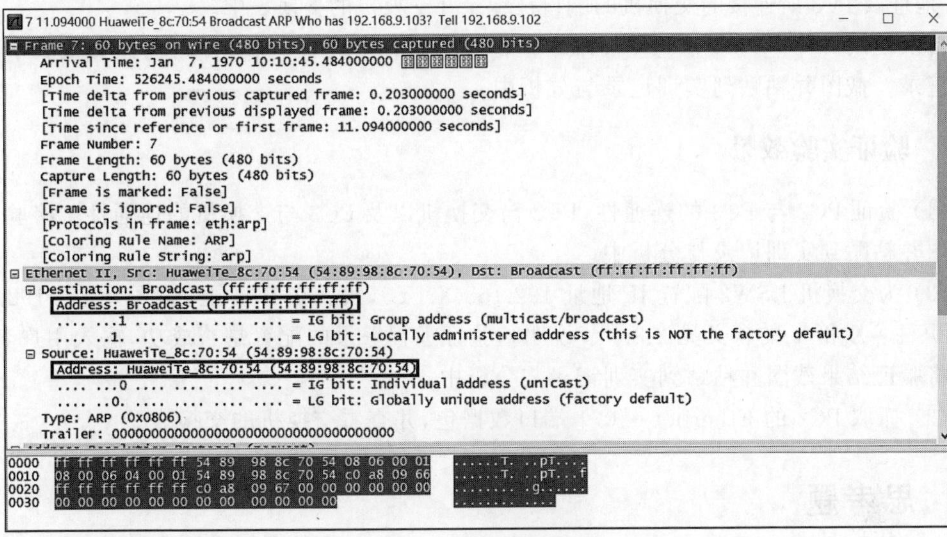

图 2-11　ARP 广播分组

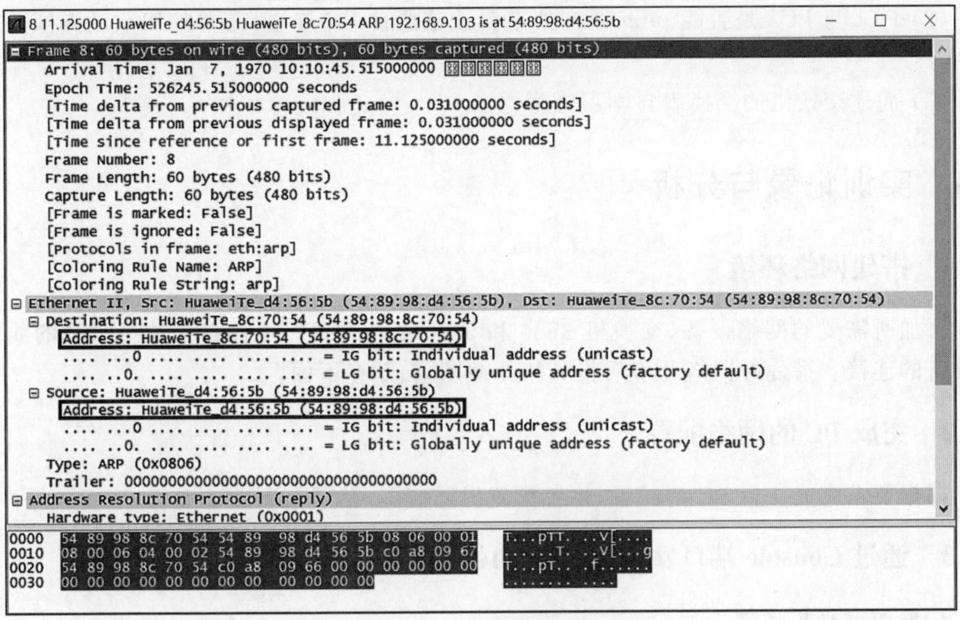

图 2-12　ARP 应答分组

在主机 PC2 上使用 ping 主机 PC3 命令时,由于清空了交换机的 MAC 地址表,因此在 ping 数据包发出去之前先执行 ARP 来获取 PC3 的 MAC 地址,该 ARP 分组被封装成以太网广播帧。从图 2-11 可以看到,ARP 分组中的目的 MAC 地址为全 1(FF:FF:FF:FF:FF:FF),源 MAC 地址是主机 PC2 的 MAC 地址(54:89:98:8C:70:54),此 MAC 地址及 PC2 所连接的交换机的端口被记录在交换机的交换表中。

主机 PC3 收到 ARP 广播分组后发现自己的 IP 地址与广播分组中的需求一致,因此进行应答,如图 2-12 所示。PC3 通过单播的方式进行应答,目的 MAC 地址是 PC2 的 MAC

地址(54:89:98:8C:70:54),源 MAC 地址是 PC3 自己的 MAC 地址(54:89:98:D4:56:5B),此 MAC 地址及 PC3 所连接的交换机的端口被记录在交换机的交换表中。

再次使用 display mac-address 命令查看交换机的交换表,可以看到现在交换表中存有两条记录。截图并粘贴到实训记录与分析中。

2.4.5 验证实验效果

(1) 验证 PC2 与 PC3 的连通性,PC2 与交换机以及 PC3 与交换机的连通性。将验证结果截图并粘贴到实训记录与分析中。

(2) 为交换机 LSW2 配置 IP 地址 192.168.X.1Y5,然后在 PC4 上,输入 telnet 192.168.X.1Y0(注:X 和 Y 的含义见 2.3.3 节说明),验证远程登录的配置是否成功,输入用户名、密码。将验证结果截图并粘贴到实训记录与分析中。

(3) 抓取 PC2 的 Ethernet 0/0/1 端口数据包,并查看交换机的交换表。

2.5 思考题

(1) 交换机的带内管理和带外管理分别使用什么端口和线缆?

(2) PC1 与 PC2 是否能 ping 通? 如果要让这两台 PC 连通,需要如何改动本实验拓扑结构?

(3) 简述交换机的交换表自学习过程?

2.6 实训记录与分析

2.6.1 搭建网络环境

添加所需要的网络设备(交换机 3700 和 5700 各 1 台,PC 4 台),并选择合适的线缆完成设备的连接。搭建好网络环境后将其拓扑截图,粘贴在下面。

2.6.2 完成 PC 的网络配置

根据要求完成 4 台 PC 的配置,将各配置界面截图,粘贴在下面。

2.6.3 通过 Console 端口实现交换机的带外管理

1. 修改交换机名称

修改交换机名称,完成后截图,粘贴在下面。

2. 查看交换机配置信息

根据实验要求,配置交换机的 IP 地址、登录密码、远程登录用户名及密码、远程登录人数限制等,设置完成后在用户模式下用 display current configuration 命令查看交换机的配置信息,截图并将上述配置信息用红色矩形框标记,粘贴在下面。

2.6.4 通过 Wireshark 抓取数据包分析交换表

(1) 清空交换机的交换表,并查看交换机地址表,截图并粘贴在下面。

（2）启动 PC2 的 Ethernet 0/0/1 端口【开始抓包】，PC2 ping PC3，分别抓取 ARP 广播分组及应答分组数据包，将两个数据包的详细信息截图，并用红色矩形框标记出目的 MAC 地址及源 MAC 地址，粘贴在下面。

（3）再次查看交换机的交换表，截图并粘贴在下面。

2.6.5　验证实验效果

1. 验证连通性

在 PC 上验证各设备之间是否能连通，并将验证连通性的 ping 命令结果的截图，填写表 2-3。

表 2-3　验证连通性

设 备 1	设 备 2	是 否 连 通
LSW1 IP:	PC1 IP:	
LSW1 IP:	PC2 IP:	
LSW1 IP:	PC3 IP:	
PC1 IP:	PC2 IP:	
PC1 IP:	PC3 IP:	
PC2 IP:	PC3 IP:	

PC1 上 ping 交换机、PC2 及 PC3，截图并粘贴在下面。

PC2 上 ping 交换机、PC3 及 PC1，截图并粘贴在下面。

PC3 上 ping 交换机、PC1 及 PC2，截图并粘贴在下面。

2. 验证 telnet 登录设置

在 PC4 上执行 telnet 命令，验证 LSW1 的 telnet 登录设置是否正确，截图并粘贴在下面。

第3章 交换机划分 VLAN 配置

3.1 知识准备

3.1.1 VLAN 及相关概念

VLAN(Virtual Local Area Network)即虚拟局域网,是将一个物理局域网在逻辑上划分成多个广播域的技术。广播域可以理解为一个广播帧所能达到的范围。在局域网中存在大量广播信息,如 ARP 广播分组、MAC 地址查询等信息。如果局域网的广播域较大,广播信息较多,则较为容易发生碰撞,一些广播包就会被重传,从而增加了网络上的信息量,使网络性能下降,甚至瘫痪,这种现象被称为广播风暴。因此通过划分 VLAN 的方法,将一个物理局域网划分成多个广播域,以降低网络风暴的出现。同时划分 VLAN 可以使网络的拓扑结构变得非常灵活,可以通过划分 VLAN 控制局域网中不同部门、不同站点之间的互相访问。通过配置 VLAN,在交换机上可以实现同一个 VLAN 内的用户进行二层相互访问,而不同的 VLAN 之间是被隔离的,不可以相互访问,因此划分 VLAN 还能增强网络的安全性。

VLAN 链路分为两种:①Access Link(接入链路),用于连接主机和交换机;②Trunk Link(干道链路),用于连接交换机和交换机。

3.1.2 VLAN 划分方式

VLAN 划分可以通过多种方式来实现:基于端口、基于 MAC 地址、基于协议类型、基于 IP 地址和基于高层应用或服务。基于端口的 VLAN 划分利用交换机的端口划分VALN,一个端口只能属于一个 VLAN。本实验就采用基于端口的 VLAN 划分。

3.1.3 VLAN 的 ID 范围

普通范围的 VLAN 用于中小型商业网络和企业网络,VLAN ID 范围为 1~1005,其中:①1002~1005 的 ID 保留供令牌环 VLAN 和 FDDI VLAN 使用;②ID 1 和 ID 1002~ID 1005 是自动创建的,不能删除。

3.2 实验目的

(1) 理解 VLAN 的工作原理。

(2) 掌握交换机基于端口的 VLAN 划分方法。

(3) 掌握 eNSP 中交换机的 VLAN 配置命令。

(4) 能够根据需求在 eNSP 中选择合适的设备进行网络拓扑结构连接,并进行基于端口的 VLAN 划分,验证 VLAN 划分效果,并进行分析。

3.3 实验环境

3.3.1 模拟场景

本实验模拟某公司内 a、b 两个部门的 PC 通过交换机互连实现通信。a 和 b 两部门的人员内部沟通较为频繁,要求两部门内部的 PC 可以互通,但为了数据安全起见,两部门的 PC 之间需要进行隔离。因此需要在交换机上做适当配置来实现这一目标。

3.3.2 实验条件

实验中构建图 3-1 所示拓扑结构。

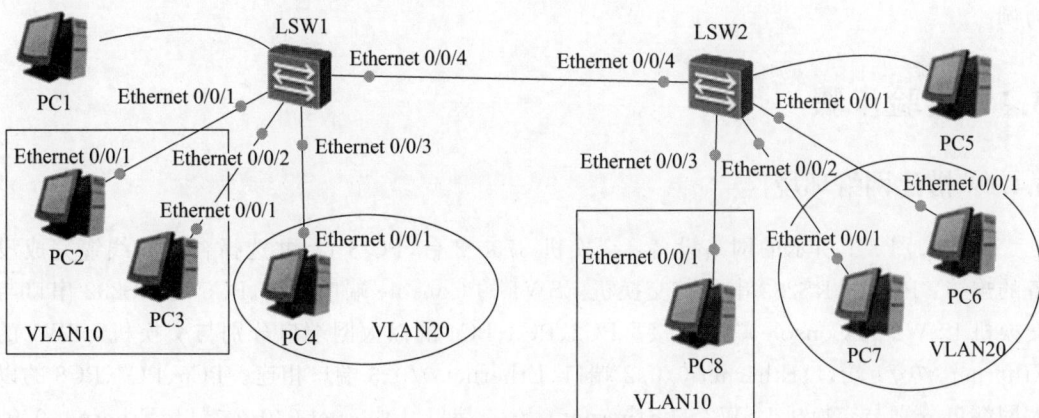

图 3-1 拓扑结构

虽然 eNSP 允许直接在交换机上进行设置,但考虑到真实环境中交换机都是通过计算机进行设置,因此本实验中模拟了实际环境中网络工程师使用计算机 PC1 和 PC5 对交换机 LSW1 和 LSW2 进行配置的情景。

3.3.3 网络规划

网络环境和设备配置如表 3-1 所示。

表 3-1 网络环境配置

设 备	IP 地 址	子 网 掩 码
LSW1	192.168.X.Y1	255.255.255.0
LSW2	192.168.X.Y2	255.255.255.0
PC1	192.168.X.1Y1	255.255.255.0
PC2	192.168.X.1Y2	255.255.255.0
PC3	192.168.X.1Y3	255.255.255.0

设　备	IP 地　址	子　网　掩　码
PC4	192.168.X.1Y4	255.255.255.0
PC5	192.168.X.1Y5	255.255.255.0
PC6	192.168.X.1Y6	255.255.255.0
PC7	192.168.X.1Y7	255.255.255.0
PC8	192.168.X.1Y8	255.255.255.0

表 3-1 中 X 是自己学号的倒数第 2 位，Y 是自己学号的最后 1 位。假如某同学的学号最后两位是 90，则其 PC1 的 IP 地址为 192.168.9.101，PC2 的 IP 地址为 192.168.9.102，以此类推；LSW1 的 IP 地址为 192.168.9.1，LSW2 的 IP 地址为 192.168.9.2。本实验以该学号为例。

3.4　实验步骤

3.4.1　搭建网络环境

添加如图 3-1 所示的网络设备：交换机 3700 2 台，PC 8 台，并选择合适的线缆完成设备的连接：PC1 的 RS232 串口与交换机 LSW1 的 Console 端口连接，PC5 的 RS232 串口与交换机 LSW2 的 Console 端口连接。PC2、PC3、PC4 的以太网端口分别与交换机 LSW1 的 Ethernet 0/0/1 端口、Ethernet 0/0/2 端口、Ethernet 0/0/3 端口相连。PC6、PC7、PC8 的以太网端口分别与交换机 LSW2 的 Ethernet 0/0/1 端口、Ethernet 0/0/2 端口、Ethernet 0/0/3 端口相连。然后将上述添加的设备选中，单击工具栏的【启动】按钮。

3.4.2　完成 PC 的网络配置

按照表 3-1 的要求，完成 PC 的配置。下面以 PC1 为例进行配置，如图 3-2 所示。

根据同样方法配置 PC2～PC8。

3.4.3　通过 Console 端口实现交换机的 IP 地址配置

通过 Console 端口完成交换机 LSW1 和 LSW2 的 IP 地址的配置，配置界面如图 3-3 所示。

以通过 PC1 配置交换机 LSW1 为例，配置命令如下（加粗字体为输入的命令）：

```
[Huawei]sysname lsw1                    //在系统模式下修改交换机名字为 lsw1
[lsw1]interface vlanif 1                //进入默认的 VLAN 1 接口
[lsw1-Vlanif1]ip address 192.168.9.1 24 //设置 IP 地址
```

通过 PC5 配置交换机 LSW2 的配置命令与上述命令基本相同（只是将交换机名称改为 lsw2，IP 地址改为 192.168.9.2 即可），在此不再赘述。

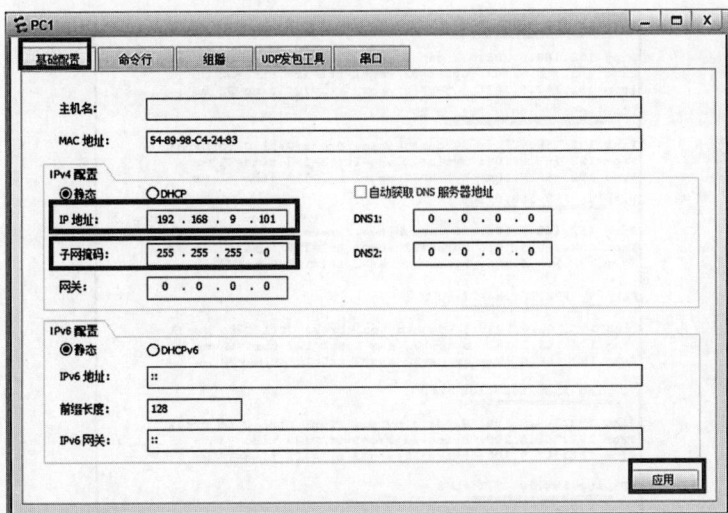

图 3-2　PC1 的 IP 配置

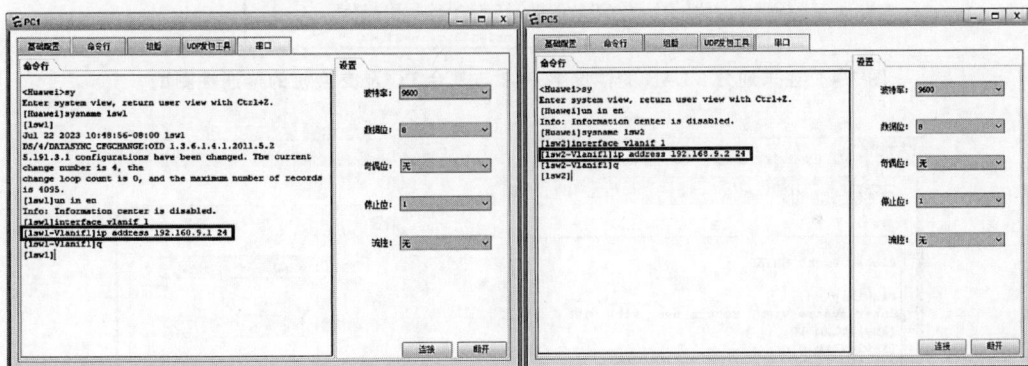

图 3-3　交换机 IP 地址配置

3.4.4　在未划分 VLAN 的情况下测试 PC 间的连通性

在 PC2 上分别 ping PC3、PC4、PC6、PC7、PC8、LSW1、LSW2,效果如图 3-4 所示。可见,在未划分 VLAN 的情况下通过 Ethernet 端口连接的 PC 间是连通的,与交换机也是连通的。

3.4.5　在交换机上通过 Console 端口配 0 置 VLAN

1. 在 PC1 和 PC5 上通过 Console 端口划分 VLAN

在 PC1 和 PC5 上,通过 Console 端口分别对交换机 LSW1 和 LSW2 进行 VLAN 的划分。首先创建 VLAN10 和 VLAN20,然后在 PC1 上将 Ethernet 0/0/1 端口和 Ethernet 0/0/2 端口划入 VLAN10,将 Ethernet 0/0/3 端口划入 VLAN20,如图 3-5 所示。用同样的方法,在 PC5 上将 Ethernet 0/0/1 端口和 Ethernet 0/0/2 端口划入 VLAN20,将 Ethernet 0/0/3 端口划入 VLAN10。

通过 PC1 在 LSW1 上划分 VLAN 的命令如下(加粗字体为输入的命令):

图 3-4　在未划分 VLAN 的情况下 PC2 与其余 PC 及交换机的连通性测试

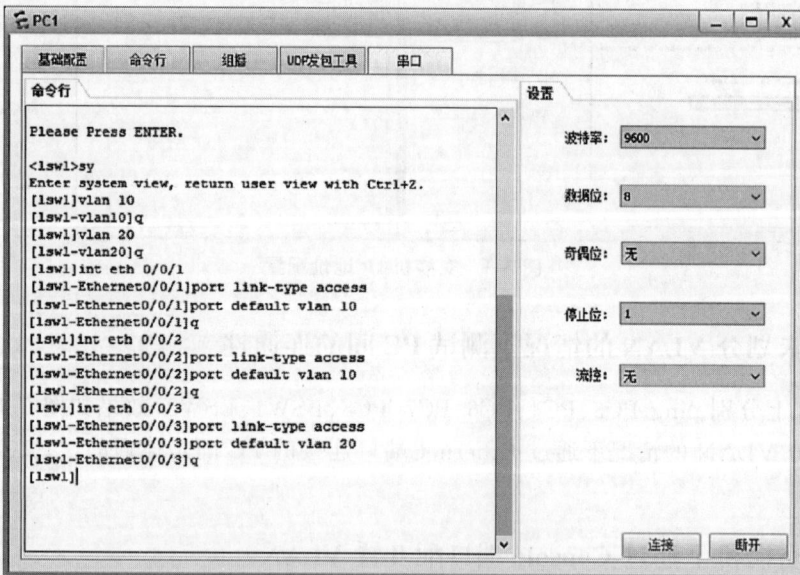

图 3-5　PC1 上配置 LSW1 的 VLAN

[lsw1]**vlan 10**	//创建 VLAN 10
[lsw1-vlan10]**q**	//返回系统模式
[lsw1]**vlan 20**	//创建 VLAN 20
[lsw1-vlan20]**q**	//返回系统模式
[lsw1]**int eth 0/0/1**	//进入 Ethernet 0/0/1 端口
[lsw1-Ethernet0/0/1]**port link-type access**	//设置 Ethernet 0/0/1 端口类型为 access
[lsw1-Ethernet0/0/1]**port default vlan 10**	//将 Ethernet 0/0/1 端口划入 VLAN 10

```
[lsw1-Ethernet0/0/1]q                          //返回系统模式
[lsw1]int eth 0/0/2                             //进入 Ethernet 0/0/2 端口
[lsw1-Ethernet0/0/2]port link-type access       //设置 Ethernet 0/0/2 端口类型为 access
[lsw1-Ethernet0/0/2]port default vlan 10         //将 Ethernet 0/0/1 端口划入 VLAN 10
[lsw1-Ethernet0/0/2]q                           //返回系统模式
[lsw1]int eth 0/0/3                             //进入 Ethernet 0/0/2 端口
[lsw1-Ethernet0/0/3]port link-type access       //设置 Ethernet 0/0/2 端口类型为 access
[lsw1-Ethernet0/0/3]port default vlan 20         //将 Ethernet 0/0/1 端口划入 VLAN 10
[lsw1-Ethernet0/0/3]q                           //返回系统模式
```

用同样的方法,通过 PC5 在 LSW2 上将 Ethernet 0/0/1 端口和 Ethernet 0/0/2 端口划入 VLAN20,将 Ethernet 0/0/3 端口划入 VLAN10,配置命令与上述命令基本相同,在此不再赘述。

2. 验证实验效果

在 PC2 上分别 ping PC3、PC4、PC6、PC7、PC8、LSW1、LSW2,观察结果,并对其进行分析,将分析结果填写到实训记录与分析。

3.4.6 通过交换机 Console 端口配置 Trunk 模式

1. 在 PC1 和 PC5 上通过 Console 端口设置交换机的 Trunk 端口

在 PC1 上通过交换机的 Console 端口,将 LSW1 的 Ethernet 0/0/4 端口设置成 Trunk 类型,允许 VLAN10 和 VLAN20 通过,拒绝 VLAN1 通过,配置界面如图 3-6 所示。配置命令如下(加粗字体为输入的命令):

```
[lsw1]int eth 0/0/4                              //进入 Ethernet 0/0/4 端口
[lsw1-Ethernet0/0/4]port link-type trunk         //设置 Ethernet 0/0/2 端口类型为 Trunk
[lsw1-Ethernet0/0/4]port trunk allow-pass vlan 10 20  //允许 VLAN10 和 VLAN20 通过
[lsw1-Ethernet0/0/4]undo port trunk allow-pass vlan 1 //拒绝 VLAN1 通过
[lsw1-Ethernet0/0/4]q                            //返回系统模式
```

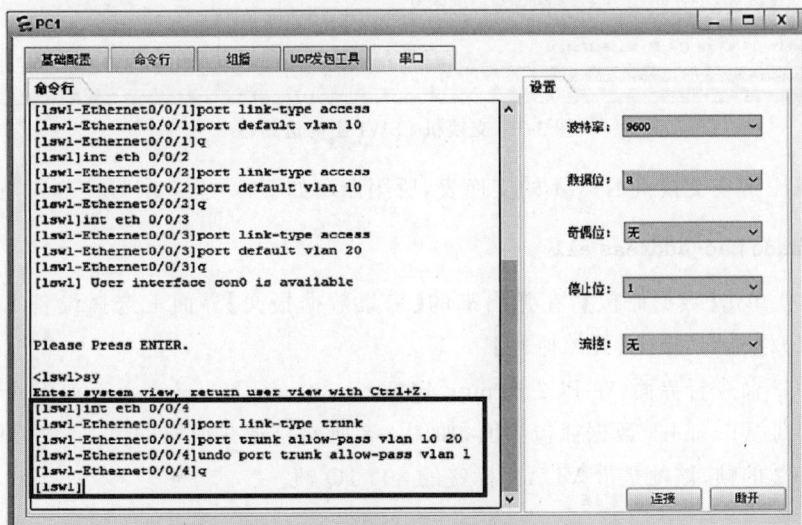

图 3-6　PC1 上配置 LSW1 的 Trunk 端口

在用户模式下使用如下命令查看 VLAN 划分情况，截图，填写实训记录与分析。

```
<lsw1>display vlan
```

在 PC5 上通过交换机的 Console 端口，将 LSW2 的 Ethernet 0/0/4 端口设置成 Trunk 类型，允许 VLAN10 和 VLAN20 通过，拒绝 VLAN1 通过，配置命令与上述命令完全相同，因此省略。

2. 验证实验效果

在 PC2 上分别 ping PC3、PC4、PC6、PC7、PC8、LSW1、LSW2，观察结果，并对其进行分析，将分析结果填写到实训记录与分析。

3.4.7 利用 Wireshark 查看 802.1Q 帧

在工具栏单击【数据抓包】，在弹出来的【采集数据报文】界面上选择设备 LSW1，选择 Ethernet 0/0/1 端口，单击【开始抓包】。

转到 PC2 命令行界面，在 PC2 上 ping PC8。在 PC2 处生成 ARP 广播分组，该分组被封装成普通的以太网帧。该帧首先到达 LSW1，再广播到 PC3 和 LSW2。

然后转到 Wireshark 数据抓包界面，如图 3-7 所示。现在抓取的是 LSW1 的进站帧，可以看到该帧就是普通的以太网数据帧。

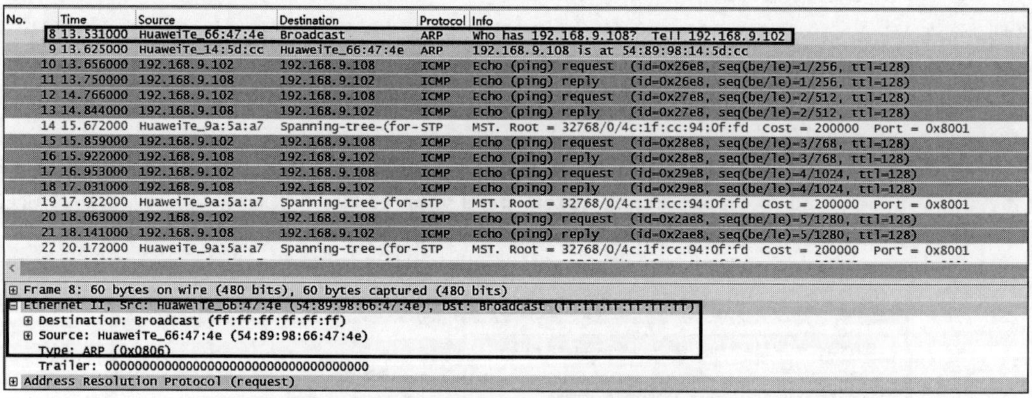

图 3-7　交换机 LSW1 上的进站帧

通过 PC1 清空交换机 LSW1 的交换表，所用命令如下：

```
[lsw1]undo mac-address all
```

在工具栏单击【数据抓包】，在弹出来的【采集数据报文】界面上选择设备 LSW1，选择 Ethernet 0/0/4 端口，单击【开始抓包】。

转到 PC2 命令行界面，在 PC2 上 ping PC8。

然后转到 Wireshark 数据抓包界面，如图 3-8 所示。现在抓取的是 LSW1 出站广播到 PC3 和 LSW2 的帧，该帧是带 VLAN 标签的 802.1Q 帧。

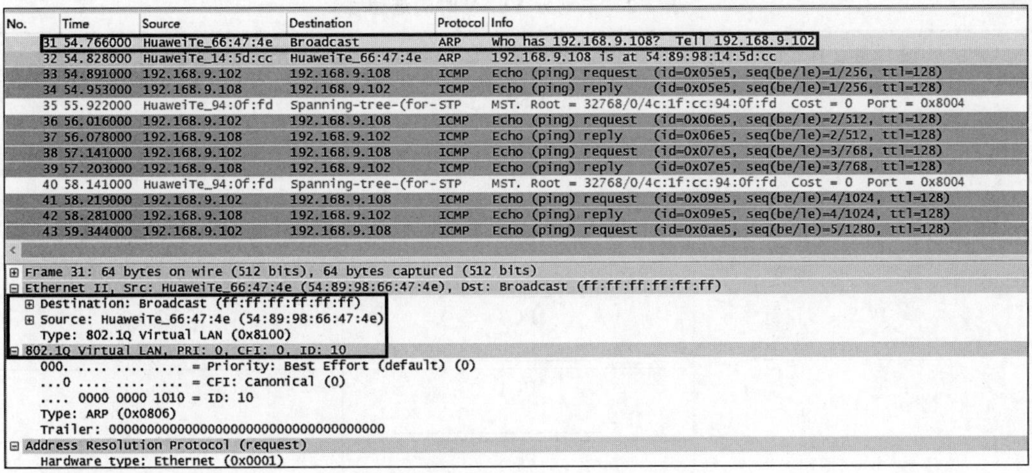

No.	Time	Source	Destination	Protocol	Info
31	54.766000	HuaweiTe_66:47:4e	Broadcast	ARP	Who has 192.168.9.108? Tell 192.168.9.102
32	54.828000	HuaweiTe_14:5d:cc	HuaweiTe_66:47:4e	ARP	192.168.9.108 is at 54:89:98:14:5d:cc
33	54.891000	192.168.9.102	192.168.9.108	ICMP	Echo (ping) request (id=0x05e5, seq(be/le)=1/256, ttl=128)
34	54.953000	192.168.9.108	192.168.9.102	ICMP	Echo (ping) reply (id=0x05e5, seq(be/le)=1/256, ttl=128)
35	55.922000	HuaweiTe_94:0f:fd	Spanning-tree-(for-STP	MST.	Root = 32768/0/4c:1f:cc:94:0f:fd Cost = 0 Port = 0x8004
36	56.016000	192.168.9.102	192.168.9.108	ICMP	Echo (ping) request (id=0x06e5, seq(be/le)=2/512, ttl=128)
37	56.078000	192.168.9.108	192.168.9.102	ICMP	Echo (ping) reply (id=0x06e5, seq(be/le)=2/512, ttl=128)
38	57.141000	192.168.9.102	192.168.9.108	ICMP	Echo (ping) request (id=0x07e5, seq(be/le)=3/768, ttl=128)
39	57.203000	192.168.9.108	192.168.9.102	ICMP	Echo (ping) reply (id=0x07e5, seq(be/le)=3/768, ttl=128)
40	58.141000	HuaweiTe_94:0f:fd	Spanning-tree-(for-STP	MST.	Root = 32768/0/4c:1f:cc:94:0f:fd Cost = 0 Port = 0x8004
41	58.219000	192.168.9.102	192.168.9.108	ICMP	Echo (ping) request (id=0x09e5, seq(be/le)=4/1024, ttl=128)
42	58.281000	192.168.9.108	192.168.9.102	ICMP	Echo (ping) reply (id=0x09e5, seq(be/le)=4/1024, ttl=128)
43	59.344000	192.168.9.102	192.168.9.108	ICMP	Echo (ping) request (id=0x0ae5, seq(be/le)=5/1280, ttl=128)

```
⊞ Frame 31: 64 bytes on wire (512 bits), 64 bytes captured (512 bits)
⊟ Ethernet II, Src: HuaweiTe_66:47:4e (54:89:98:66:47:4e), Dst: Broadcast (ff:ff:ff:ff:ff:ff)
  ⊞ Destination: Broadcast (ff:ff:ff:ff:ff:ff)
  ⊞ Source: HuaweiTe_66:47:4e (54:89:98:66:47:4e)
    Type: 802.1Q virtual LAN (0x8100)
  ⊟ 802.1Q Virtual LAN, PRI: 0, CFI: 0, ID: 10
    000. .... .... .... = Priority: Best Effort (default) (0)
    ...0 .... .... .... = CFI: Canonical (0)
    .... 0000 0000 1010 = ID: 10
    Type: ARP (0x0806)
    Trailer: 0000000000000000000000000000000000
⊟ Address Resolution Protocol (request)
    Hardware type: Ethernet (0x0001)
```

图 3-8　交换机 LSW1 上的出站帧

3.5　思考题

（1）如果将交换机 LSW1 和 LSW2 的 Ethernet 0/0/4 端口类型改为 access，结果会发生什么变化？

（2）划分了 VLAN 后，在 PC2 上 ping 交换机 LSW1 为什么 ping 不通？

（3）利用 Wireshark 查看 LSW1 的出站帧时，为什么需要通过 PC1 清空交换机 LSW1 的交换表？

3.6　实训记录与分析

3.6.1　搭建网络环境

添加所需要的网络设备（交换机 3700 2 台，台式机 8 台），并选择合适的线缆完成设备的连接，然后标记出 VLAN 的划分。将其拓扑截图，粘贴在下面。

3.6.2　完成台式机的网络配置

根据要求完成 4 台台式机的配置。选择其中 1 台为例将其配置界面截图，粘贴在下面。

3.6.3　通过 Console 端口实现交换机的 IP 地址配置

根据要求完成两台交换机的 IP 地址配置，在用户模式下，使用 display cu 命令查看交换机 LSW1 和 LSW2 的 IP 地址配置。将其显示界面截图，粘贴在下面。

3.6.4　未划分 VLAN 的情况下测试 PC 间的连通性

在 PC8 上分别 ping PC2、PC3、PC4、PC6、PC7、LSW1、LSW2，将其显示界面截图，粘贴在下面，并填写表 3-2。

表 3-2 未划分 VLAN 时的连通性

设 备 1	设 备 2	是 否 连 通
	LSW1 IP: _____	
	LSW2 IP: _____	
	PC2 IP: _____	
PC8 IP: _____	PC3 IP: _____	
	PC4 IP: _____	
	PC6 IP: _____	
	PC7 IP: _____	

3.6.5 在交换机上通过 Console 端口配置 VLAN

（1）按照实验步骤，在 PC1 和 PC5 上完成 LSW1 和 LSW2 的 VLAN 划分，在用户模式下，使用 display vlan 命令查看交换机 LSW1 和 LSW2 的 VLAN 划分情况，将其显示界面截图，粘贴在下面。

（2）分别在 PC2 和 PC6 上 ping 其余局域网内 PC 及 LSW1、LSW2，将其显示界面截图，粘贴在下面，并填写表 3-3。

表 3-3 划分 VLAN 后未设置 Trunk 端口时的连通性

设 备 1	设 备 2	是 否 连 通
	LSW1 IP: _____	
	LSW2 IP: _____	
	PC3 IP: _____	
PC2 IP: _____	PC4 IP: _____	
	PC6 IP: _____	
	PC7 IP: _____	
	PC8 IP: _____	

设　备　1	设　备　2	是 否 连 通
	LSW1 IP：_____	
	LSW2 IP：_____	
	PC2 IP：_____	
PC6 IP：_____	PC3 IP：_____	
	PC4 IP：_____	
	PC7 IP：_____	
	PC8 IP：_____	

3.6.6　通过交换机 Console 端口配置 Trunk 模式

（1）按照实验步骤，在 PC1 和 PC5 上完成 LSW1 和 LSW2 的 Trunk 端口设置，在用户模式下，使用 display vlan 命令查看，将其显示界面截图，粘贴在下面。

（2）分别在 PC2 和 PC6 上 ping 其余局域网内 PC 及 LSW1、LSW2，将其显示界面截图，粘贴在下面，并填写表 3-4。

表 3-4　划分 VLAN 后设置 Trunk 端口时的连通性

设　备　1	设　备　2	是 否 连 通
	LSW1 IP：_____	
	LSW2 IP：_____	
	PC3 IP：_____	
PC2 IP：_____	PC4 IP：_____	
	PC6 IP：_____	
	PC7 IP：_____	
	PC8 IP：_____	

续表

设　备　1	设　备　2		是　否　连　通
	LSW1 IP:_____		
	LSW2 IP:_____		
	PC2 IP:_____		
PC6 IP:_____	PC3 IP:_____		
	PC4 IP:_____		
	PC7 IP:_____		
	PC8 IP:_____		

3.6.7　利用 Wireshark 查看 802.1Q 帧

清空 LSW1 和 LSW2 的交换表,用 Wireshark 分别抓取 LSW2 的 Ethernet 0/0/1 端口及 Ethernet 0/0/4 端口,在 PC6 命令行 ping PC4,将 Wireshark 显示界面截图,并标记出 LSW2 上 ARP 的 802.1Q 帧,粘贴在下面。

第4章　静态路由与默认路由配置

4.1　知识准备

4.1.1　静态路由与默认路由概念

静态路由(Static Route)是指由用户或网络管理员手工配置的路由信息。当网络的拓扑结构或链路的状态发生变化时,网络管理员需要手工修改路由表中相关的静态路由信息。静态路由信息在默认情况下是专有的,不会传递给其他路由器。当然,网络管理员也可以通过对路由器进行设置使之成为共享的。静态路由一般适用于比较简单的网络环境,在这样的环境中,网络管理员易于清楚地了解网络的拓扑结构,便于设置正确的路由信息。

默认路由(Default Route)是一种特殊的静态路由,指的是当路由表中与数据包的目的地址之间没有匹配的表项时路由器所选择的路由。用无类别域间路由标记表示的 IPv4 默认路由是 0.0.0.0/0,因为子网掩码是/0,所以它是最短的可能匹配。因此,当查找不到匹配的路由时,自然而然就会转而使用这条路由。默认路由在某些时候非常有效,当存在末梢网络时,默认路由会大大简化路由器的配置,减轻网络管理员的工作负担,提高网络性能。在路由器上只能配置一条默认路由。

4.1.2　静态路由与默认路由的配置方法

eNSP 中,配置静态路由与默认路由均在系统模式下进行。静态路由的配置方法如下:

[AR1]**ip route-static** 目的网络号 目的网络掩码 下一跳 IP 地址

默认路由的配置方法如下:

[AR1]**ip route-static 0.0.0.0 0.0.0.0** 下一跳 **IP** 地址

4.2　实验目的

(1) 理解静态路由及默认路由的概念。

(2) 掌握静态路由和默认路由的配置方法和技巧。

(3) 掌握通过设置静态路由和默认路由方式实现网络连通的方法。

(4) 能够根据需求在 eNSP 中选择合适的设备进行网络拓扑结构连接,并通过配置静态路由及默认路由的方法实现网络的连通。

4.3　实验环境

4.3.1　模拟场景

　　某局域网内主机通过路由器与远程主机通信,通信过程中跨越 3 台路由器,需要对路由器进行静态路由配置;对于末梢网络配置默认路由,从而大大简化路由器的配置。

4.3.2　实验条件

　　实验中构建如图 4-1 所示拓扑结构。

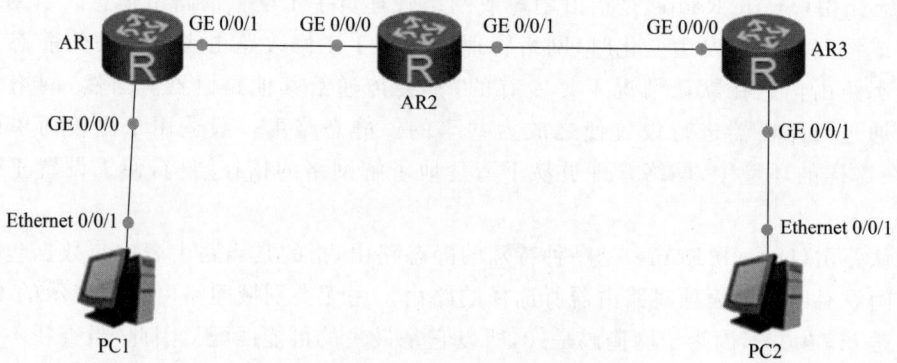

图 4-1　静态路由及默认路由配置拓扑结构

4.3.3　网络规划

　　网络环境和设备配置如表 4-1 所示。

表 4-1　网络环境配置

名　　称	IP 地　址	子 网 掩 码	网　　关
AR1 GE 0/0/0	192.168.1X.254	255.255.255.0	—
AR1 GE 0/0/1	192.168.2X.254	255.255.255.0	—
AR2 GE 0/0/0	192.168.2X.253	255.255.255.0	—
AR2 GE 0/0/1	192.168.3X.253	255.255.255.0	—
AR3 GE 0/0/0	192.168.3X.254	255.255.255.0	—
AR3 GE 0/0/1	192.168.4X.254	255.255.255.0	—
PC1	192.168.1X.Y1	255.255.255.0	192.168.1X.254
PC2	192.168.4X.Y1	255.255.255.0	192.168.4X.254

　　表 4-1 中 X 是自己学号的倒数第 2 位,Y 是自己学号的最后 1 位。假如某同学的学号最后两位是 90,则其 PC1 的 IP 地址为 192.168.19.1,PC2 的 IP 地址为 192.168.49.1;路由器 AR1 的 GE 0/0/0 端口的 IP 地址为 192.168.19.254,GE 0/0/1 端口的 IP 地址为 192.168.29.254,以此类推。本实验以该学号为例。

4.4　实验步骤

4.4.1　搭建网络环境

添加如图 4-1 所示的网络设备：路由器 AR1220 3 台，PC 2 台，并选择合适的线缆完成设备的连接：PC1 的 Ethernet 0/0/1 端口与路由器 AR1 的 GE 0/0/0 端口连接，路由器 AR1 的 GE 0/0/1 端口与路由器 AR2 的 GE 0/0/0 端口连接，路由器 AR2 的 GE 0/0/1 端口与路由器 AR3 的 GE 0/0/0 端口连接，路由器 AR3 的 GE 0/0/1 端口与 PC2 的 Ethernet 0/0/1 端口连接。然后将上述添加的设备选中，单击工具栏的【启动】按钮。界面截图，粘贴到实训记录与分析处。

4.4.2　完成 PC 和路由器的网络地址配置并测试连通性

1. 配置 PC 和路由器的网络地址

按照表 4-1 的要求，完成 PC 和路由器的 IP 地址等网络配置。下面分别以 PC1 和 AR1 为例进行配置，如图 4-2 所示。

在路由器 AR1 上配置 IP 地址所用命令如下（加粗字体是输入的命令）：

[AR1]**int g0/0/0**
[AR1-GigabitEthernet0/0/0]**ip address 192.168.19.254 24**
[AR1-GigabitEthernet0/0/0]**q**
[AR1]**int g0/0/1**
[AR1-GigabitEthernet0/0/1]**ip address 192.168.29.254 24**
[AR1-GigabitEthernet0/0/1]**q**

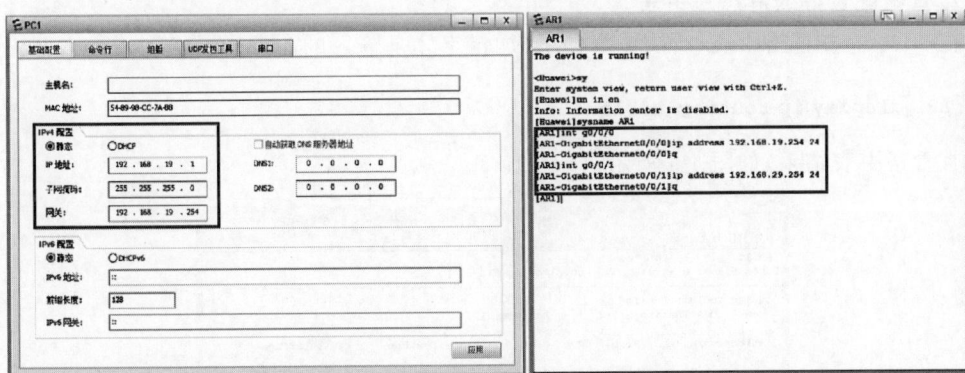

图 4-2　PC1 与 AR1 的网络地址配置

通过同样方式配置 PC2 的 IP 地址、子网掩码、网关，以及 AR2 和 AR3 的 GE 0/0/0 端口与 GE 0/0/1 端口的 IP 地址及掩码。

2. 测试连通性

在 PC1 的命令行界面 ping PC2，测试是否能 ping 通。界面截图，粘贴到实训记录与分析处。

4.4.3 在 AR1 上配置静态路由

1. 配置 AR1 的静态路由

在路由器 AR1 上配置到目的网络 192.168.39.0 及 192.168.49.0 的静态路由,所用命令如下(加粗字体是输入的命令),配置效果如图 4-3 所示。

[AR1]**ip route-static 192.168.39.0 24 192.168.29.253**
[AR1]**ip route-static 192.168.49.0 24 192.168.29.253**

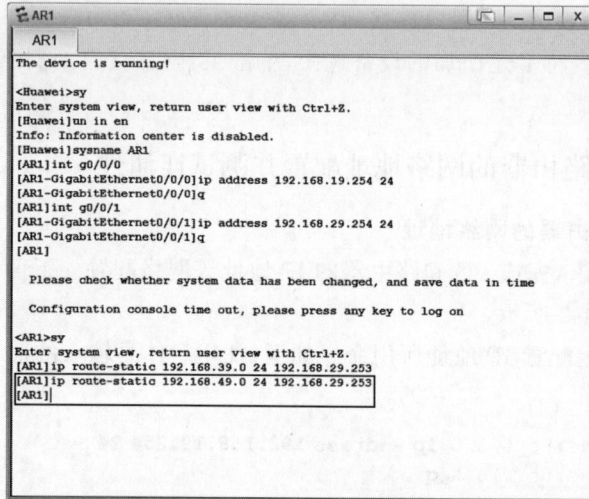

图 4-3 在 AR1 上配置静态路由

2. 查看配置好的静态路由表

在 AR1 上查看路由表,所用命令如下(加粗字体是输入的命令):

[AR1]**display ip routing-table**

查看路由表结果,如图 4-4 所示。

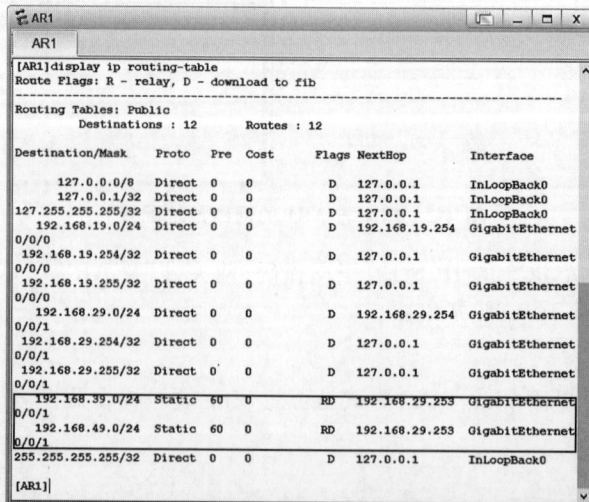

图 4-4 查看 AR1 路由表

4.4.4　在 AR2 上配置静态路由

在路由器 AR2 上配置到目的网络 192.168.19.0 及 192.168.49.0 的静态路由,并查看路由表,结果如图 4-5 所示。

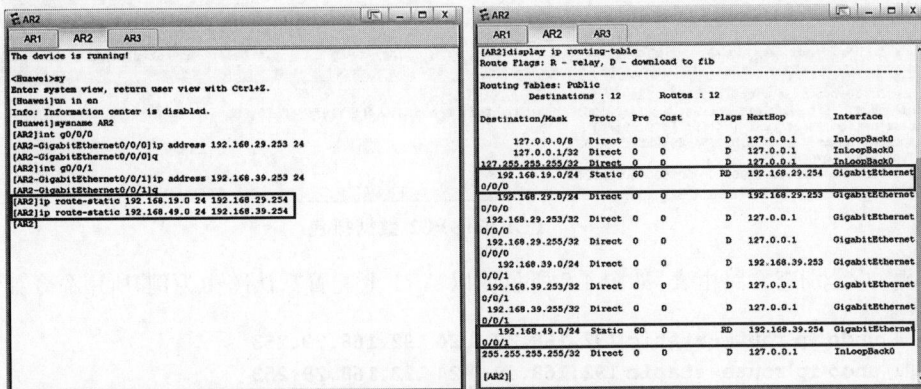

图 4-5　配置 AR2 静态路由并查看路由表

4.4.5　在 AR3 上配置静态路由

在路由器 AR3 上配置到目的网络 192.168.19.0 及 192.168.29.0 的静态路由,并查看路由表,结果如图 4-6 所示。

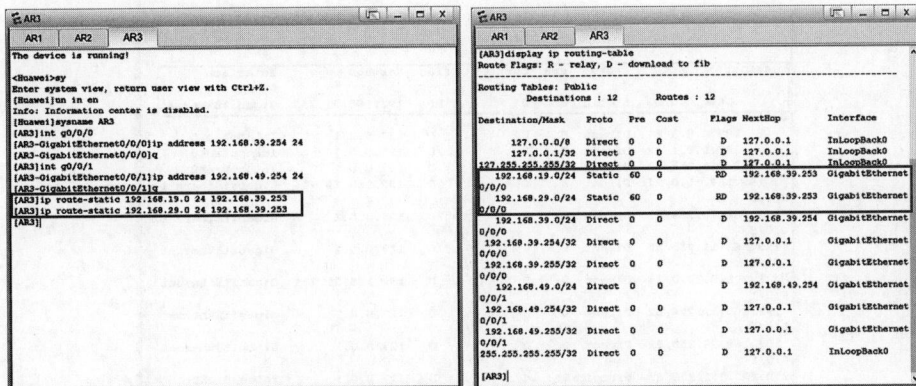

图 4-6　配置 AR3 静态路由并查看路由表

4.4.6　检查并测试

在 eNSP 工作区的 PC1 上右击,选择【数据抓包】。在 PC1 命令行界面运行 ping PC2 的 IP 地址,将运行结果截图,粘贴到实训记录与分析处。在如图 4-7 所示 Wireshark 界面,观察 ARP 分组及 ICMP 分组的具体情况。数据抓包结果截图,粘贴到实训记录与分析处。

4.4.7　配置默认路由并测试

1. 为 AR1 和 AR3 配置默认路由

首先需要删除 AR1 与 AR3 上的静态路由,然后为末梢网络中的路由器 AR1 和 AR3 配置

No.	Time	Source	Destination	Protocol	Info
1	0.000000	HuaweiTe_cc:7a:b8	Broadcast	ARP	Who has 192.168.19.254? Tell 192.168.19.1
2	0.047000	HuaweiTe_54:0f:0d	HuaweiTe_cc:7a:b8	ARP	192.168.19.254 is at 00:e0:fc:54:0f:0d
3	0.047000	192.168.19.1	192.168.49.1	ICMP	Echo (ping) request (id=0x5d36, seq(be/le)=1/256, ttl=128)
4	2.047000	192.168.19.1	192.168.49.1	ICMP	Echo (ping) request (id=0x5f36, seq(be/le)=2/512, ttl=128)
5	4.047000	192.168.19.1	192.168.49.1	ICMP	Echo (ping) request (id=0x6136, seq(be/le)=3/768, ttl=128)
6	6.047000	192.168.19.1	192.168.49.1	ICMP	Echo (ping) request (id=0x6336, seq(be/le)=4/1024, ttl=128)
7	6.063000	192.168.49.1	192.168.19.1	ICMP	Echo (ping) reply (id=0x6436, seq(be/le)=4/1024, ttl=125)
8	7.078000	192.168.49.1	192.168.19.1	ICMP	Echo (ping) reply (id=0x6436, seq(be/le)=5/1280, ttl=125)
9	7.094000	192.168.49.1	192.168.19.1	ICMP	Echo (ping) reply (id=0x6436, seq(be/le)=5/1280, ttl=125)
10	12.672000	192.168.49.1	192.168.19.1	ICMP	Echo (ping) reply (id=0x6936, seq(be/le)=1/256, ttl=128)
11	12.688000	192.168.49.1	192.168.19.1	ICMP	Echo (ping) reply (id=0x6936, seq(be/le)=1/256, ttl=125)
12	13.688000	192.168.19.1	192.168.49.1	ICMP	Echo (ping) request (id=0x6a36, seq(be/le)=2/512, ttl=128)
13	13.719000	192.168.49.1	192.168.19.1	ICMP	Echo (ping) reply (id=0x6a36, seq(be/le)=2/512, ttl=125)

```
⊞ Frame 1: 60 bytes on wire (480 bits), 60 bytes captured (480 bits)
⊟ Ethernet II, Src: HuaweiTe_cc:7a:b8 (54:89:98:cc:7a:b8), Dst: Broadcast (ff:ff:ff:ff:ff:ff)
  ⊞ Destination: Broadcast (ff:ff:ff:ff:ff:ff)
  ⊞ Source: HuaweiTe_cc:7a:b8 (54:89:98:cc:7a:b8)
    Type: ARP (0x0806)
    Trailer: 000000000000000000000000000000000000
⊞ Address Resolution Protocol (request)
```

图 4-7　PC1 ping PC2 数据抓包

默认路由,并分别查看路由表,如图 4-8 所示。以 AR1 上配置默认路由为例,所用命令如下:

[AR1]**undo ip route-static 192.168.39.0 24 192.168.29.253**

[AR1]**undo ip route-static 192.168.49.0 24 192.168.29.253**

[AR1]**ip route-static 0.0.0.0 0.0.0.0 192.168.29.253**

[AR1]**display ip routing-table**

```
E AR1                                                    ⊡ _ □ X

  AR1      AR2      AR3

[AR1]undo ip route-static 192.168.39.0 24 192.168.29.253
[AR1]undo ip route-static 192.168.49.0 24 192.168.29.253
[AR1]ip route-static 0.0.0.0 0.0.0.0 192.168.29.253
[AR1]display ip routing-table
Route Flags: R - relay, D - download to fib
------------------------------------------------------------
Routing Tables: Public
         Destinations : 11      Routes : 11

Destination/Mask    Proto   Pre  Cost    Flags NextHop         Interface

        0.0.0.0/0   Static  60   0       RD    192.168.29.253  GigabitEthernet
0/0/1
      127.0.0.0/8   Direct  0    0       D     127.0.0.1       InLoopBack0
     127.0.0.1/32   Direct  0    0       D     127.0.0.1       InLoopBack0
127.255.255.255/32  Direct  0    0       D     127.0.0.1       InLoopBack0
   192.168.19.0/24  Direct  0    0       D     192.168.19.254  GigabitEthernet
0/0/0
 192.168.19.254/32  Direct  0    0       D     127.0.0.1       GigabitEthernet
0/0/0
 192.168.19.255/32  Direct  0    0       D     127.0.0.1       GigabitEthernet
0/0/0
   192.168.29.0/24  Direct  0    0       D     192.168.29.254  GigabitEthernet
0/0/1
 192.168.29.254/32  Direct  0    0       D     127.0.0.1       GigabitEthernet
0/0/1
 192.168.29.255/32  Direct  0    0       D     127.0.0.1       GigabitEthernet
0/0/1
255.255.255.255/32  Direct  0    0       D     127.0.0.1       InLoopBack0
[AR1]
```

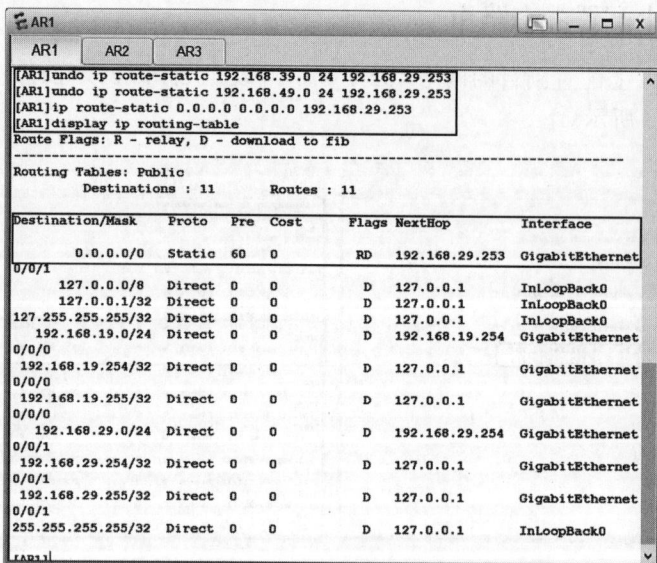

图 4-8　配置 AR1 默认路由并查看路由表

2. 测试连通性

在 PC1 的命令行界面,ping PC2,测试是否能 ping 通。将界面截图,粘贴到实训记录与分析处。

4.5　思考题

(1) 静态路由一般适合什么样的网络环境?

(2) 路由器是否必须配置默认路由?配置默认路由有什么好处?

（3）实验过程中，PC1 ping PC2 共运行了 3 次，根据运行结果，分析静态路由与默认路由的作用。

4.6　实训记录与分析

4.6.1　搭建网络环境

添加所需要的网络设备（AR1220 路由器 3 台，PC 2 台），并选择合适的线缆完成设备的连接。搭建好网络环境后将其拓扑截图。

4.6.2　完成 PC 和路由器的网络地址配置并测试连通性

1. 配置 PC 和路由器的网络地址

根据实验步骤完成 PC 和路由器的 IP 地址等网络配置，将配置界面截图，粘贴在下面。

2. 测试连通性

PC1 ping PC2，界面截图，粘贴到下面。

4.6.3　配置 AR1 静态路由

在路由器 AR1 上配置到目的网络 192.168.39.0 及 192.168.49.0 的静态路由，并查看路由表，将结果截图，粘贴在下面。

4.6.4　配置 AR2 静态路由

在路由器 AR2 上配置到目的网络 192.168.19.0 及 192.168.49.0 的静态路由，并查看路由表，将结果截图，粘贴在下面。

4.6.5　配置 AR3 静态路由

在路由器 AR3 上配置到目的网络 192.168.19.0 及 192.168.29.0 的静态路由，并查看路由表，将结果截图，粘贴在下面。

4.6.6　检查并测试

在 PC1 上数据抓包，然后 PC1 ping PC2，将数据抓包界面及 PC1 命令行界面分别截图，粘贴在下面。

4.6.7　配置默认路由并测试

1. 为 AR1 和 AR3 配置默认路由

为 AR1 和 AR3 配置默认路由，并分别查看路由表，将结果截图，粘贴在下面。

2. 测试连通性

PC1 ping PC2，将界面截图，粘贴在下面。

第5章 RIP 路由协议配置

5.1 知识准备

5.1.1 RIP 路由协议基本概念

路由信息协议(Routing Information Protocol,RIP)基于距离向量算法,通过广播报文来交换路由信息,每30秒发送一次路由信息更新。RIP 提供跳跃计数(hopcount)作为尺度来衡量路由距离,跳跃计数是一个包到达目标所必须经过的路由器的数目。如果到相同目标有两个不等速或不同带宽的路由器,但跳跃计数相同,则 RIP 认为两个路由是等距离的。RIP 最多支持的跳数为15,跳数16表示不可达。

RIP 是大多数路由器都支持的一种常用距离向量协议,适用于包含多台路由器的小型网络。在路由器上配置 RIP 前,应考虑路由器服务的网络以及连接这些网络的路由器接口。

5.1.2 RIP 版本

RIP 在 IPv4 中有 v1 和 v2 两个版本。RIPv1 是有类别路由协议(Class Routing Protocol),只支持以广播方式发布协议报文,不支持路由聚合。RIPv1 默认开启路由自动汇总,无法关闭,不支持手动汇总。RIPv2 是一种无分类路由协议(Classless Routing Protocol),有两种报文传送方式:广播方式和组播方式,默认采用组播方式发送报文,使用的组播地址为 224.0.0.9。RIPv2 的协议报文中携带掩码信息,支持手动路由汇总和自动路由汇总两种方式,默认路由自动汇总是开启的,并且可以关闭。

5.2 实验目的

(1)掌握 RIP 的配置方法。

(2)观察 RIP 路由更新情况,理解 RIP 工作原理。

(3)掌握查看 RIP 相关信息的方法。

(4)能够根据需求在 eNSP 中选择合适的设备进行网络拓扑结构连接,通过配置 RIP 路由的方法实现网络的连通,并正确分析 RIP 路由相关信息。

5.3 实验环境

5.3.1 模拟场景

某企业局域网内主机通过路由器与远程主机通信,通信过程中跨越3台路由器,需要对路由器进行 RIP 路由配置。

5.3.2　实验条件

实验中构建如图 5-1 所示的拓扑结构。

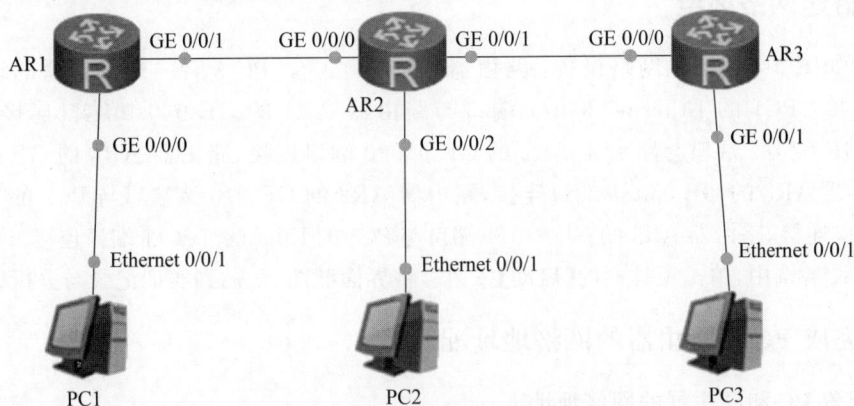

图 5-1　RIP 路由配置网络拓扑结构

5.3.3　网络规划

网络环境和设备配置如表 5-1 所示。

表 5-1　PC 及路由器各端口 IP 地址列表

名　称	IP 地 址	子 网 掩 码	网　关
AR1 GE 0/0/0	192.168.1X.254	255.255.255.0	—
AR1 GE 0/0/1	192.168.2X.254	255.255.255.0	—
AR2 GE 0/0/0	192.168.2X.253	255.255.255.0	—
AR2 GE 0/0/1	192.168.4X.253	255.255.255.0	—
AR2 GE 0/0/2	192.168.3X.254	255.255.255.0	—
AR3 GE 0/0/0	192.168.4X.254	255.255.255.0	—
AR3 GE 0/0/1	192.168.5X.254	255.255.255.0	—
PC1	192.168.1X.Y1	255.255.255.0	192.168.1X.254
PC2	192.168.3X.Y1	255.255.255.0	192.168.3X.254
PC3	192.168.5X.Y1	255.255.255.0	192.168.5X.254

表 5-1 中 X 是自己学号的倒数第 2 位，Y 是自己学号的最后 1 位。假如某同学的学号最后两位是 90，则其 PC1 的 IP 地址为 192.168.19.1，PC2 的 IP 地址为 192.168.49.2；路由器 AR1 的 GE 0/0/0 端口的 IP 地址为 192.168.19.254，GE 0/0/1 端口的 IP 地址为 192.168.29.254，以此类推。本实验以该学号为例。

5.4 实验步骤

5.4.1 搭建网络环境

添加如图 5-1 所示的网络设备：路由器 AR2220 3 台，PC 3 台。选择合适的线缆完成设备的连接：PC1 的 Ethernet 0/0/1 端口与路由器 AR1 的 GE 0/0/0 端口连接，路由器 AR1 的 GE 0/0/1 端口与路由器 AR2 的 GE 0/0/0 端口连接，路由器 AR2 的 GE 0/0/1 端口与路由器 AR3 的 GE 0/0/0 端口连接，路由器 AR2 的 GE 0/0/2 端口与 PC2 的 Ethernet 0/0/1 端口连接，路由器 AR3 的 GE 0/0/1 端口与 PC3 的 Ethernet 0/0/1 端口连接。然后将上述添加的设备选中，单击工具栏的【启动】按钮。将界面截图，粘贴到实训记录与分析处。

5.4.2 完成 PC 和路由器的网络地址配置

1. 配置 PC 和路由器的网络地址

按照表 5-1 的要求，完成 PC 和路由器的 IP 地址等网络配置。下面分别以 PC1 和 AR1 为例进行配置，如图 5-2 所示。

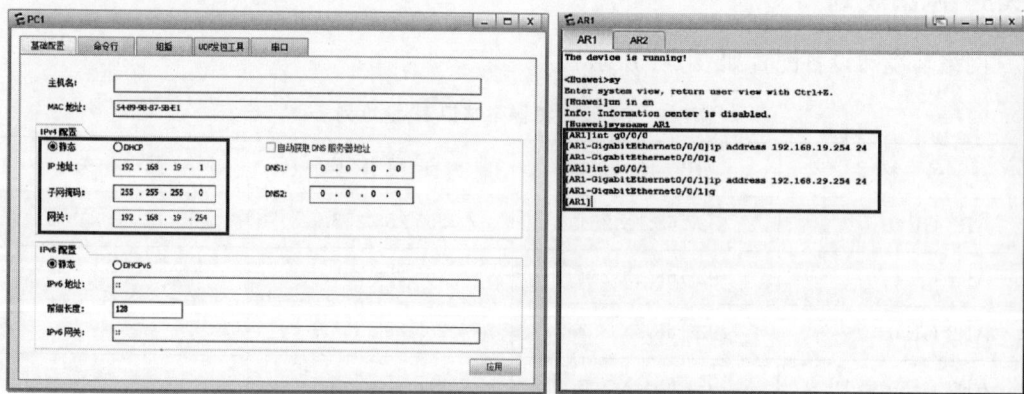

图 5-2 PC1 和 AR1 的网络地址配置

通过同样方式配置 PC2、PC3 的 IP 地址、子网掩码、网关，以及 AR2 的 GE 0/0/0 端口、GE 0/0/1 端口与 GE 0/0/2 端口的 IP 地址及掩码和 AR3 的 GE 0/0/0 端口与 GE 0/0/1 端口的 IP 地址及掩码。

2. 测试连通性

在 PC1 的命令行界面，ping PC2 和 PC3，测试是否能 ping 通。将界面截图，粘贴到实训记录与分析处。

5.4.3 在路由器上配置 RIP 路由

1. 配置 AR1 的 RIP 路由

在路由器 AR1 上配置 RIP 路由，使用如下命令（加粗字体是输入的命令）：

```
[AR1]rip 1                    //进入 RIP，进程号为 1
[AR1-rip-1]version 2          //协议为 2
```

```
[AR1-rip-1]network 192.168.19.0          //宣告相连接的网段
[AR1-rip-1]network 192.168.29.0          //宣告相连接的网段
[AR1-rip-1]undo summary                  //关闭路由器自动聚合
```

配置界面如图 5-3 所示。

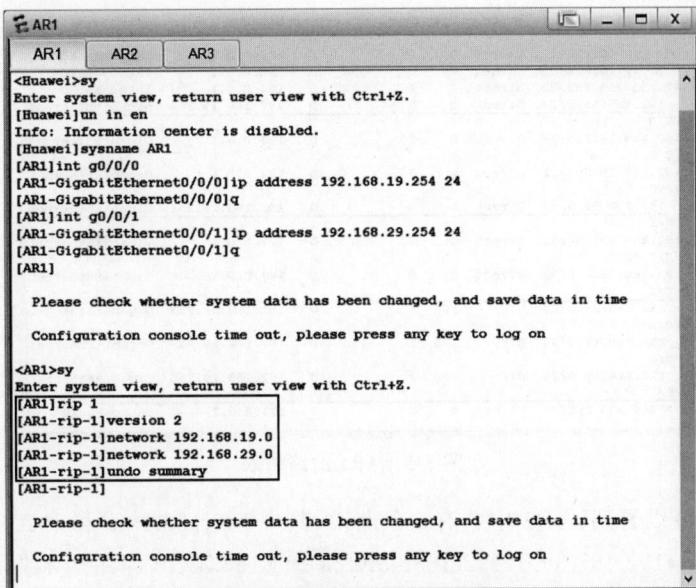

图 5-3　配置 AR1 的 RIP 路由

2. 配置 AR2 与 AR3 的 RIP 路由

按照上述方法配置路由器 AR2 与 AR3 的 RIP 路由,配置界面如图 5-4 所示。

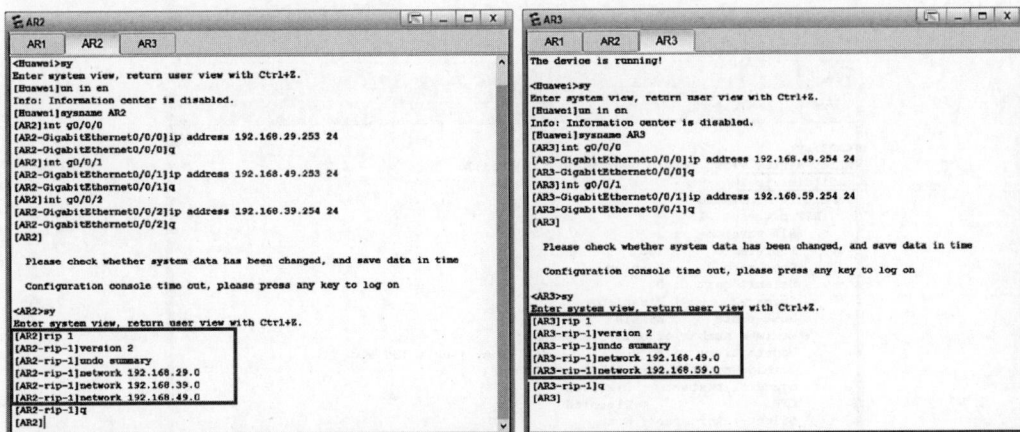

图 5-4　配置 AR2 与 AR3 的 RIP 路由

5.4.4　查看 RIP 配置信息

1. 查看路由表

在 AR1、AR2 和 AR3 上查看路由表。以 AR1 为例,在系统模式下使用 display ip routing-table 命令查看路由表,路由表界面如图 5-5 所示。

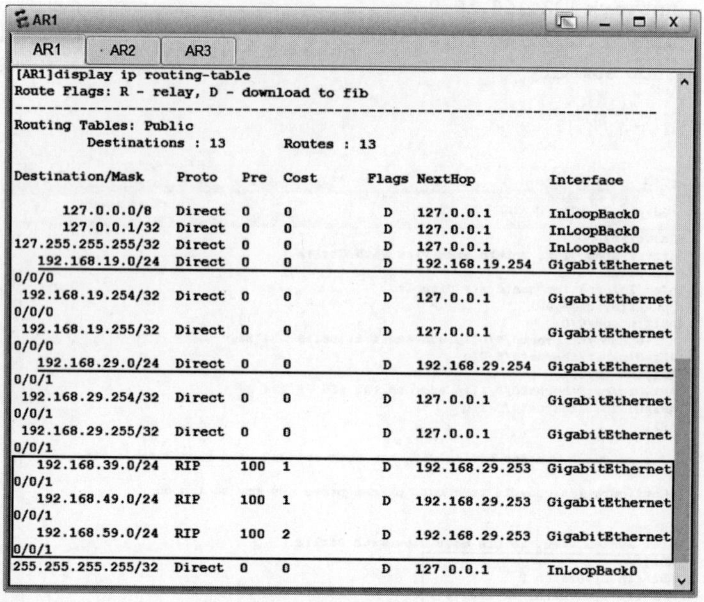

图 5-5　AR1 的路由表

从图 5-5 中可以看到,AR1 中共有 5 条路由,其中 192.168.19.0 和 192.168.29.0(即画横线的)是直连网络,192.168.39.0、192.168.49.0 和 192.168.59.0(即用矩形框起来的)是通过RIP 学习到的。

用同样的方法查看 AR2 及 AR3 的路由表,并截图,粘贴到实训记录与分析处。

2. 查看 RIP 的配置信息及相关参数

在 AR1、AR2 和 AR3 上查看 RIP 的配置信息及相关参数。以 AR1 为例,在系统模式下使用命令 display rip 1(或 dis rip 1)查看 rip 配置信息,界面如图 5-6 所示。

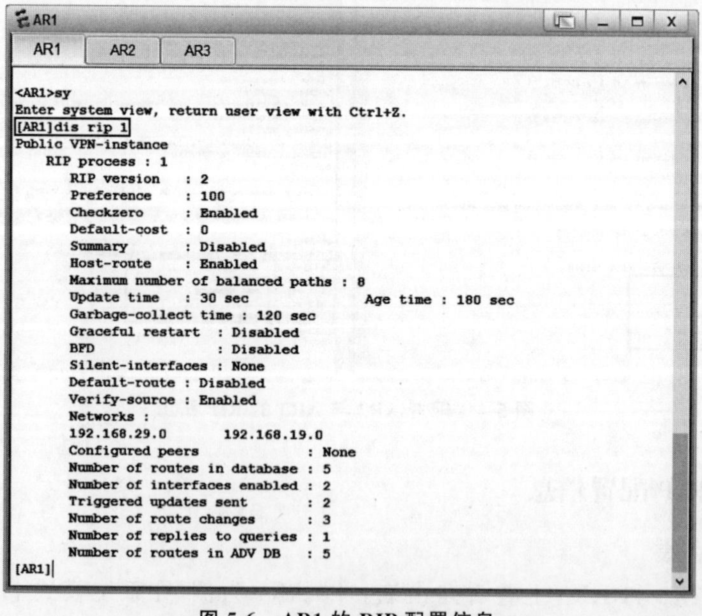

图 5-6　AR1 的 RIP 配置信息

用同样的方法查看 AR2 及 AR3 的 RIP 配置信息,并截图并粘贴到实训记录与分析处。

5.4.5 观察 RIP 路由的动态更新过程

在路由器用户模式下使用 debugging rip 1 和 terminal debugging 命令,观察 RIP 更新时发送和接收的数据,如图 5-7 所示。

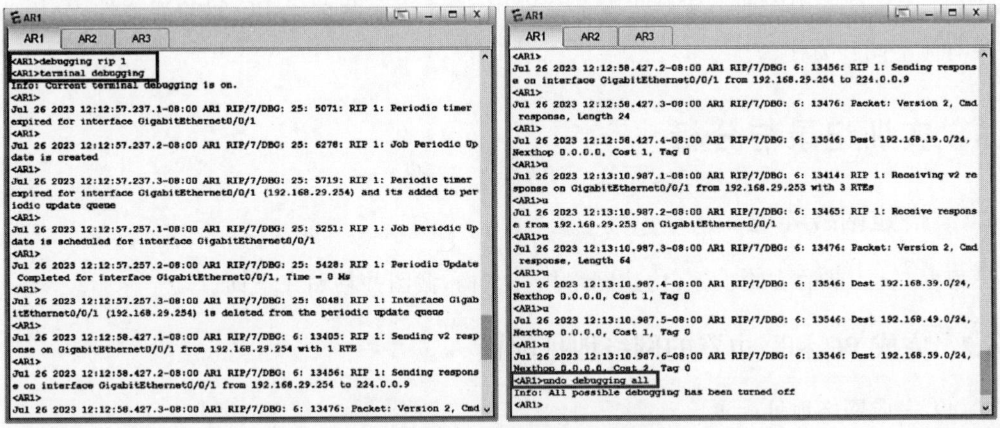

图 5-7 AR1 中 RIP 路由信息交换

从图 5-7 中可以看到,RIP v2 使用组播地址 224.0.0.9 为目的地址,RIPv2 的协议报文中携带掩码信息。观察完毕后可以使用 undo debugging all 命令关闭。

在工作区右击 AR1,单击【数据抓包】,选择 GE 0/0/1,开始用 Wireshark 抓取数据包。在出现的数据包上双击一个 RIP v2 数据包,对 RIP 进行分析,如图 5-8 所示。

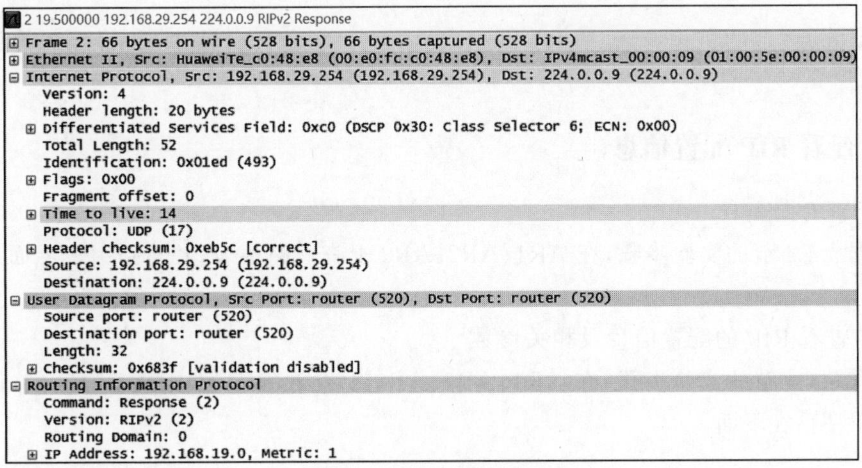

图 5-8 RIP v2 数据包

从图 5-8 中可以看到,RIP 基于 UDP 传输,端口号为 520。

5.4.6 用 ping 命令测试网络连通性

使用 ping 命令测试 PC1、PC2 和 PC3 之间的连通性,将界面截图,粘贴到实训记录与分析处。

5.5　思考题

（1）RIP 路由协议的特点是什么？适用于大型网络还是小型网络？

（2）比较 RIP v1 与 RIP v2 有何不同？

（3）本次实验中在两个实验步骤上分别用 ping 命令测试了 PC 间的连通性，分析两次结果有何不同？为什么？

5.6　实训记录与分析

5.6.1　搭建网络环境

根据 5.4.1 节的实验步骤，构建网络拓扑结构，截图并粘贴在下面。

5.6.2　完成 PC 和路由器的网络地址配置

（1）完成网络地址配置

根据 5.4.2 节的实验步骤，完成 PC 和路由器网络地址的配置，并将配置界面截图，粘贴在下面。

（2）测试 PC 间的连通性

根据 5.4.2 节的实验步骤，用 ping 命令测试 PC 间的连通性，截图前并粘贴在下面。

5.6.3　在路由器上配置 RIP 路由

根据 5.4.3 节的实验步骤，在 AR1、AR2、AR3 上配置 RIP 路由，并将配置界面截图粘贴在下面。

5.6.4　查看 RIP 配置信息

（1）查看路由表

根据 5.4.4 节的实验步骤，在 AR1、AR2、AR3 上查看路由表，并将路由表界面截图粘贴在下面。

（2）查看 RIP 的配置信息及相关参数

根据 5.4.4 节的实验步骤，在 AR1、AR2、AR3 上查看 RIP 路由配置信息，并将查看的界面截图粘贴在下面。

5.6.5　观察 RIP 路由的动态更新过程

根据 5.4.5 节的实验步骤，在 AR1、AR2、AR3 上查看 RIP 路由动态更新过程，并将界面截图粘贴在下面。

5.6.6　用 ping 命令测试网络连通性

根据 5.4.6 节的实验步骤，用 ping 命令测试 PC 间的连通性，截图并粘贴在下面，并根据结果填写表 5-2。

表 5-2　配置 RIP 路由后 PC 间的连通性

	ping PC1		ping PC2		ping PC3	
	是否连通	TTL 值	是否连通	TTL 值	是否连通	TTL 值
PC1 IP：_____						
PC2 IP：_____						
PC3 IP：_____						

第6章　OSPF 路由协议配置

6.1　知识准备

6.1.1　OSPF 协议的概念

开放式最短路径优先(Open Shortest Path First,OSPF)协议是目前网络中应用最广泛的路由协议之一,属于内部网关路由协议,能够适应各种规模的网络环境,是典型的链路状态协议。OSPF 路由协议通过向全网扩散各自设备的链路状态信息,使网络中的每台设备最终同步一个具有全网链路状态的数据库,然后路由器采用 OSPF 算法,以自己为根,计算到达其他网络的最短路径,最终形成全网路由信息。

OSPF 协议使用 5 种不同类型的分组建立邻接关系和交换路由信息,即问候分组、数据库描述分组、链路状态请求分组、链路状态更新分组和链路状态确认分组。

(1) 问候(Hello)分组:OSPF 使用 Hello 分组建立和维护邻接关系。在一个路由器能够将其邻居的信息分发给其他路由器之前,必须先问候它的邻居们。

(2) 数据库描述(Database Description,DBD)分组:DBD 分组不包含完整的"链路状态数据库"信息,只包含数据库中每个条目的概要。当一个路由器首次连入网络,或者刚刚从故障中恢复时,它需要完整的"链路状态数据库"信息。

(3) 链路状态请求(Link State Request,LSR)分组:LSR 分组用来请求邻居发送其链路状态数据库中某些条目的详细信息。当一个路由器与邻居交换了数据库描述分组后,如果发现它的链路状态数据库缺少某些条目或某些条目已过期,就使用 LSR 分组取得邻居链路状态数据库中较新的部分。

(4) 链路状态更新(Link State Update,LSU)分组:LSU 分组被用来应答 LSR 分组,也可以在链路状态发生变化时实现洪泛(flooding)。

(5) 链路状态确认(Link State Acknowledgment,LSAck)分组:LSAck 分组被用来应答 LSU 分组,对其进行确认,从而使 LSU 分组采用的洪泛法变得可靠。

6.1.2　OSPF 协议的特点

(1) 可适应大规模的网络。OSPF 协议中对于路由的跳数没有限制,所以 OSPF 协议能用在许多场合,支持更加广泛的网络规模。

(2) 路由变化收敛速度快。如果网络结构出现变化,OSPF 协议会以最快速度发出新的报文,从而使新的拓扑情况很快扩散到整个网络;OSPF 协议采用周期较短的 Hello 报文维护邻居状态,因此路由变化收敛速度快。

(3) 最佳路径。OSPF 协议是基于带宽选择路径的。

(4) 无路由自环。由于 OSPF 协议根据收集的链路状态用最短路径树算法计算路由,从算法本身保证了不会生成自环路由。

（5）支持变长子网掩码（VLSM）。由于 OSPF 协议在描述路由时携带网段的掩码信息，因此 OSPF 协议不受分类网络的限制，对 VLSM 和 CIDR 提供很好的支持。

（6）支持区域划分。OSPF 协议允许自治系统的网络被划分成区域来管理，区域间传送的路由信息被进一步抽象，从而减少占用网络的带宽。

（7）等值路由。OSPF 协议支持到同一目的地址的多条等值路由，从而实现负载均衡。

（8）路由分级。OSPF 协议使用 4 类不同的路由，按优先顺序分别是区域内路由、区域间路由、第一类外部路由、第二类外部路由。

（9）支持验证。OSPF 协议支持基于接口的报文验证，以保证路由计算的安全性。

6.2　实验目的

（1）掌握配置 OSPF 路由的方法。

（2）掌握验证 OSPF 路由的方法。

（3）观察 OSPF 邻居的消失和建立过程。

（4）能够根据需求在 eNSP 中选择合适的设备进行网络拓扑结构连接，通过配置 OSPF 路由的方法实现网络的连通，并正确分析 OSPF 路由的相关信息。

6.3　实验环境

6.3.1　模拟场景

某企业局域网内主机通过路由器与远程主机进行通信，通信过程中跨越 3 台路由器，需要对路由器进行 OSPF 路由配置。

6.3.2　实验条件

实验中构建图 6-1 所示的拓扑结构。

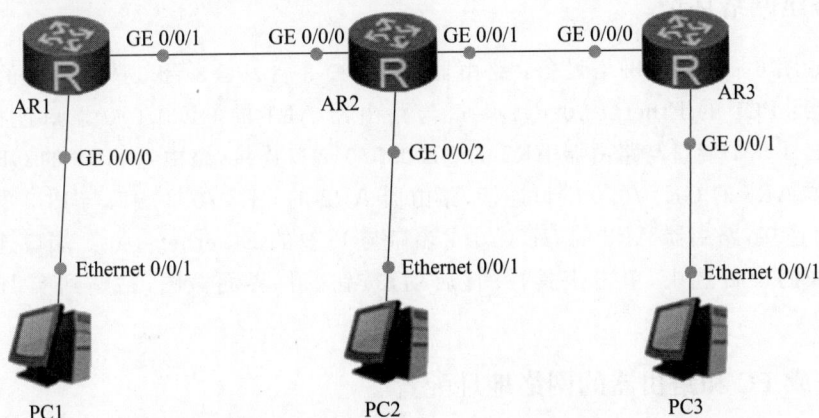

图 6-1　配置 OSPF 路由拓扑结构图

6.3.3 网络规划

网络环境和设备配置如表 6-1 所示。

表 6-1 PC 及路由器各端口 IP 地址列表

名　　称	IP 地　　址	子网掩码	网　　关
AR1 GE 0/0/0	192.168.1X.254	255.255.255.0	—
AR1 GE 0/0/1	192.168.2X.254	255.255.255.0	—
AR2 GE 0/0/0	192.168.2X.253	255.255.255.0	—
AR2 GE 0/0/1	192.168.4X.253	255.255.255.0	—
AR2 GE 0/0/2	192.168.3X.254	255.255.255.0	—
AR3 GE 0/0/0	192.168.4X.254	255.255.255.0	—
AR3 GE 0/0/1	192.168.5X.254	255.255.255.0	—
PC1	192.168.1X.Y1	255.255.255.0	192.168.1X.254
PC2	192.168.3X.Y1	255.255.255.0	192.168.3X.254
PC3	192.168.5X.Y1	255.255.255.0	192.168.5X.254

表 6-1 中 X 是自己学号的倒数第 2 位,Y 是自己学号的最后 1 位。假如某同学的学号最后两位是 90,则其 PC1 的 IP 地址为 192.168.19.1,PC2 的 IP 地址为 192.168.39.1,PC3 的 IP 地址为 192.168.59.1;路由器 AR1 的 GE 0/0/0 端口的 IP 地址为 192.168.19.254,GE 0/0/1 端口的 IP 地址为 192.168.29.254,路由器 AR2 的 GE 0/0/0 端口的 IP 地址为 192.168.29. 253,GE 0/0/1 端口的 IP 地址为 192.168.49.253,GE 0/0/2 端口的 IP 地址为 192.168.39. 254,路由器 AR3 的 GE 0/0/0 端口的 IP 地址为 192.168.49.254,GE 0/0/1 端口的 IP 地址为 192.168.59.254。本实验以该学号为例。

6.4 实验步骤

6.4.1 搭建网络环境

添加如图 6-1 所示的网络设备:路由器 AR2220 3 台,PC 3 台。选择合适的线缆完成设备的连接:PC1 的 Ethernet 0/0/1 端口与路由器 AR1 的 GE 0/0/0 端口连接,路由器 AR1 的 GE 0/0/1 端口与路由器 AR2 的 GE 0/0/0 端口连接,路由器 AR2 的 GE 0/0/1 端口与路由器 AR3 的 GE 0/0/0 端口连接,路由器 AR2 的 GE 0/0/2 端口与 PC2 的 Ethernet 0/0/1 端口连接,路由器 AR3 的 GE 0/0/1 端口与 PC3 的 Ethernet 0/0/1 端口连接。然后将上述添加的设备选中,单击工具栏的【启动】按钮。将界面截图,粘贴到实训记录与分析处。

6.4.2 完成 PC 和路由器的网络地址配置

1. 配置 PC 和路由器的网络地址

按照表 6-1 的要求,完成 PC 和路由器的 IP 地址等网络配置。下面分别以 PC1 和 AR1

为例进行配置,如图 6-2 所示。

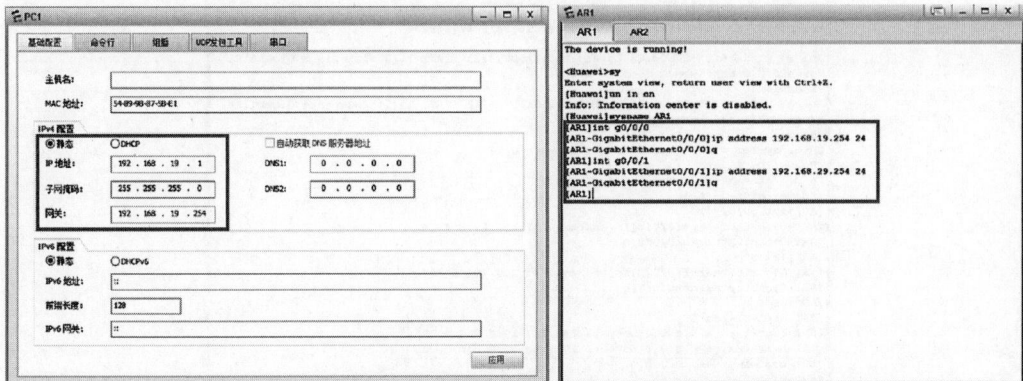

图 6-2　PC1 和 AR1 的网络地址配置

通过同样方式配置 PC2、PC3 的 IP 地址、子网掩码、网关,以及 AR2 的 GE 0/0/0 端口、GE 0/0/1 端口与 GE 0/0/2 端口的 IP 地址及子网掩码和 AR3 的 GE 0/0/0 端口与 GE 0/0/1 端口的 IP 地址及掩码。

2. 测试连通性

在 PC1 的命令行界面,ping PC2 和 PC3,测试是否能 ping 通。将界面截图,粘贴到实训记录与分析处。

6.4.3　配置 OSPF 路由

在路由器 AR1 上配置 RIP 路由,使用如下命令(加粗字体是输入的命令):

```
[AR1]ospf       //进入 OSPF 路由配置模式,省略了进程号,默认为 1;省略了路由器 ID,用端
                //口的 IP 地址作为路由器的 ID
[AR1-ospf-1]area 0     //说明该网络属于哪个区域,OSPF 协议的 LSA(链路状态公告)和区域
                       //直接相关
[AR1-ospf-1-area-0.0.0.0]network 192.168.19.0 0.0.0.255
                       //宣告本路由器的直连网络,命令中
                       //使用了通配符,通配符为子网掩码的反码
[AR1-ospf-1-area-0.0.0.0]network 192.168.29.0 0.0.0.255
```

配置界面如图 6-3 所示。

按照上述方法配置路由器 AR2 与 AR3 的 RIP 路由,配置界面如图 6-4 所示。

6.4.4　检查 OSPF 路由配置情况

1. 查看路由表

在 AR1、AR2 和 AR3 上查看路由表。以 AR1 为例,在系统模式下使用命令 display ip routing-table 查看路由表,路由表界面如图 6-5 所示。

从图 6-5 中可以看到,AR1 中共有 5 条路由,对应拓扑结构中的 5 个网段,其中 192.168.19.0 和 192.168.29.0(即画横线的)是路由器 AR1 直连网络,192.168.39.0、192.168.49.0 和 192.168.59.0(即用矩形框起来的)是通过 OSPF 协议学习到的。

用同样的方法查看 AR2 及 AR3 的路由表,截图并粘贴到实训记录与分析处。

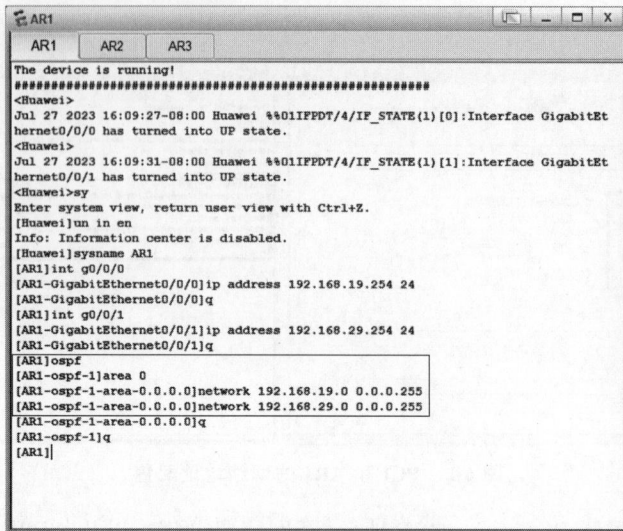

图 6-3 配置 AR1 的 OSPF 路由

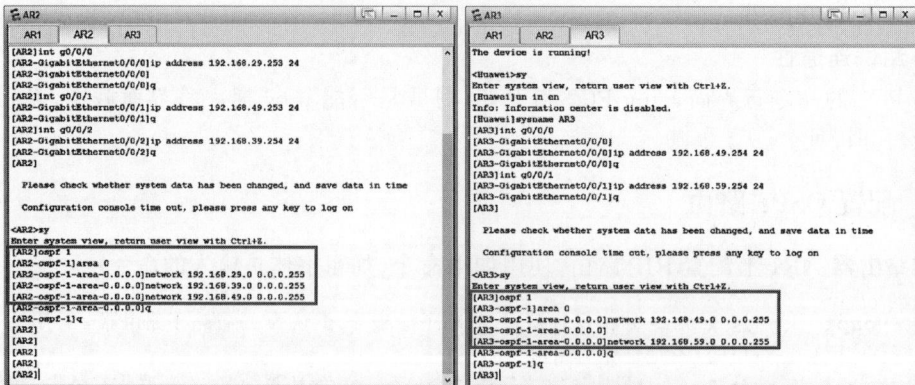

图 6-4 配置 AR2 与 AR3 的 OSPF 路由

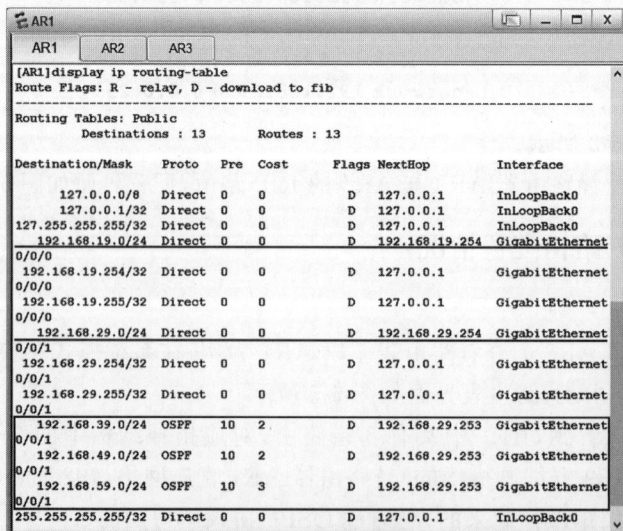

图 6-5 AR1 的路由表

2. 查看 OSPF 各区域的邻居详细信息

在 AR1 的系统模式下，使用 display ospf peer 命令查看各区域的邻居详细信息，包括邻居 Router ID、邻居 IP 地址、邻居状态、DR（指定路由器，由选举产生）和 BDR（备用指定路由器）等信息，如图 6-6 所示。

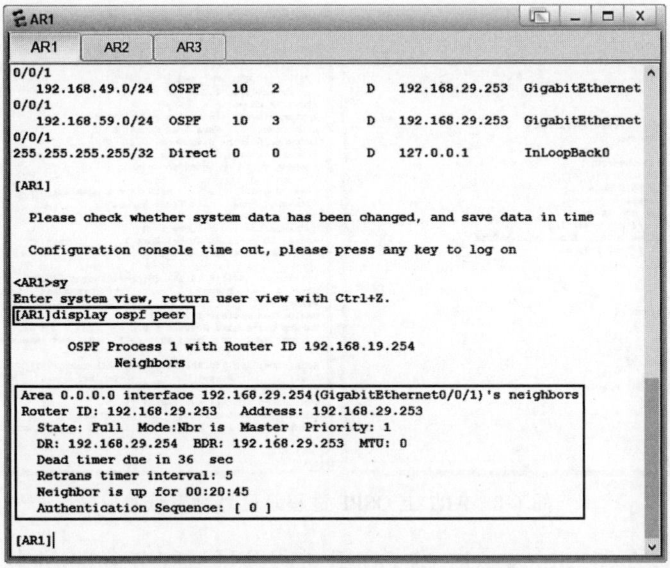

```
0/0/1
    192.168.49.0/24  OSPF    10   2          D   192.168.29.253  GigabitEthernet
0/0/1
    192.168.59.0/24  OSPF    10   3          D   192.168.29.253  GigabitEthernet
0/0/1
255.255.255.255/32  Direct  0    0          D   127.0.0.1       InLoopBack0

[AR1]

  Please check whether system data has been changed, and save data in time

  Configuration console time out, please press any key to log on

<AR1>sy
Enter system view, return user view with Ctrl+Z.
[AR1]display ospf peer

         OSPF Process 1 with Router ID 192.168.19.254
                 Neighbors

 Area 0.0.0.0 interface 192.168.29.254(GigabitEthernet0/0/1)'s neighbors
 Router ID: 192.168.29.253    Address: 192.168.29.253
   State: Full  Mode:Nbr is  Master  Priority: 1
   DR: 192.168.29.254  BDR: 192.168.29.253  MTU: 0
   Dead timer due in 36  sec
   Retrans timer interval: 5
   Neighbor is up for 00:20:45
   Authentication Sequence: [ 0 ]

[AR1]
```

图 6-6　AR1 各区域的邻居详细信息

用同样的方法查看 AR2 及 AR3 的邻居详细信息，并截图粘贴到实训记录与分析处。

3. 查看 OSPF 邻居汇总信息

在 AR1 的系统模式下，使用 display ospf peer brief 命令查看 OSPF 邻居汇总信息，如图 6-7 所示。

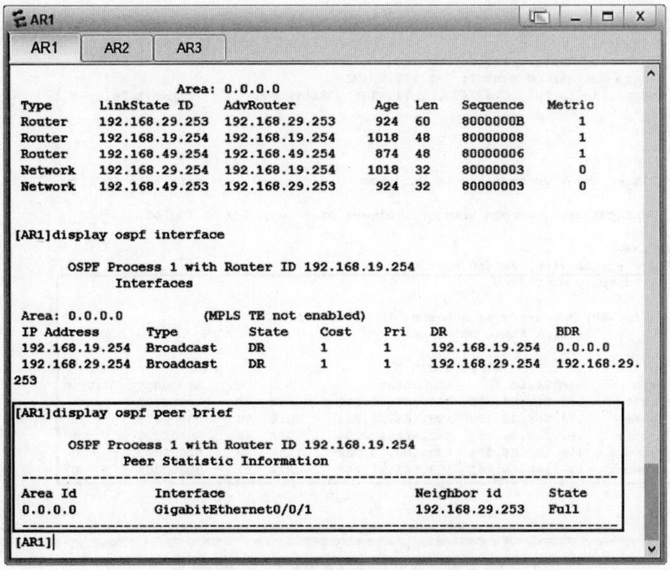

```
                  Area: 0.0.0.0
 Type      LinkState ID    AdvRouter         Age  Len   Sequence   Metric
 Router    192.168.29.253  192.168.29.253    924  60    8000000B       1
 Router    192.168.19.254  192.168.19.254   1018  48    80000008       1
 Router    192.168.49.254  192.168.49.254    874  48    80000006       1
 Network   192.168.29.254  192.168.19.254   1018  32    80000003       0
 Network   192.168.49.253  192.168.29.253    924  32    80000003       0

[AR1]display ospf interface

         OSPF Process 1 with Router ID 192.168.19.254
                 Interfaces

 Area: 0.0.0.0          (MPLS TE not enabled)
 IP Address      Type         State    Cost    Pri   DR              BDR
 192.168.19.254  Broadcast    DR       1       1     192.168.19.254  0.0.0.0
 192.168.29.254  Broadcast    DR       1       1     192.168.29.254  192.168.29.
253

[AR1]display ospf peer brief

         OSPF Process 1 with Router ID 192.168.19.254
                  Peer Statistic Information
 ----------------------------------------------------------------------------
 Area Id          Interface                        Neighbor id      State
 0.0.0.0          GigabitEthernet0/0/1             192.168.29.253   Full
 ----------------------------------------------------------------------------
[AR1]
```

图 6-7　AR1 的邻居汇总信息

用同样的方法查看 AR2 及 AR3 的 OSPF 邻居汇总信息,并截图,粘贴到实训记录与分析处。

4. 查看 OSPF 进程及区域细节信息

在 AR1 的系统模式下,使用 display ospf brief 命令查看 OSPF 进程及区域细节信息,如图 6-8 所示。

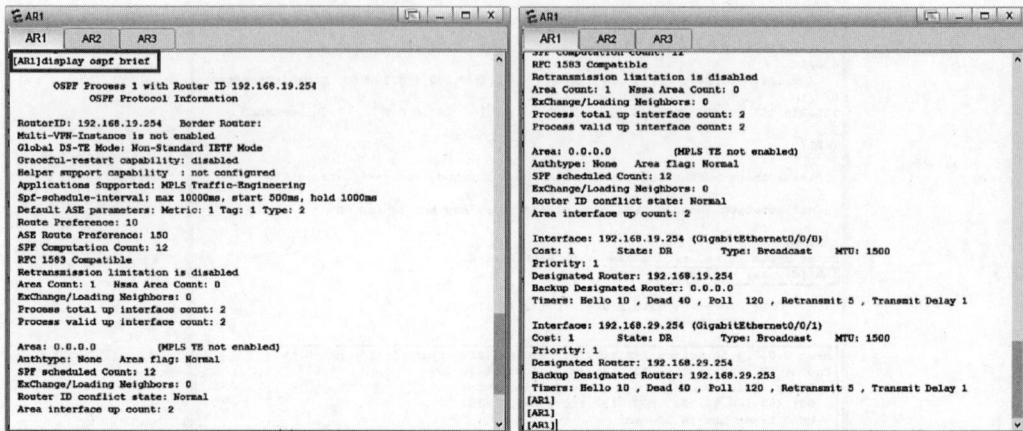

图 6-8 AR1 上 OSPF 进程及区域细节信息

用同样的方法查看 AR2 及 AR3 的 OSPF 进程及区域细节信息,并截图粘贴到实训记录与分析处。

5. 查看路由器的 OSPF 数据库信息

在 AR1 的系统模式下,使用 display ospf lsdb 命令查看 OSPF 数据库信息,如图 6-9 所示。

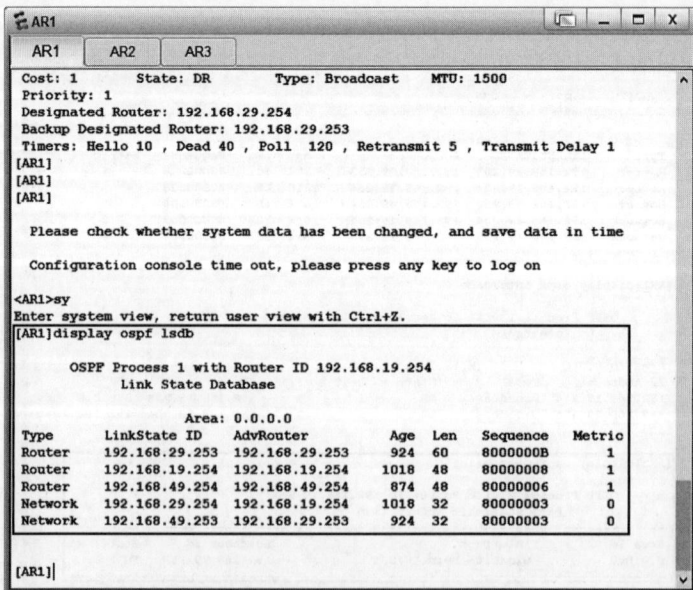

图 6-9 AR1 上 OSPF 数据库信息

路由器的 OSPF 数据库的信息说明如下。

- Type：类型，分为路由器(Router)和网络(Network)。
- LinkState ID：当 Type 为 Router 时为路由器 ID 号，代表路由器，而不是某一链路；当 Type 为 Network 时为 DR 端口的 IP 地址。
- AdvRouter：通告路由器的 ID 号。
- Age：老化时间。
- Len：LSA 的长度。
- Sequence：LSA 的序列号。
- Metric：度量值。

用同样方法查看 AR2 及 AR3 的 OSPF 数据库信息，截图并粘贴到实训记录与分析处。

6. 查看各端口 OSPF 信息

在 AR1 的系统模式下，使用 display ospf interface 命令查看各端口 OSPF 信息，如图 6-10 所示。

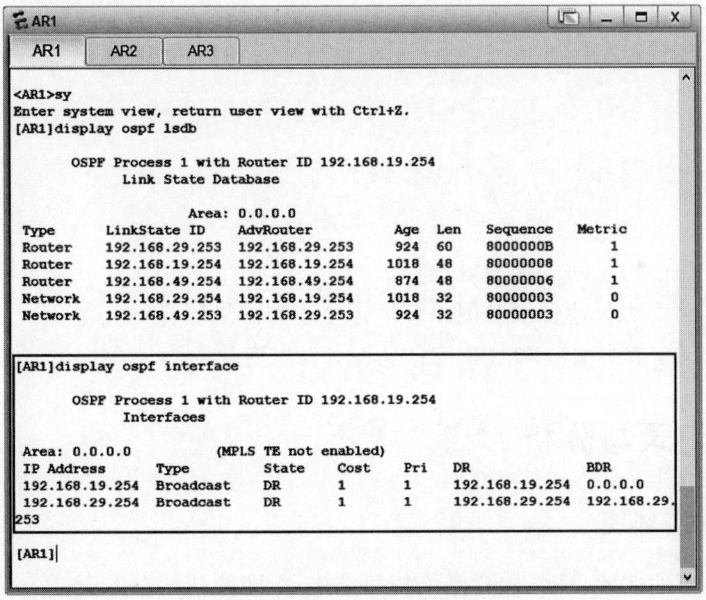

图 6-10　AR1 的各端口 OSPF 信息

用同样的方法查看 AR2 及 AR3 的端口 OSPF 信息，并截图粘贴到实训记录与分析处。

6.4.5　重置 OSPF 邻居关系

在 AR1 的用户模式下，使用 reset ospf process 命令重置 OSPF 邻居关系。然后在系统模式下使用 display ospf interface 命令查看各端口 OSPF 信息，特别注意 DR 是否变化，如图 6-11 所示。

用同样的方法重置 AR2 及 AR3 上的 OSPF 邻居关系，查看端口 OSPF 信息，截图并粘贴到实训记录与分析处。

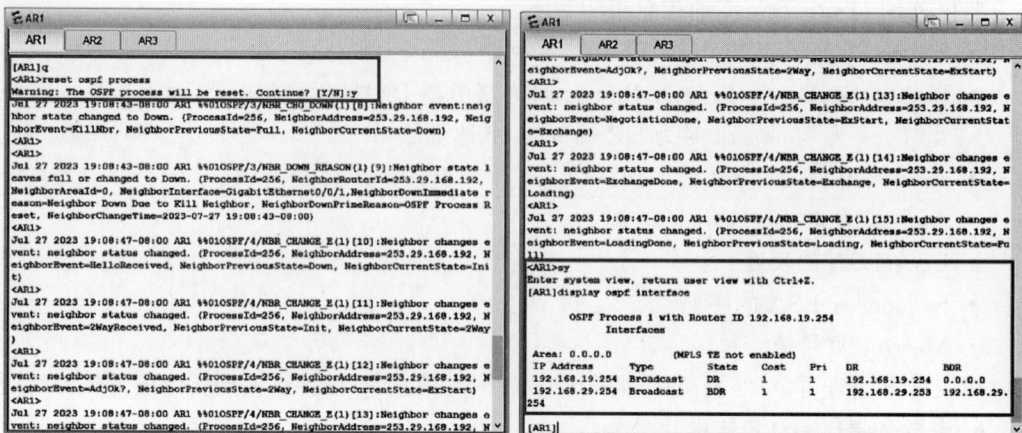

图 6-11　重置 AR1 上 OSPF 邻居关系及查看端口 OSPF 信息

6.4.6　测试连通性

使用 ping 命令测试 PC1、PC2 和 PC3 之间的连通性，将界面截图并粘贴到实训记录与分析处。

6.5　思考题

（1）OSPF 路由协议的工作原理是什么？
（2）OSPF 路由协议适合大型网络环境还是小型网络环境？
（3）分析 6.4.5 节中端口 OSPF 信息是否会发生变化？为什么？

6.6　实训记录与分析

6.6.1　搭建网络环境

根据 6.4.1 节的实验步骤，构建网络拓扑结构，截图并粘贴在下面。

6.6.2　完成 PC 和路由器的网络地址配置

1. 完成网络地址配置

根据 6.4.2 节的实验步骤，完成 PC 和路由器网络地址的配置，并将配置界面截图，粘贴在下面。

2. 测试 PC 间的连通性

根据 6.4.2 节的实验步骤，用 ping 命令测试 PC 间的连通性，截图并粘贴在下面。

6.6.3　配置 OSPF 路由

根据 6.4.3 节的实验步骤，在 AR1、AR2、AR3 上配置 OSPF 路由，并将配置界面截图并粘贴在下面。

6.6.4　检查 OSPF 路由配置情况

1. 查看路由表

根据 6.4.4 节的实验步骤,在 AR1、AR2、AR3 上查看路由表,并将路由表界面截图并粘贴在下面。

2. 查看 OSPF 各区域邻居详细信息

根据 6.4.4 节的实验步骤,在 AR1、AR2、AR3 上查看 OSPF 各区域邻居详细信息,并将查看的界面截图并粘贴在下面。

3. 查看 OSPF 邻居汇总信息

根据 6.4.4 节的实验步骤,在 AR1、AR2、AR3 上查看 OSPF 邻居汇总信息,并将查看的界面截图并粘贴在下面。

4. 查看 OSPF 进程及区域细节信息

根据 6.4.4 节的实验步骤,在 AR1、AR2、AR3 上查看 OSPF 进程及区域细节信息,并将查看的界面截图并粘贴在下面。

5. 查看路由器的 OSPF 数据库信息

根据 6.4.4 节的实验步骤,在 AR1、AR2、AR3 上查看路由器的 OSPF 数据库信息,并将查看的界面截图并粘贴在下面。

6. 查看各端口 OSPF 信息

根据 6.4.4 节的实验步骤,在 AR1、AR2、AR3 上查看各端口 OSPF 信息,并将查看的界面截图并粘贴在下面。

6.6.5　重置 OSPF 邻居关系

根据 6.4.5 节的实验步骤,在 AR1、AR2、AR3 上重置 OSPF 邻居关系,并查看端口 OSPF 信息,将重置及查看的界面截图,粘贴在下面。

6.6.6　测试连通性

根据 6.4.6 节的实验步骤,用 ping 命令测试 PC 间的连通性,截图并粘贴在下面,并根据结果填写表 6-2。

表 6-2　配置 OSPF 路由后 PC 间的连通性

IP	ping PC1		ping PC2		ping PC3	
	是否连通	TTL 值	是否连通	TTL 值	是否连通	TTL 值
PC1 IP:_____						
PC2 IP:_____						
PC3 IP:_____						

第 7 章　网关路由器配置 NAT

7.1　知识准备

7.1.1　专用 IP 地址

　　IP 地址可以分为全球 IP 地址和专用 IP 地址两类。专用 IP 地址也称为私有地址或本地地址。专用 IP 地址仅能在机构内部通信使用,是由机构自行内部分配,不需要向互联网的管理机构申请,不能用于和互联网上的主机通信,在互联网中的所有路由器对目的地址是专用地址的数据报一律不进行转发。

　　专用 IP 地址范围包括:10.0.0.0～10.255.255.255(A 类),172.16.0.0～172.31.255.255(B 类),192.168.0.0～192.168.255.255(C 类)。

7.1.2　NAT

　　网络地址转换(Network Address Translation,NAT)是一种将专用 IP 地址转换为全球 IP 地址的转换技术,它主要用于解决使用专用 IP 地址的主机访问 Internet 的问题。使用专用 IP 地址的内部主机如果想访问 Internet,则需要在出口路由器上安装 NAT 软件。该路由器也称为 NAT 路由器,它至少有一个有效的全球 IP 地址。所有内部主机在和外界通信时都要在 NAT 路由器上将其专用 IP 地址转换成全球 IP 地址才能和 Internet 连接。这种通过使用少量的全球 IP 地址代表较多的专用 IP 地址的方式,将有助于减缓可用 IP 地址空间的枯竭。

　　NAT 的实现方式有 3 种,即静态网络地址转换(Static NAT,即静态 NAT)、动态网络地址转换(Dynamic NAT,也可称动态 NAT)和网络地址与端口转换(Network Address and Port Translation,NAPT)。

　　静态 NAT 是指将内部网络的专用 IP 地址转换为全球 IP 地址,IP 地址对是一对一的,并且是固定的,即某个专用 IP 地址只转换为某个全球 IP 地址。借助于静态 NAT,可以实现外部网络对内部网络中某些特定设备(如服务器)的访问。

　　动态 NAT 是指将内部网络的专用 IP 地址转换为全球 IP 地址时,IP 地址是不确定的,是随机的,所有被授权访问 Internet 的专用 IP 地址可随机转换为任何指定的全球 IP 地址。也就是说,只要指定哪些内部地址可以进行转换,以及用哪些全球 IP 地址作为外部地址时,就可以进行动态转换。动态转换可以使用多个全球 IP 地址集,当 ISP 提供的全球 IP 地址略少于网络内部的计算机数量时,可以采用动态 NAT 的方式。

　　NAPT 是指改变外出数据包的源端口并进行端口转换。内部网络的所有主机均可共享一个全球 IP 地址实现对 Internet 的访问,从而可以最大限度地节约 IP 地址资源。同时,又可隐藏网络内部的所有主机,有效避免来自 Internet 的攻击。因此,目前网络中应用最多的就是 NAPT。

eNSP 中配置 NAT 的方式有 3 种:静态 NAT 配置/NAPT 配置,Easy IP 配置,NAT Server 配置。

(1) 静态 NAT 配置。内网中一个主机的专用 IP 地址与一个全球 IP 地址相绑定,实现一对一的转换,在实际中很少应用,因为一个全球 IP 地址无法为内网中的多台主机同时提供外网连接。

(2) NAPT 配置。NAPT 配置是一种基于端口号的 NAT 形式。它允许多台主机共享单个全球 IP 地址,并通过改变传输协议的端口号进行区分。在这种情况下,每个内部主机都被分配了一个唯一的端口号,这样就可以在全球 IP 地址上传输信号。NAPT 配置常用于家庭或小型企业网络中。

(3) Easy IP 配置。Easy IP 配置是 NAPT 的一种方式,直接借用路由器出口 IP 地址作为全球 IP 地址,常用于拨号上网的网络环境中,拨号得到的全球 IP 地址自动成为转换的全球 IP 地址,所有内网主机都需要使用这个临时获取的全球 IP 地址来访问互联网。

(4) NAT Server 配置。该配置用于对企业内网应用对外提供服务,静态配置全球"IP 地址+端口号"和专用"IP 地址+端口号"之间的转换,公网用户只知道通过全球 IP 地址访问服务器,内网的 IP 地址隐藏,起到保护作用。

7.2　实验目的

(1) 理解 NAT 技术的工作原理。

(2) 掌握 NAT 的配置。

(3) 能够根据需求在 eNSP 中选择合适的设备进行网络拓扑结构连接,通过不同方式在路由器上配置 NAT 实现网络间的连通,使用 Wireshark 工具抓取数据包,并对其进行正确的分析。

7.3　实验环境

7.3.1　模拟场景

某企业网络内部主机均使用专用 IP 地址,需要通过互联网实现两个网络之间的通信。同时,互联网内主机需要使用 NAT 服务访问企业网络中的服务器。

7.3.2　实验条件

实验中构建如图 7-1 所示的拓扑结构。

7.3.3　网络规划

网络设备各端口 IP 地址如表 7-1 所示。

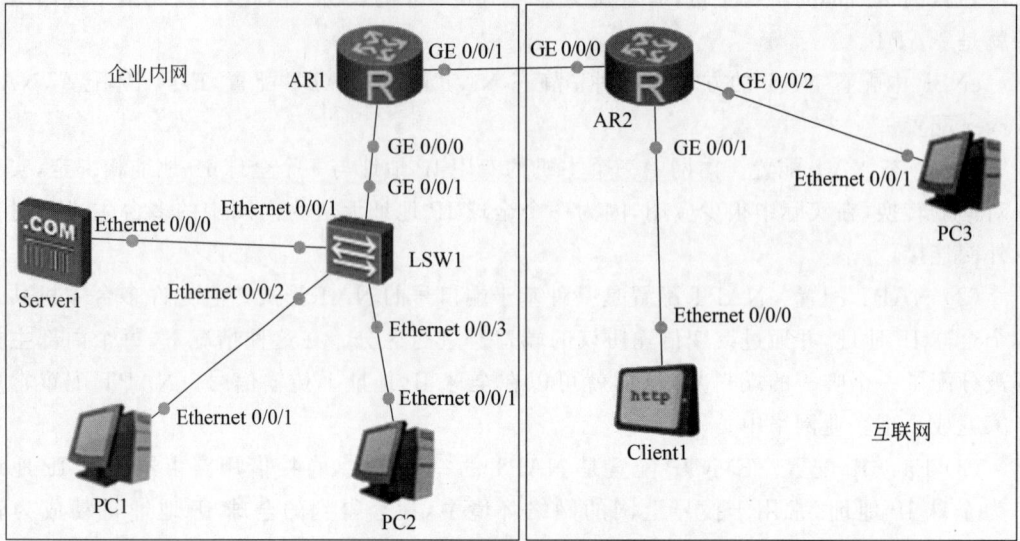

图 7-1　配置 NAT 拓扑结构图

表 7-1　网络设备各端口 IP 地址

名　称	IP 地　址	子网掩码	网　关
AR1 GE 0/0/0	192.168.1X.254	255.255.255.0	—
AR1 GE 0/0/1	20.1.1.254	255.255.255.0	—
AR2 GE 0/0/0	20.1.1.253	255.255.255.0	—
AR2 GE 0/0/1	30.1.1.254	255.255.255.0	—
AR2 GE 0/0/2	40.1.1.254	255.255.255.0	—
Server1	192.168.1X.101	255.255.255.0	192.168.1X.254
Client1	30.1.1.1	255.255.255.0	30.1.1.254
PC1	192.168.1X.Y1	255.255.255.0	192.168.1X.254
PC2	192.168.1X.Y2	255.255.255.0	192.168.1X.254
PC3	40.1.1.1	255.255.255.0	40.1.1.254

表 7-1 中 X 是自己学号的倒数第 2 位，Y 是自己学号的最后 1 位。假如某同学的学号最后两位是 90，则其 PC1 的 IP 地址为 192.168.19.1，PC2 的 IP 地址为 192.168.19.2；路由器 AR1 的 GE 0/0/0 端口的 IP 地址为 192.168.19.254，Server1 的 IP 地址为 192.168.19.101。本实验以该学号为例。

7.4　实验步骤

7.4.1　搭建网络环境

添加如图 7-1 所示的网络设备：路由器 AR2220 2 台，PC 3 台，交换机 S3700 1 台，服务器（Server）1 台，客户机（Client）1 台。选择合适的线缆完成设备的连接：Server1 的 Ethernet 0/0/0 端口与交换机 LSW1 的 Ethernet 0/0/1 端口连接，PC1 的 Ethernet 0/0/1 端口与交换机 LSW1 的 Ethernet 0/0/2 端口连接，PC2 的 Ethernet 0/0/1 端口与交换机 LSW1 的 Ethernet 0/0/3 端口连接，交换机 LSW1 的 GE 0/0/1 端口与路由器 AR1 的 GE 0/0/0 端口连接，路由器 AR1 的 GE 0/0/1 端口与路由器 AR2 的 GE 0/0/0 端口连接，路由器 AR2 的 GE 0/0/1 端口与 Client1 的 Ethernet 0/0/0 端口连接，路由器 AR2 的 GE 0/0/2 端口与 PC3 的 Ethernet 0/0/1 端口连接。然后将上述添加的设备选中，单击工具栏的【启动】按钮。将界面截图，粘贴到实训记录与分析处。

7.4.2　完成 PC 和路由器的网络地址配置

按照表 7-1 的要求，完成 PC、路由器、服务器及客户机的 IP 地址等网络配置，交换机 LSW1 不需要配置。下面分别以 PC1 和 AR1 为例进行配置，如图 7-2 所示。

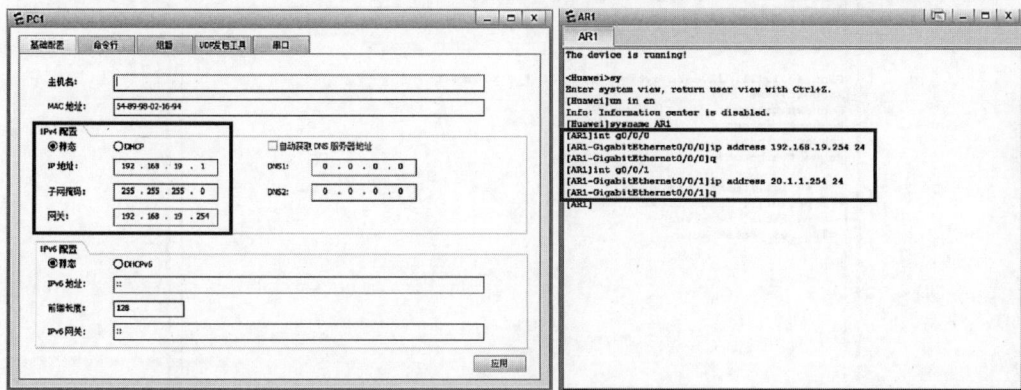

图 7-2　PC1 和 AR1 的网络地址配置

7.4.3　配置 AR1 路由

为 AR1 配置静态路由，此处为默认路由，如图 7-3 所示。

在 PC1 上 ping PC3，结果如图 7-4 所示。

由图 7-4 可以看出，此时 PC1 与 PC3 并不能连通，因为数据包发往 AR2 后找不到返回路由。虽然在 eNSP 中可以通过设置静态路由的方式使企业内网的 PC 与 AR2 连通，但由于在实际生活中，公网是不能到专用 IP 或者路由，因此不能通过配置静态路由的方法进行连接。所以，此时应当使用静态 NAT 的配置。

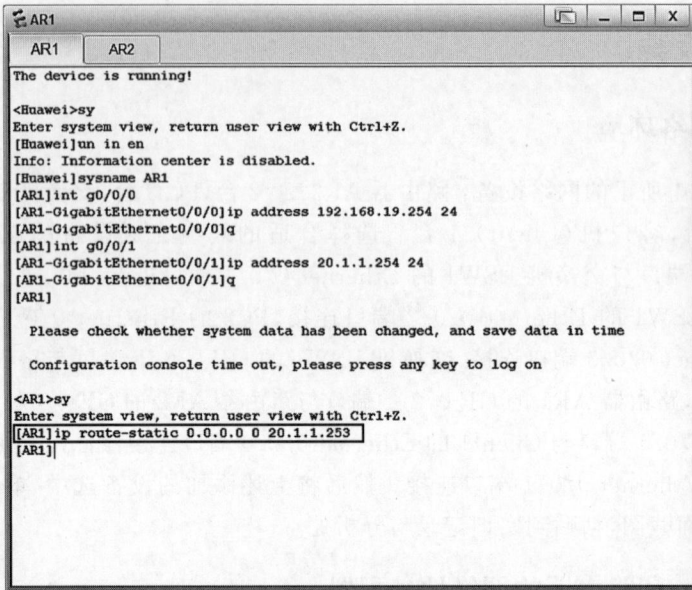

图 7-3　为 AR1 配置静态路由

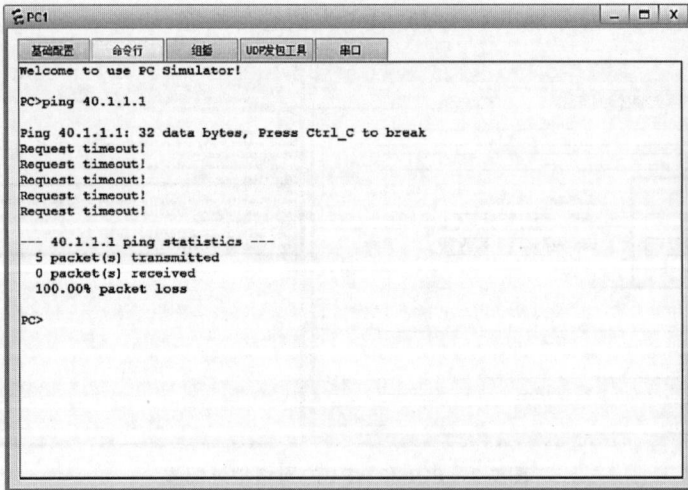

图 7-4　配置 NAT 前 PC1 ping PC3

7.4.4　配置静态 NAT

1. 为 AR1 配置静态 NAT

在企业内网的路由器 AR1 上配置静态 NAT,所用命令如下(加粗字体为输入的命令):

[AR1-GigabitEthernet0/0/1]**nat static global 20.1.1.1 inside 192.168.19.1**
[AR1-GigabitEthernet0/0/1]**nat static global 20.1.1.2 inside 192.168.19.2**

配置结果如图 7-5 所示。

```
AR1                                                              □ _ □ X
 AR1      AR2
Info: Information center is disabled.
[Huawei]sysname AR1
[AR1]int g0/0/0
[AR1-GigabitEthernet0/0/0]ip address 192.168.19.254 24
[AR1-GigabitEthernet0/0/0]q
[AR1]int g0/0/1
[AR1-GigabitEthernet0/0/1]ip address 20.1.1.254 24
[AR1-GigabitEthernet0/0/1]q
[AR1]

  Please check whether system data has been changed, and save data in time

  Configuration console time out, please press any key to log on

<AR1>sy
Enter system view, return user view with Ctrl+Z.
[AR1]ip route-static 0.0.0.0 0 20.1.1.253
[AR1]

  Please check whether system data has been changed, and save data in time

  Configuration console time out, please press any key to log on

<AR1>sy
Enter system view, return user view with Ctrl+Z.
[AR1]int g0/0/1
[AR1-GigabitEthernet0/0/1]nat static global 20.1.1.1 inside 192.168.19.1
[AR1-GigabitEthernet0/0/1]nat static global 20.1.1.2 inside 192.168.19.2
[AR1-GigabitEthernet0/0/1]q
[AR1]
```

图 7-5　在 AR1 上配置静态 NAT

2. 测试企业内网 PC 与互联网 PC 的连通性

配置完成后在 PC1 上 ping PC3，将界面截图，粘贴到实训记录与分析处。

3. 查看 NAT 转换记录

首先在工作区右击 AR1，单击【数据抓包】，选择 GE 0/0/1，然后在 PC1 上 ping PC3，在 PC2 上 ping PC3，查看转换记录，如图 7-6 所示。

No.	Time	Source	Destination	Protocol	Info
1	0.000000	20.1.1.1	40.1.1.1	ICMP	Echo (ping) request (id=0x15cc, seq(be/le)=1/256, ttl=127)
2	2.000000	20.1.1.1	40.1.1.1	ICMP	Echo (ping) request (id=0x17cc, seq(be/le)=2/512, ttl=127)
3	2.016000	40.1.1.1	20.1.1.1	ICMP	Echo (ping) reply (id=0x17cc, seq(be/le)=2/512, ttl=127)
4	3.047000	20.1.1.1	40.1.1.1	ICMP	Echo (ping) request (id=0x18cc, seq(be/le)=3/768, ttl=127)
5	3.063000	40.1.1.1	20.1.1.1	ICMP	Echo (ping) reply (id=0x18cc, seq(be/le)=3/768, ttl=127)
6	4.094000	20.1.1.1	40.1.1.1	ICMP	Echo (ping) request (id=0x19cc, seq(be/le)=4/1024, ttl=127)
7	4.109000	40.1.1.1	20.1.1.1	ICMP	Echo (ping) reply (id=0x19cc, seq(be/le)=4/1024, ttl=127)
8	5.156000	20.1.1.1	40.1.1.1	ICMP	Echo (ping) request (id=0x1acc, seq(be/le)=5/1280, ttl=127)
9	5.156000	40.1.1.1	20.1.1.1	ICMP	Echo (ping) reply (id=0x1acc, seq(be/le)=5/1280, ttl=127)
10	19.859000	20.1.1.2	40.1.1.1	ICMP	Echo (ping) request (id=0x28cc, seq(be/le)=1/256, ttl=127)
11	19.875000	HuaweiTe_94:01:79	Broadcast	ARP	who has 20.1.1.2? Tell 20.1.1.253
12	19.891000	HuaweiTe_b9:25:3d	HuaweiTe_94:01:79	ARP	20.1.1.2 is at 00:e0:fc:b9:25:3d
13	21.844000	20.1.1.2	40.1.1.1	ICMP	Echo (ping) request (id=0x2acc, seq(be/le)=2/512, ttl=127)
14	21.859000	40.1.1.1	20.1.1.2	ICMP	Echo (ping) reply (id=0x2acc, seq(be/le)=2/512, ttl=127)
15	22.875000	20.1.1.2	40.1.1.1	ICMP	Echo (ping) request (id=0x2bcc, seq(be/le)=3/768, ttl=127)
16	22.875000	40.1.1.1	20.1.1.2	ICMP	Echo (ping) reply (id=0x2bcc, seq(be/le)=3/768, ttl=127)
17	23.922000	20.1.1.2	40.1.1.1	ICMP	Echo (ping) request (id=0x2ccc, seq(be/le)=4/1024, ttl=127)
18	23.922000	40.1.1.1	20.1.1.2	ICMP	Echo (ping) reply (id=0x2ccc, seq(be/le)=4/1024, ttl=127)
19	24.953000	20.1.1.2	40.1.1.1	ICMP	Echo (ping) request (id=0x2dcc, seq(be/le)=5/1280, ttl=127)
20	24.953000	40.1.1.1	20.1.1.2	ICMP	Echo (ping) reply (id=0x2dcc, seq(be/le)=5/1280, ttl=127)

图 7-6　查看 NAT 转换记录

7.4.5　配置 NAPT

1. 在 AR1 上配置 NAPT

在静态 NAT 拓扑图的基础上进行配置，则需要删除静态 NAT 配置，所用命令如下（加粗字体为输入的命令）：

```
[AR1-GigabitEthernet0/0/1]undo nat static global 20.1.1.1 inside 192.168.19.1
netmask 255.255.255.255
```

[AR1-GigabitEthernet0/0/1]**undo nat static global 20.1.1.2 inside 192.168.19.2**
netmask 255.255.255.255

界面如图 7-7 所示。

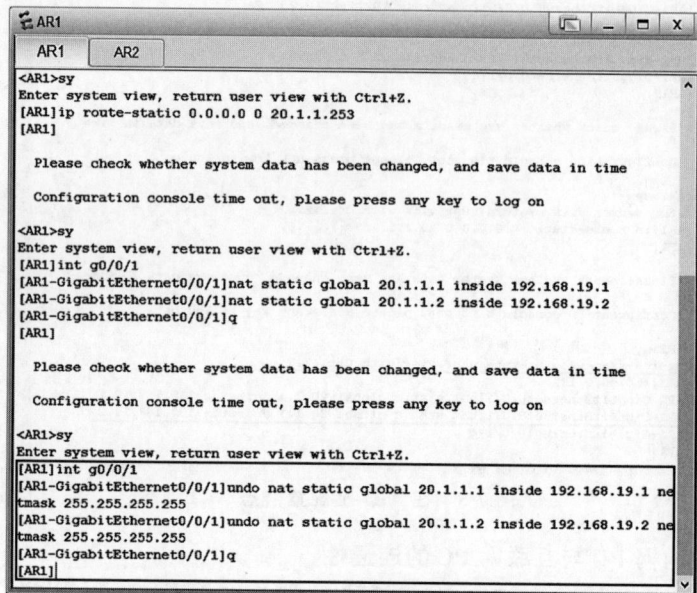

```
ᵋAR1                                                         ⬚ _ □ X
 AR1      AR2
<AR1>sy
Enter system view, return user view with Ctrl+Z.
[AR1]ip route-static 0.0.0.0 0 20.1.1.253
[AR1]

  Please check whether system data has been changed, and save data in time

  Configuration console time out, please press any key to log on

<AR1>sy
Enter system view, return user view with Ctrl+Z.
[AR1]int g0/0/1
[AR1-GigabitEthernet0/0/1]nat static global 20.1.1.1 inside 192.168.19.1
[AR1-GigabitEthernet0/0/1]nat static global 20.1.1.2 inside 192.168.19.2
[AR1-GigabitEthernet0/0/1]q
[AR1]

  Please check whether system data has been changed, and save data in time

  Configuration console time out, please press any key to log on

<AR1>sy
Enter system view, return user view with Ctrl+Z.
[AR1]int g0/0/1
[AR1-GigabitEthernet0/0/1]undo nat static global 20.1.1.1 inside 192.168.19.1 ne
tmask 255.255.255.255
[AR1-GigabitEthernet0/0/1]undo nat static global 20.1.1.2 inside 192.168.19.2 ne
tmask 255.255.255.255
[AR1-GigabitEthernet0/0/1]q
[AR1]
```

图 7-7 在 AR1 上删除静态 NAT 配置

删除静态 NAT 配置后就可以进行 NAPT 的配置了。所用命令如下(加粗字体为输入的命令)：

```
[AR1]acl 2000                    //使用 ACL(访问控制列表)匹配企业内网(AR1)需要转换的专用 IP 地址
[AR1-acl-basic-2000]rule permit source 192.168.19.0 0.0.0.255    //定义转换规则
[AR1-acl-basic-2000]q                                         //返回到系统模式
[AR1]nat address-group 1 20.1.1.3 20.1.1.10                  //配置可用的公网地址池
[AR1]int g0/0/1                                              //进入端口模式
[AR1-GigabitEthernet0/0/1]nat outbound 2000 address-group 1    //配置 NAT 绑定关系
//此命令是配置的 NAPT,即绑定某个地址;如果配置动态 NAT,即可以绑定不同地址,则在命令最后加
//no-pat
[AR1-GigabitEthernet0/0/1]q                                  //退出端口模式,返回到系统模式
```

配置 NAPT 界面如图 7-8 所示。

下面对上面命令中用到的相关概念进行说明。

1) ACL(访问控制列表)

由 ACL 命令生成；用于抓取需要访问外部网络的内部网络主机地址或网段，并判定是否是允许转换的数据包。ACL 有如下 4 种类型。

- 基本 ACL，编号 2000～2999，规则制定的主要依据是报文的源 IP 地址等信息。
- 高级 ACL，编号 3000～3999，规则制定的主要依据是报文的源 IP 地址、目的 IP 地址、报文优先级、IP 承载的协议类型及特性等三、四层信息。
- 二层 ACL，编号 4000～4999，规则制定的主要依据是报文的源 MAC 地址、目的 MAC 地址、IEEE 802.1Q 优先级、数据链路层协议类型等二层信息。

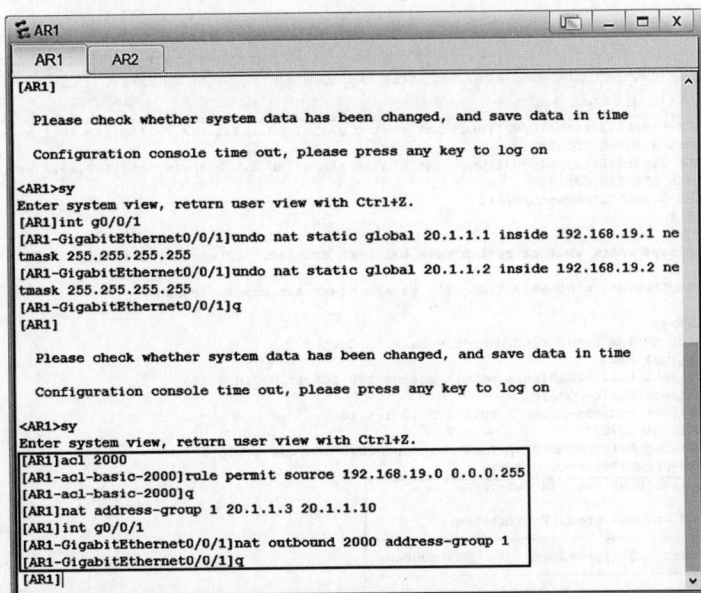

图 7-8　配置 NAPT

- 用户自定义 ACL,编号 5000~5999,规则制定的主要依据是用户自定义报文的偏移位置和偏移量、从报文中提取出的相关内容等信息。

其中,基本 ACL 只检查数据包的源地址。

2) 地址池

由一些外部地址组合而成的地址集合。内部网络通过地址转换到达外部网络时,选择地址池中的某个地址作为转换后的源地址,从而有效地利用外部地址,提高内部网络访问外部网络的能力。

3) 转换关联

将一个地址池和一个访问列表关联起来:将访问控制列表中定义的源专用 IP 与地址池中的地址动态进行映射。

2. 查看 NAT 全球 IP 地址池

在 AR1 的系统模式下,输入命令 display nat address-group,查看 NAT 的全球 IP 地址池。查看界面如图 7-9 所示。

从图 7-9 可以看出,全球 IP 地址池的 IP 地址范围是 20.1.1.3~20.1.1.10。

3. 查看 NAT 转换表

在 AR1 的系统模式下,输入命令 display nat outbound,查看 NAT 的转换表。查看界面如图 7-10 所示。

在 AR1 的 GE 0/0/1 端口抓包,PC1 和 PC2 分别 ping PC3,界面如图 7-11 所示。

从图 7-11 可以看出,PC1 和 PC2 的企业内网地址都转换成了全球 IP 地址 20.1.1.3。这是因为 NAPT 通过改变外出数据包的源端口并进行端口转换,这样内部网络的所有主机均可共享一个合法外部 IP 地址实现对 Internet 的访问,从而可以最大限度地节约 IP 地址资源。当 ISP 提供的合法 IP 地址略少于网络内部的计算机数量时,可以采用动态 NAT 方式。如前所述,在配置 NAT 绑定关系命令的最后输入 no-pat 即可。

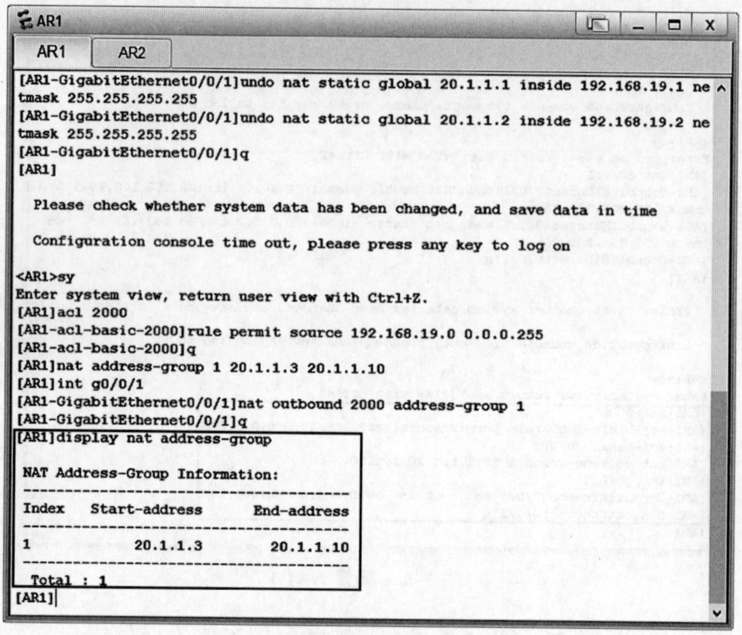

图 7-9 查看 NAT 公有地址池

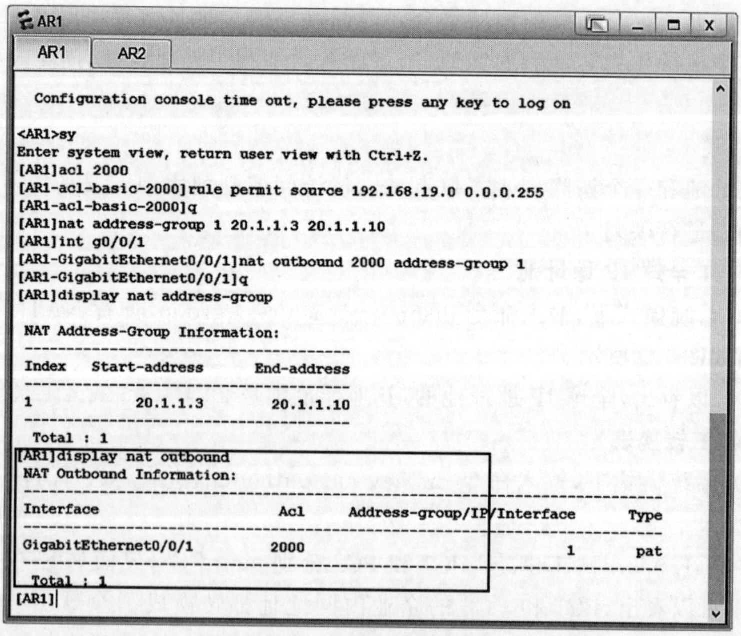

图 7-10 查看 NAT 转换表

No.	Time	Source	Destination	Protocol	Info
33	2068.75000	20.1.1.3	40.1.1.1	ICMP	Echo (ping) request (id=0x0028, seq(be/le)=1/256, ttl=127)
34	2070.75000	20.1.1.3	40.1.1.1	ICMP	Echo (ping) request (id=0x0128, seq(be/le)=2/512, ttl=127)
35	2070.76600	HuaweiTe_94:01:79	Broadcast	ARP	Who has 20.1.1.3? Tell 20.1.1.253
36	2070.78100	HuaweiTe_b9:25:3d	HuaweiTe_94:01:79	ARP	20.1.1.3 is at 00:e0:fc:b9:25:3d
37	2072.75000	20.1.1.3	40.1.1.1	ICMP	Echo (ping) request (id=0x0228, seq(be/le)=3/768, ttl=127)
38	2072.76600	40.1.1.1	20.1.1.3	ICMP	Echo (ping) reply (id=0x0228, seq(be/le)=3/768, ttl=127)
39	2073.79700	20.1.1.3	40.1.1.1	ICMP	Echo (ping) request (id=0x0328, seq(be/le)=4/1024, ttl=127)
40	2073.81300	40.1.1.1	20.1.1.3	ICMP	Echo (ping) reply (id=0x0328, seq(be/le)=4/1024, ttl=127)
41	2074.82800	20.1.1.3	40.1.1.1	ICMP	Echo (ping) request (id=0x0428, seq(be/le)=5/1280, ttl=127)
42	2074.84400	40.1.1.1	20.1.1.3	ICMP	Echo (ping) reply (id=0x0428, seq(be/le)=5/1280, ttl=127)
43	2080.28100	20.1.1.3	40.1.1.1	ICMP	Echo (ping) request (id=0x0528, seq(be/le)=1/256, ttl=127)
44	2080.29700	40.1.1.1	20.1.1.3	ICMP	Echo (ping) reply (id=0x0528, seq(be/le)=1/256, ttl=127)
45	2081.31300	20.1.1.3	40.1.1.1	ICMP	Echo (ping) request (id=0x0628, seq(be/le)=2/512, ttl=127)
46	2081.32800	40.1.1.1	20.1.1.3	ICMP	Echo (ping) reply (id=0x0628, seq(be/le)=2/512, ttl=127)
47	2082.34400	20.1.1.3	40.1.1.1	ICMP	Echo (ping) request (id=0x0728, seq(be/le)=3/768, ttl=127)
48	2082.35900	40.1.1.1	20.1.1.3	ICMP	Echo (ping) reply (id=0x0728, seq(be/le)=3/768, ttl=127)
49	2083.39100	20.1.1.3	40.1.1.1	ICMP	Echo (ping) request (id=0x0828, seq(be/le)=4/1024, ttl=127)
50	2083.39100	40.1.1.1	20.1.1.3	ICMP	Echo (ping) reply (id=0x0828, seq(be/le)=4/1024, ttl=127)
51	2084.40600	20.1.1.3	40.1.1.1	ICMP	Echo (ping) request (id=0x0928, seq(be/le)=5/1280, ttl=127)
52	2084.40600	40.1.1.1	20.1.1.3	ICMP	Echo (ping) reply (id=0x0928, seq(be/le)=5/1280, ttl=127)

图 7-11　AR1 的 GE 0/0/1 端口抓包

4. 查看转发表

在 AR1 的系统模式下,输入命令 display nat session all,并且在 PC1 和 PC2 上 ping PC3,查看 NAT 的转发表。查看界面如图 7-12 所示。

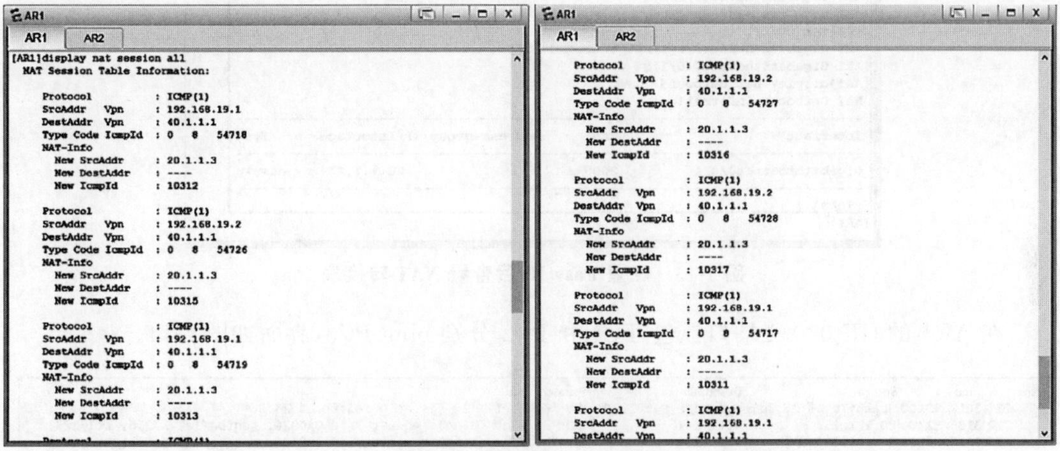

图 7-12　查看 NAT 转发表

从图 7-12 可以看出,PC1 和 PC2 的企业内网地址都转换成了全球 IP 地址 20.1.1.3。

7.4.6　配置 Easy IP

Easy IP 配置是 NAPT 的一种方式,只是直接借用路由器出口 IP 地址作为公网地址。

在 NAPT 拓扑图的基础上进行配置,则需要删除 NAPT 配置,所用命令如下(加粗字体为输入的命令):

[AR1-GigabitEthernet0/0/1]**undo nat outbound 2000 address-group 1**
[AR1-GigabitEthernet0/0/1]**q**
[AR1]**undo nat address-group 1**

删除 NAPT 配置后就可以进行 Easy IP 配置了,然后查看 NAT 转换表。所用命令如下(加粗字体为输入的命令):

[AR1]**int g0/0/1**

[AR1-GigabitEthernet0/0/1]**nat outbound 2000**

　　　　　　　　//acl 2000 在 NAPT 的配置中配置过,所以这里可以直接拿来使用

[AR1-GigabitEthernet0/0/1]**q**

[AR1]**display nat outbound**

删除 NAPT 配置、为 AR1 配置 Easy IP 以及查看 NAT 转换表界面如图 7-13 所示。

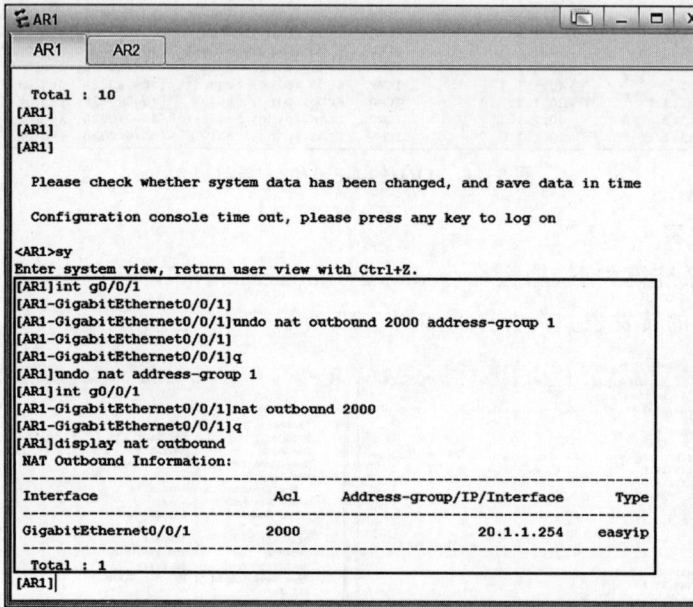

图 7-13　配置 Easy IP 后查看 NAT 转换表

在 AR1 的 GE 0/0/1 端口抓包,PC1 和 PC2 分别 ping PC3,界面如图 7-14。

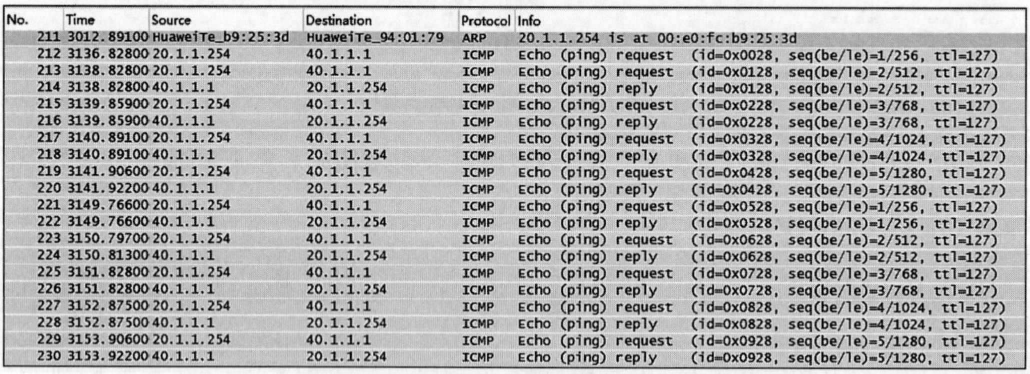

图 7-14　配置 Easy IP 后 AR1 的 GE 0/0/1 端口抓包

从图 7-13 可以看到,全球 IP 地址池地址为 20.1.1.254,即 AR1 的 GE 0/0/1 端口的 IP 地址。

从图 7-14 可以看到,PC1 和 PC2 的内部地址均转换为 20.1.1.254,即 AR1 的 GE 0/0/1 端口的 IP 地址。

7.4.7　配置 NAT Server

在真实的网络中,企业内网 PC 设备需要使用动态 NAT 访问 Internet,同时又有服务器需要为公网的设备提供服务。因此需要配置 NAT Server。

Server1 与 Client1 的网络地址配置已在 7.4.2 节完成,现在只需要对服务器信息进行配置。在工作区单击进入 Server1 界面,选择【服务器信息】。首先在左侧菜单栏中选择HttpServer,然后在【配置】中为 Server1 建立根目录,完成后单击【启动】按钮,如图 7-15所示。

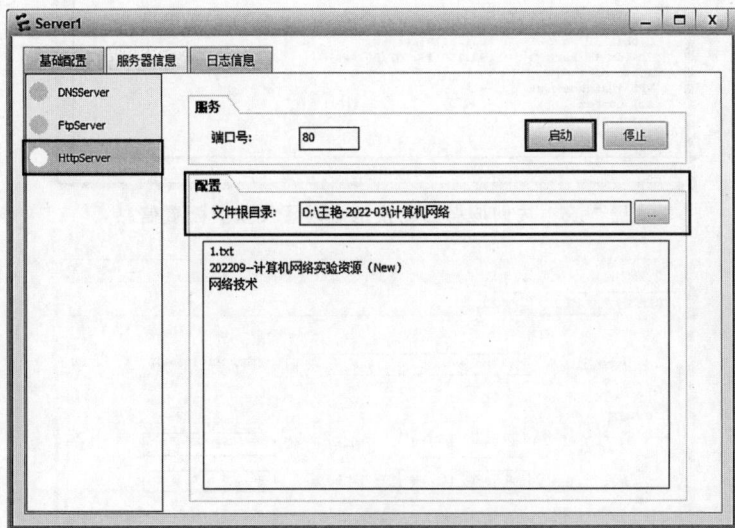

图 7-15　服务器信息配置

因为在 Easy IP 的配置中,已经实现了内网 PC 上网的需求。现在只需要配置内网服务器的地址转换即可,所用命令如下(加粗字体为输入的命令):

[AR1-GigabitEthernet0/0/1]**nat server protocol tcp global 20.1.1.10 www inside 192.168.19.101 www**

在 AR1 的系统模式下,输入命令 display nat server,查看 NAT Server 的配置。查看界面如图 7-16 所示。

配置好 Server1 后,在界面上的【基础配置】中 ping Client1,界面如图 7-17 所示。

从图 7-17 可以看到 Server1 到 Client1 是连通的。

然后模拟互联网中的客户端访问企业内网的服务器。在工作区上单击 Client1,进入客户端界面。在该界面上选择【客户端信息】,在左侧菜单栏中选择 HttpClient,在【地址】栏中输入服务器的全球 IP 地址“20.1.1.10”,单击【获取】按钮。界面如图 7-18 所示。

并在 AR1 的 GE 0/0/1 端口抓包,如图 7-19 所示。

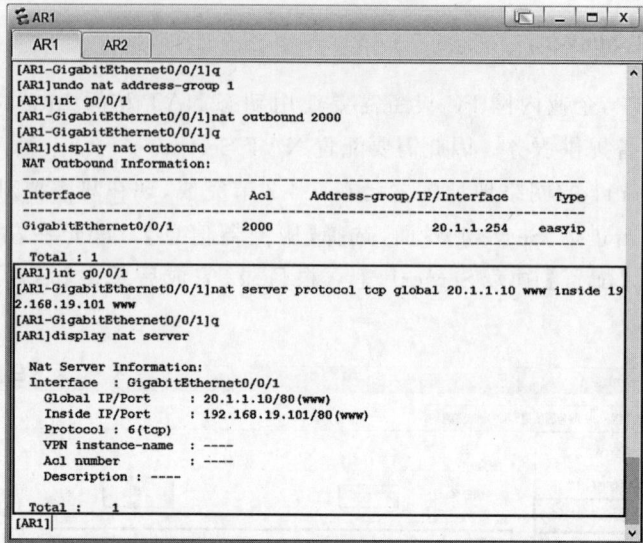

图 7-16　内网服务器转换地址配置及查看配置信息

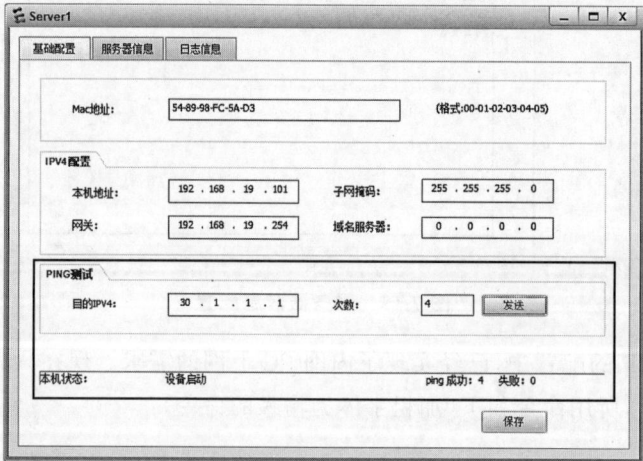

图 7-17　Server1 ping Client1

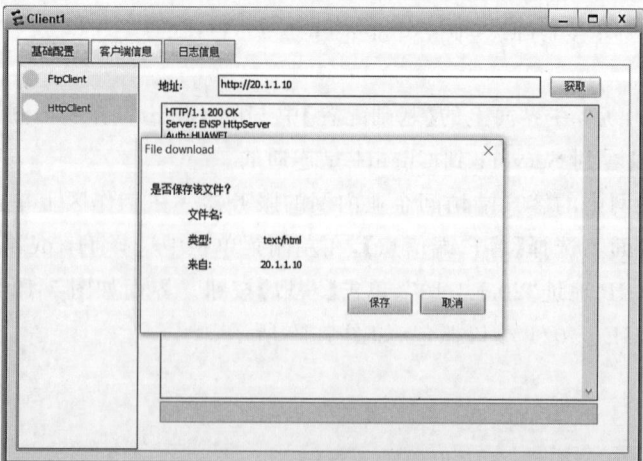

图 7-18　Client1 访问 Server1

No.	Time	Source	Destination	Protocol	Info
243	3907.15600	20.1.1.254	30.1.1.1	ICMP	Echo (ping) request　(id=0x0f28, seq(be/le)=256/1, ttl=254)
244	3907.15600	30.1.1.1	20.1.1.254	ICMP	Echo (ping) reply　(id=0x0f28, seq(be/le)=256/1, ttl=254)
245	3907.18800	20.1.1.254	30.1.1.1	ICMP	Echo (ping) request　(id=0x0f28, seq(be/le)=512/2, ttl=254)
246	3907.20300	30.1.1.1	20.1.1.254	ICMP	Echo (ping) reply　(id=0x0f28, seq(be/le)=512/2, ttl=254)
247	3907.23400	20.1.1.254	30.1.1.1	ICMP	Echo (ping) request　(id=0x0f28, seq(be/le)=768/3, ttl=254)
248	3907.25000	30.1.1.1	20.1.1.254	ICMP	Echo (ping) reply　(id=0x0f28, seq(be/le)=768/3, ttl=254)
249	3907.28100	20.1.1.254	30.1.1.1	ICMP	Echo (ping) request　(id=0x0f28, seq(be/le)=1024/4, ttl=254)
250	3907.29700	30.1.1.1	20.1.1.254	ICMP	Echo (ping) reply　(id=0x0f28, seq(be/le)=1024/4, ttl=254)
251	3984.67200	HuaweiTe_94:01:79	Broadcast	ARP	who has 20.1.1.10? Tell 20.1.1.253
252	3984.67200	HuaweiTe_b9:25:3d	HuaweiTe_94:01:79	ARP	20.1.1.10 is at 00:e0:fc:b9:25:3d
253	3987.43800	20.1.1.1	20.1.1.10	TCP	nfs > http [SYN] Seq=0 Win=8192 Len=0 MSS=1460
254	3987.45300	20.1.1.10	30.1.1.1	TCP	http > nfs [SYN, ACK] Seq=0 Ack=1 Win=8192 Len=0 MSS=1460
255	3987.46900	30.1.1.1	20.1.1.10	TCP	nfs > http [ACK] Seq=1 Ack=1 Win=8192 Len=0
256	3987.46900	30.1.1.1	20.1.1.10	HTTP	GET / HTTP/1.1 Continuation or non-HTTP traffic
257	3987.50000	20.1.1.10	30.1.1.1	HTTP	HTTP/1.1 200 OK (text/html)
258	3987.68800	30.1.1.1	20.1.1.10	TCP	nfs > http [ACK] Seq=156 Ack=308 Win=7885 Len=0
259	3988.51600	20.1.1.1	20.1.1.10	TCP	nfs > http [FIN, ACK] Seq=156 Ack=308 Win=7885 Len=0
260	3988.53100	20.1.1.10	30.1.1.1	TCP	http > nfs [ACK] Seq=308 Ack=157 Win=8036 Len=0
261	3988.54700	20.1.1.10	30.1.1.1	TCP	http > nfs [FIN, ACK] Seq=308 Ack=157 Win=8036 Len=0
262	3988.54700	30.1.1.1	20.1.1.10	TCP	nfs > http [ACK] Seq=157 Ack=309 Win=7884 Len=0

图 7-19　Client1 访问 Server1 后 AR1 的 GE 0/0/1 端口抓包

7.5　思考题

(1) 什么是 NAT? 它的作用是什么? 实现 NAT 的方式有哪些?

(2) 请指出专用 IP 地址范围?

(3) 如果不进行 NAT Server 设置,互联网上的客户端能否访问到企业的 Http Server? 为什么?

7.6　实训记录与分析

7.6.1　搭建网络环境

根据 7.4.1 节的实验步骤,构建网络拓扑结构,截图并粘贴在下面。

7.6.2　完成 PC 和路由器的网络地址配置

根据 7.4.2 节的实验步骤,完成 PC、Server、路由器及 Client 的网络地址的配置,并将配置界面截图并粘贴在下面。

7.6.3　路由器路由表配置

根据 7.4.3 节的实验步骤,完成路由器 AR1 的静态路由配置,并将配置界面截图,粘贴在下面。用 ping 命令测试 PC1 与 PC3 间的连通性,截图并粘贴在下面。

7.6.4　配置静态 NAT

1. 为 AR1 配置静态 NAT

根据 7.4.4 节的实验步骤,完成路由器 AR1 的静态 NAT 配置,并将配置界面截图并粘贴在下面。

2. 测试企业内网 PC 与互联网 PC 的连通性

静态 NAT 配置完成后在 PC1 上 ping PC3,将界面截图并粘贴在下面。

3. 查看 NAT 转换记录

在 AR1 的 GE 0/0/1 端口抓包,将界面截图并粘贴在下面。

7.6.5　配置 NAPT

1. 在 AR1 上配置 NAPT

根据 7.4.5 节的实验步骤,完成路由器 AR1 的 NAPT 配置,将配置界面截图并粘贴在下面。

2. 查看 NAT 全球 IP 地址池

根据 7.4.5 节的实验步骤,查看 NAT 全球 IP 地址池,将查看界面截图并粘贴在下面。

3. 查看 NAT 转换表

根据 7.4.5 节的实验步骤,查看 NAT 转换表,将查看界面截图并粘贴在下面。

4. 查看转发表

根据 7.4.5 节的实验步骤,查看 NAT 转发表,将查看界面截图并粘贴在下面。

7.6.6　配置 Easy IP

根据 7.4.6 节的实验步骤,完成路由器 AR1 的 Easy IP 配置,将配置界面截图并粘贴在下面。

查看 NAT 转换表,将查看界面截图并粘贴在下面。

在 AR1 的 GE 0/0/1 端口抓包,PC1 和 PC2 分别 ping PC3,将界面截图并粘贴在下面。

7.6.7　配置 NAT Server

根据 7.4.7 节的实验步骤,完成 Server1 的服务器信息配置,将配置界面截图并粘贴在下面。

根据 7.4.7 节的实验步骤,完成路由器 AR1 的 NAT Server 配置,将配置界面截图并粘贴在下面。

根据 7.4.7 节的实验步骤,查看 NAT Server 的配置,将查看界面截图并粘贴在下面。

根据 7.4.7 节的实验步骤,模拟互联网客户端访问企业内网的服务器,将客户端配置界面截图并粘贴在下面。

根据 7.4.7 节的实验步骤,在 AR1 的 GE 0/0/1 端口抓包,将界面截图并粘贴在下面。

第 8 章 TCP 连接实验

8.1 知识准备

8.1.1 TCP 特点

运输控制协议(Transmission Control Protocol,TCP)是为了在不可靠的互联网络上提供可靠的端到端字节流而专门设计的一种传输协议。

互联网络与单个网络有很大的不同,因为互联网络的不同部分可能有截然不同的拓扑结构、带宽、延迟、数据包大小和其他参数。TCP 的设计目标是能够动态地适应互联网络的这些特性,而且具备面对各种故障时的健壮性。

TCP 的主要特点有:①面向连接的运输层协议;②每一条 TCP 连接只能有两个端点,每一条 TCP 连接只能是点对点的(一对一);③提供可靠交付的服务;④提供全双工通信;⑤面向字节流。

8.1.2 TCP 连接建立过程

TCP 连接建立的过程中客户与服务器进程间要交换 3 个报文段,即"三报文握手"。三报文握手过程如图 8-1 所示。

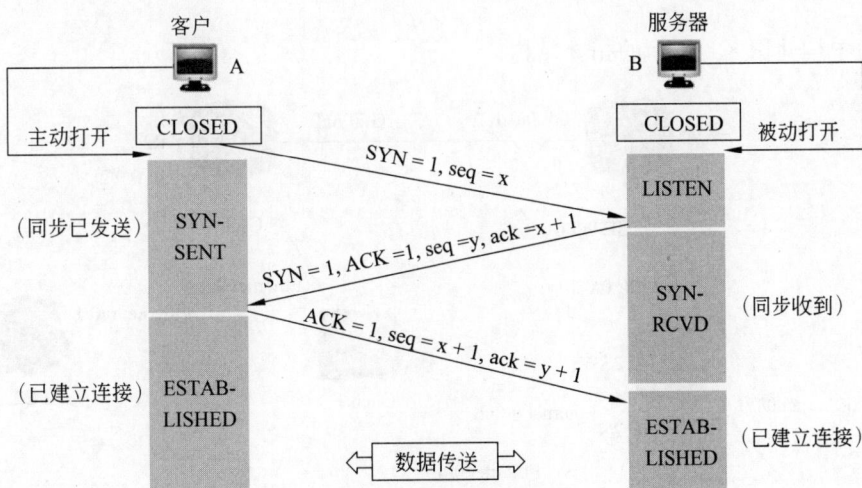

图 8-1 三报文握手过程

在三报文握手之前,服务器端口要被动打开,侦听是否有服务连接建立请求。如果客户有建立连接的请求,则要主动打开端口,开始连接建立过程。首先客户端向服务器 TCP 进程发出连接请求报文,这时首部的同步位 SYN 置位,即 SYN=1,同时选择一个初始序号 seq=x,客户端状态为同步已发送状态,即 SYN-SENT 状态。

然后服务器收到连接请求报文后,如果同意建立连接,则向客户端发送确认报文,这时首部的 SYN 和 ACK 同时置位,即 SYN＝1,ACK＝1。连接请求报文要消耗掉 1 个序号,所以这时确认号 ack＝x+1,同时服务器端选择初始序号 seq＝y。

最后,客户端收到服务器的确认报文之后,要向服务器发确认报文,确认报文段的 ACK＝1,确认号 ack＝y+1,自己的序号为 seq＝x+1。

8.2　实验目的

（1）理解 TCP 连接建立过程。
（2）理解 TCP 报文首部各字段含义。
（3）熟练掌握利用 Wireshark 分析网络各层协议的方法。
（4）能够根据需求在 eNSP 中选择合适的设备进行网络拓扑结构连接,配置路由器网关及 NAT 实现网络间的连通,使用 Wireshark 工具抓取数据包,并正确分析 TCP 报文。

8.3　实验环境

8.3.1　模拟场景

某企业本地网络中的内部主机均使用专用 IP 地址,需要利用 VPN 实现外网访问,需要配置路由器的网关和 NAT 配置。配置完毕后,为了及时发现并排除网络故障,要求网络管理员能够通过 Wireshark 抓包,及时分析 TCP 报文。

8.3.2　实验条件

实验中构建图 8-2 所示的拓扑结构。

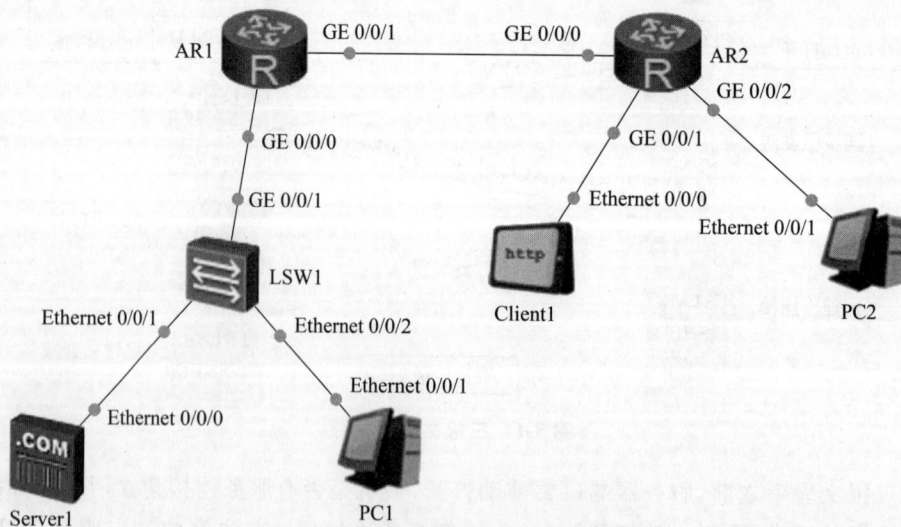

图 8-2　TCP 连接网络拓扑结构图

8.3.3　网络规划

网络设备各端口 IP 地址如表 8-1 所示。

表 8-1　网络设备各端口 IP 地址

名　称	IP 地　址	子网掩码	网　关
AR1 GE 0/0/0	192.168.1X.254	255.255.255.0	—
AR1 GE 0/0/1	20.1.1.254	255.255.255.0	—
AR2 GE 0/0/0	20.1.1.253	255.255.255.0	—
AR2 GE 0/0/1	30.1.1.254	255.255.255.0	—
AR2 GE 0/0/2	40.1.1.254	255.255.255.0	—
Server1	192.168.1X.100	255.255.255.0	192.168.1X.254
Client1	30.1.1.101	255.255.255.0	30.1.1.254
PC1	192.168.1X.Y1	255.255.255.0	192.168.1X.254
PC2	40.1.1.1	255.255.255.0	40.1.1.254

表 8-1 中 X 是自己学号的倒数第 2 位，Y 是自己学号的最后 1 位。假如某同学的学号最后两位是 90，则其 PC1 的 IP 地址为 192.168.19.1，路由器 AR1 的 GE 0/0/0 端口的 IP 地址为 192.168.19.254，Server1 的 IP 地址为 192.168.19.100。本实验以该学号为例。

8.4　实验步骤

8.4.1　搭建网络环境

添加如图 8-2 所示的网络设备：路由器 AR2220 2 台，PC 2 台，交换机 S3700 1 台，Server 1 台，Client 1 台。选择合适的线缆完成设备的连接：Server1 的 Ethernet 0/0/0 端口与交换机 LSW1 的 Ethernet 0/0/1 端口连接，PC1 的 Ethernet 0/0/1 端口与交换机 LSW1 的 Ethernet 0/0/2 端口连接，交换机 LSW1 的 GE 0/0/1 端口与路由器 AR1 的 GE 0/0/0 端口连接，路由器 AR1 的 GE 0/0/1 端口与路由器 AR2 的 GE 0/0/0 端口连接，路由器 AR2 的 GE 0/0/1 端口与 Client1 的 Ethernet 0/0/0 端口连接，路由器 AR2 的 GE 0/0/2 端口与 PC2 的 Ethernet 0/0/1 端口连接。然后将上述添加的设备选中，单击工具栏的【启动】按钮。将界面截图，粘贴到实训记录与分析处。

8.4.2　完成 PC 和路由器的网络地址配置

按照表 8-1 的要求，完成 PC、路由器、服务器及客户机的 IP 地址等网络配置，交换机 LSW1 不需要配置。将各配置界面截图，粘贴到实训记录与分析处。

8.4.3 完成网关路由器 AR1 的路由及 NAT 配置

为 AR1 配置静态路由,此处为默认路由,如图 8-3 所示。

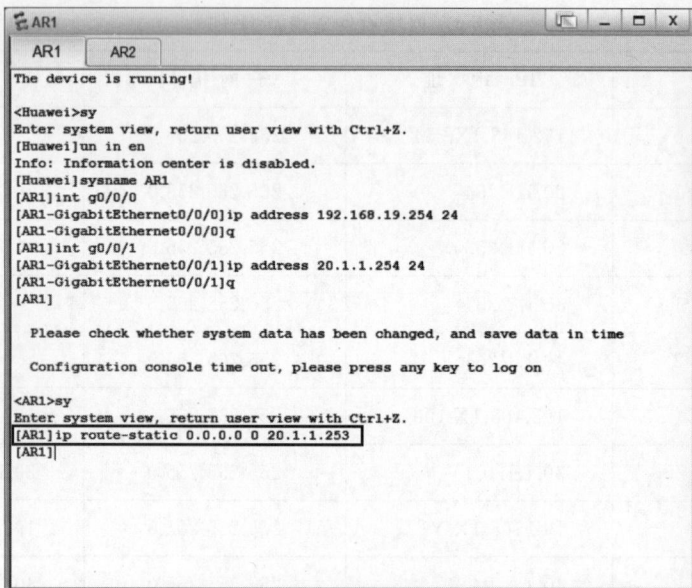

```
E AR1                                                    ⌐ _ □ X
  AR1      AR2
The device is running!

<Huawei>sy
Enter system view, return user view with Ctrl+Z.
[Huawei]un in en
Info: Information center is disabled.
[Huawei]sysname AR1
[AR1]int g0/0/0
[AR1-GigabitEthernet0/0/0]ip address 192.168.19.254 24
[AR1-GigabitEthernet0/0/0]q
[AR1]int g0/0/1
[AR1-GigabitEthernet0/0/1]ip address 20.1.1.254 24
[AR1-GigabitEthernet0/0/1]q
[AR1]

  Please check whether system data has been changed, and save data in time

  Configuration console time out, please press any key to log on

<AR1>sy
Enter system view, return user view with Ctrl+Z.
[AR1]ip route-static 0.0.0.0 0 20.1.1.253
[AR1]
```

图 8-3   AR1 配置静态路由

为 AR1 配置 Easy IP,查看 NAT 转换表,如图 8-4 所示。

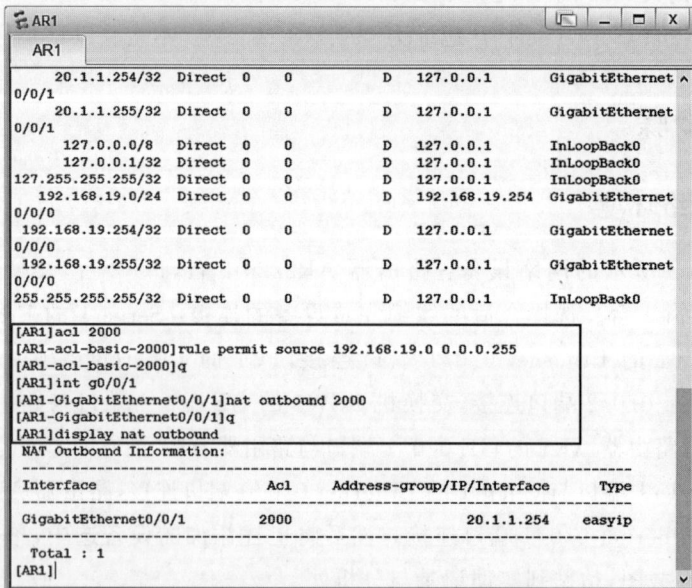

```
E AR1                                                    ⌐ _ □ X
  AR1
    20.1.1.254/32   Direct  0   0      D   127.0.0.1       GigabitEthernet ∧
0/0/1
    20.1.1.255/32   Direct  0   0      D   127.0.0.1       GigabitEthernet
0/0/1
    127.0.0.0/8     Direct  0   0      D   127.0.0.1       InLoopBack0
    127.0.0.1/32    Direct  0   0      D   127.0.0.1       InLoopBack0
127.255.255.255/32  Direct  0   0      D   127.0.0.1       InLoopBack0
  192.168.19.0/24   Direct  0   0      D   192.168.19.254  GigabitEthernet
0/0/0
 192.168.19.254/32  Direct  0   0      D   127.0.0.1       GigabitEthernet
0/0/0
 192.168.19.255/32  Direct  0   0      D   127.0.0.1       GigabitEthernet
255.255.255.255/32  Direct  0   0      D   127.0.0.1       InLoopBack0
[AR1]acl 2000
[AR1-acl-basic-2000]rule permit source 192.168.19.0 0.0.0.255
[AR1-acl-basic-2000]q
[AR1]int g0/0/1
[AR1-GigabitEthernet0/0/1]nat outbound 2000
[AR1-GigabitEthernet0/0/1]q
[AR1]display nat outbound
NAT Outbound Information:
-----------------------------------------------------------------
Interface           Acl     Address-group/IP/Interface    Type
-----------------------------------------------------------------
GigabitEthernet0/0/1  2000                  20.1.1.254      easyip
-----------------------------------------------------------------
 Total : 1
[AR1]                                                            ∨
```

图 8-4   AR1 配置 Easy IP 及查看 NAT 转换表

为 AR1 配置 NAT Server,如图 8-5 所示。

配置 Server1 的服务器信息,在工作区单击进入 Server1 界面,选择【服务器信息】。首

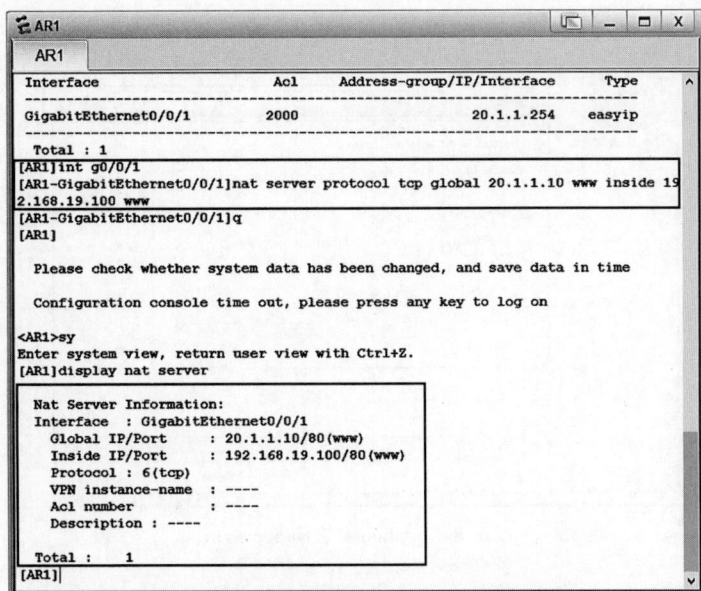

图 8-5　内网服务器转换地址配置及查看配置信息

先在左侧菜单栏里选择 HttpServer，然后在【配置】中为 Server1 建立根目录，完成后单击【启动】按钮，如图 8-6 所示。

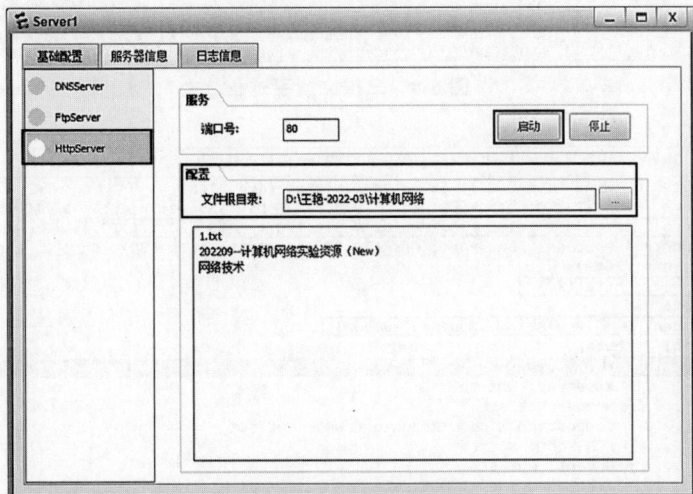

图 8-6　服务器信息配置

8.4.4　使用 Wireshark 抓取数据包并分析 TCP 报文段组成

在工作区 AR1 上右击，单击【数据抓包】，选择 GE 0/0/1。在 Client1 上配置客户端访问的 Http Server 的 IP 地址，并启动，如图 8-7 所示。

转到 Wireshark 观察 TCP 连接建立过程中的三报文握手，如图 8-8 所示。

分别查看三报文握手过程中的每个 TCP 报文段。在图 8-8 所示的界面，双击第一个 TCP 报文段，分析 TCP 报文段的内容，如图 8-9 所示。

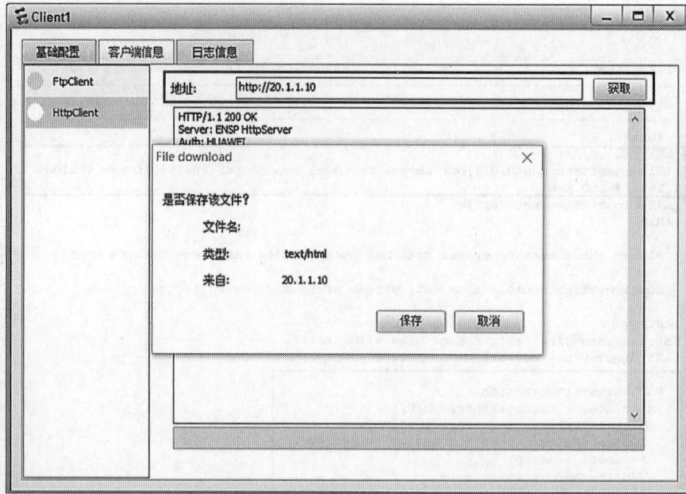

图 8-7　Client1 访问 Server1

No.	Time	Source	Destination	Protocol	Info
1	0.000000	HuaweiTe_70:5b:ad	Broadcast	ARP	who has 20.1.1.10?　Tell 20.1.1.253
2	0.000000	HuaweiTe_ec:5c:e2	HuaweiTe_70:5b:ad	ARP	20.1.1.10 is at 00:e0:fc:ec:5c:e2
3	2.718000	30.1.1.101	20.1.1.10	TCP	nfs > http [SYN] Seq=0 Win=8192 Len=0 MSS=1460
4	2.750000	20.1.1.10	30.1.1.101	TCP	http > nfs [SYN, ACK] Seq=0 Ack=1 Win=8192 Len=0 MSS=1460
5	2.765000	30.1.1.101	20.1.1.10	TCP	nfs > http [ACK] Seq=1 Ack=1 Win=8192 Len=0
6	2.765000	30.1.1.101	20.1.1.10	HTTP	GET / HTTP/1.1 Continuation or non-HTTP traffic
7	2.812000	20.1.1.10	30.1.1.101	HTTP	HTTP/1.1 200 OK (text/html)
8	2.968000	30.1.1.101	20.1.1.10	TCP	nfs > http [ACK] Seq=156 Ack=308 Win=7885 Len=0
9	3.812000	30.1.1.101	20.1.1.10	TCP	nfs > http [FIN, ACK] Seq=156 Ack=308 Win=7885 Len=0
10	3.843000	20.1.1.10	30.1.1.101	TCP	http > nfs [ACK] Seq=308 Ack=157 Win=8036 Len=0
11	3.843000	20.1.1.10	30.1.1.101	TCP	http > nfs [FIN, ACK] Seq=308 Ack=157 Win=8036 Len=0
12	3.859000	30.1.1.101	20.1.1.10	TCP	nfs > http [ACK] Seq=157 Ack=309 Win=7884 Len=0

图 8-8　三报文握手过程

```
3 2.718000 30.1.1.101 20.1.1.10 TCP nfs > http [SYN] Seq=0 Win=8192 Len=0 MSS=1460
⊞ Frame 3: 58 bytes on wire (464 bits), 58 bytes captured (464 bits)
⊞ Ethernet II, Src: HuaweiTe_70:5b:ad (00:e0:fc:70:5b:ad), Dst: HuaweiTe_ec:5c:e2 (00:e0:fc:ec:5c:e2)
⊞ Internet Protocol, Src: 30.1.1.101 (30.1.1.101), Dst: 20.1.1.10 (20.1.1.10)
⊟ Transmission Control Protocol, Src Port: nfs (2049), Dst Port: http (80), Seq: 0, Len: 0
     Source port: nfs (2049)
     Destination port: http (80)
     [Stream index: 0]
     Sequence number: 0    (relative sequence number)
     Header length: 24 bytes
  ⊟ Flags: 0x02 (SYN)
       000. .... .... = Reserved: Not set
       ...0 .... .... = Nonce: Not set
       .... 0... .... = Congestion Window Reduced (CWR): Not set
       .... .0.. .... = ECN-Echo: Not set
       .... ..0. .... = Urgent: Not set
       .... ...0 .... = Acknowledgement: Not set
       .... .... 0... = Push: Not set
       .... .... .0.. = Reset: Not set
    ⊟ .... .... ..1. = Syn: Set
       ⊟ [Expert Info (Chat/Sequence): Connection establish request (SYN): server port http]
            [Message: Connection establish request (SYN): server port http]
            [Severity level: Chat]
            [Group: Sequence]
       .... .... ...0 = Fin: Not set
     Window size: 8192
  ⊟ Checksum: 0x21f8 [validation disabled]
       [Good Checksum: False]
       [Bad Checksum: False]
  ⊟ Options: (4 bytes)
       Maximum segment size: 1460 bytes
```

图 8-9　连接请求报文(第一次握手)

从图 8-9 可以看到,该报文的源 IP 地址是 30.1.1.101,目的 IP 地址是 20.1.1.10,分别是 Client1 的地址和 Server1 的公网地址,因此是从客户端发送到服务器的报文。目的端口是 80 端口,是 HTTP 的默认端口号;seq=0(相对序号),标志位中只有 SYN=1,其余均为 0,因此该报文是连接请求报文,即第一次握手。

然后在图 8-8 所示的界面,双击第二个 TCP 报文段,分析 TCP 报文段的内容,如图 8-10 所示。

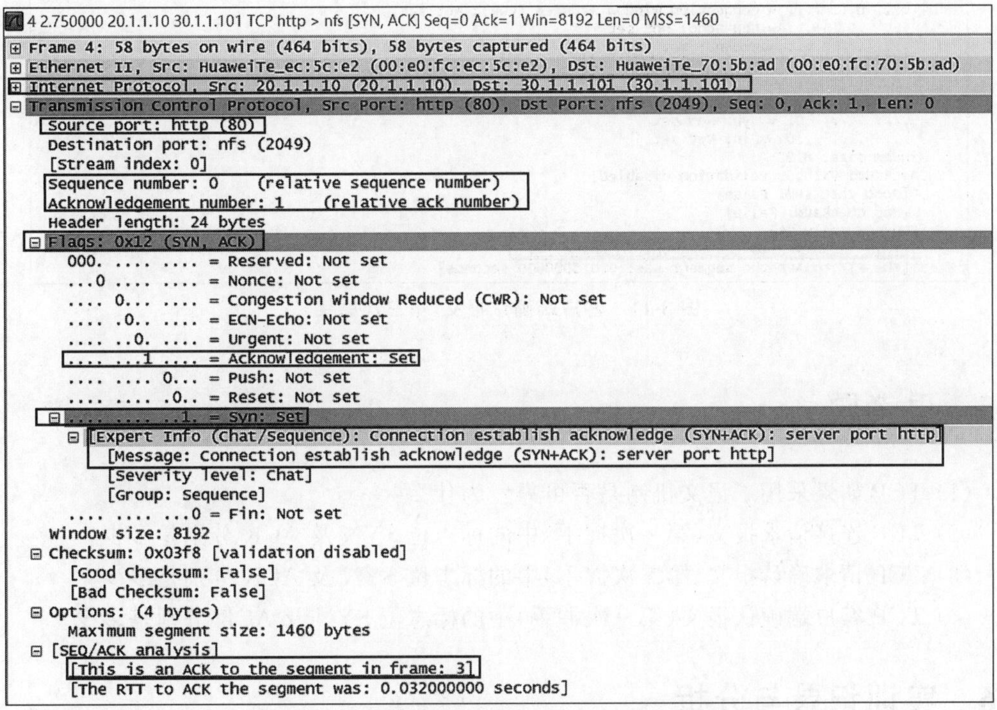

```
7  4 2.750000 20.1.1.10 30.1.1.101 TCP http > nfs [SYN, ACK] Seq=0 Ack=1 Win=8192 Len=0 MSS=1460
⊞ Frame 4: 58 bytes on wire (464 bits), 58 bytes captured (464 bits)
⊞ Ethernet II, Src: HuaweiTe_ec:5c:e2 (00:e0:fc:ec:5c:e2), Dst: HuaweiTe_70:5b:ad (00:e0:fc:70:5b:ad)
⊞ Internet Protocol, Src: 20.1.1.10 (20.1.1.10), Dst: 30.1.1.101 (30.1.1.101)
⊟ Transmission Control Protocol, Src Port: http (80), Dst Port: nfs (2049), Seq: 0, Ack: 1, Len: 0
    Source port: http (80)
    Destination port: nfs (2049)
    [Stream index: 0]
    Sequence number: 0      (relative sequence number)
    Acknowledgement number: 1      (relative ack number)
    Header length: 24 bytes
  ⊟ Flags: 0x12 (SYN, ACK)
    000. .... .... = Reserved: Not set
    ...0 .... .... = Nonce: Not set
    .... 0... .... = Congestion Window Reduced (CWR): Not set
    .... .0.. .... = ECN-Echo: Not set
    .... ..0. .... = Urgent: Not set
    .... ...1 .... = Acknowledgement: Set
    .... .... 0... = Push: Not set
    .... .... .0.. = Reset: Not set
    .... .... ..1. = Syn: Set
  ⊟ [Expert Info (Chat/Sequence): Connection establish acknowledge (SYN+ACK): server port http]
      [Message: Connection establish acknowledge (SYN+ACK): server port http]
      [Severity level: Chat]
      [Group: Sequence]
    .... .... ...0 = Fin: Not set
    Window size: 8192
  ⊟ Checksum: 0x03f8 [validation disabled]
      [Good Checksum: False]
      [Bad Checksum: False]
  ⊟ Options: (4 bytes)
      Maximum segment size: 1460 bytes
  ⊟ [SEQ/ACK analysis]
      [This is an ACK to the segment in frame: 3]
      [The RTT to ACK the segment was: 0.032000000 seconds]
```

图 8-10　服务器端的请求确认报文(第二次握手)

从图 8-10 可以看到,该报文的源 IP 地址是 20.1.1.10,目的 IP 地址是 30.1.1.101,分别是 Server1 的公网地址和 Client1 的地址,因此是从服务器发送到客户端的报文。源端口是 HTTP 的默认端口号 80;seq=0,ack=1(相对序号和确认号),标志位中 SYN 与 ACK 均已置位,即 SYN=1,ACK=1,因此该报文是针对图 8-9 连接请求报文的确认报文,即第二次握手。

最后在图 8-8 所示的界面,双击第三个 TCP 报文段,分析 TCP 报文段的内容,如图 8-11 所示。

从图 8-11 可以看到,该报文的源 IP 地址是 30.1.1.101,目的 IP 地址是 20.1.1.10,分别是 Client1 的地址和 Server1 的公网地址,因此是从客户端发送到服务器的报文。目的端口是 80 端口,是 HTTP 的默认端口号;seq=1,ack=1(相对序号和确认号),标志位中只有 ACK=1,其余均为 0,因此该报文是针对图 8-10 的确认报文,即第三次握手。

```
5 2.765000 30.1.1.101 20.1.1.10 TCP nfs > http [ACK] Seq=1 Ack=1 Win=8192 Len=0
⊞ Frame 5: 54 bytes on wire (432 bits), 54 bytes captured (432 bits)
⊞ Ethernet II, Src: HuaweiTe_70:5b:ad (00:e0:fc:70:5b:ad), Dst: HuaweiTe_ec:5c:e2 (00:e0:fc:ec:5c:e2)
⊞ Internet Protocol, Src: 30.1.1.101 (30.1.1.101), Dst: 20.1.1.10 (20.1.1.10)
⊟ Transmission Control Protocol, Src Port: nfs (2049), Dst Port: http (80), Seq: 1, Ack: 1, Len: 0
    Source port: nfs (2049)
    Destination port: http (80)
    [Stream index: 0]
    Sequence number: 1    (relative sequence number)
    Acknowledgement number: 1    (relative ack number)
    Header length: 20 bytes
  ⊟ Flags: 0x10 (ACK)
      000. .... .... = Reserved: Not set
      ...0 .... .... = Nonce: Not set
      .... 0... .... = Congestion Window Reduced (CWR): Not set
      .... .0.. .... = ECN-Echo: Not set
      .... ..0. .... = Urgent: Not set
      .... ...1 .... = Acknowledgement: Set
      .... .... 0... = Push: Not set
      .... .... .0.. = Reset: Not set
      .... .... ..0. = Syn: Not set
      .... .... ...0 = Fin: Not set
    Window size: 8192
  ⊟ Checksum: 0x1bb5 [validation disabled]
      [Good Checksum: False]
      [Bad Checksum: False]
  ⊟ [SEQ/ACK analysis]
      [This is an ACK to the segment in frame: 4]
      [The RTT to ACK the segment was: 0.015000000 seconds]
```

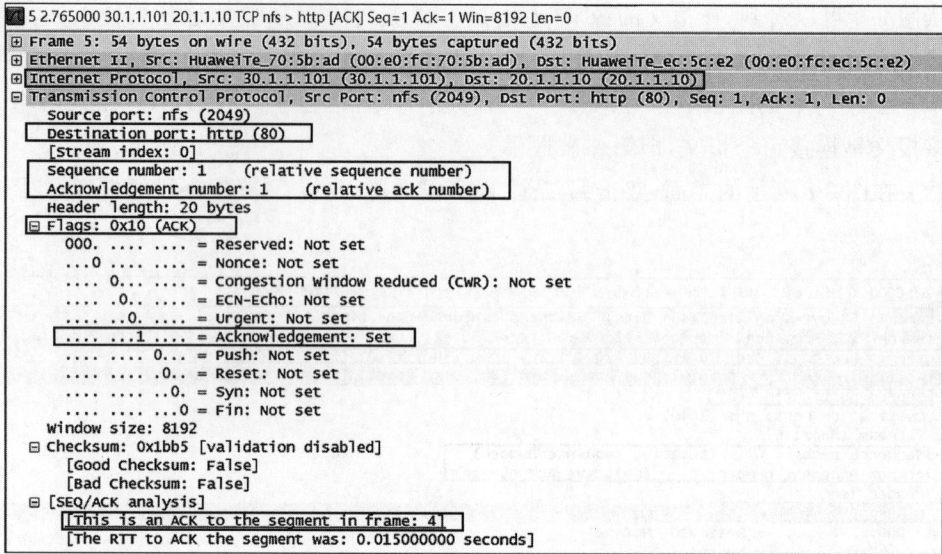

图 8-11　客户端确认报文（第三次握手）

8.5　思考题

(1) TCP 如果采用二报文机制是否可靠？为什么？

(2) TCP 连接请求报文（第一次握手）中的标志位 SYN 及 ACK 分别是多少？

(3) TCP 请求确认报文（第二次握手）中的标志位 SYN 及 ACK 分别是多少？

(4) TCP 客户端确认报文（第三次握手）中的标志位 SYN 及 ACK 分别是多少？

8.6　实训记录与分析

8.6.1　搭建网络环境

根据 8.4.1 节的实验步骤，构建网络拓扑结构，截图并粘贴在下面。

8.6.2　完成 PC 和路由器的网络地址配置

根据 8.4.2 节的实验步骤，完成 PC、Server、路由器及 Client 的网络地址的配置，并将配置界面截图，粘贴在下面。

8.6.3　完成网关路由器 AR1 的路由及 NAT 配置

根据 8.4.3 节的实验步骤，完成路由器 AR1 的路由配置与 NAT 配置，并将配置界面截图，粘贴在下面。

8.6.4　使用 Wireshark 抓取数据包并分析 TCP 报文段组成

根据 8.4.4 节的实验步骤，使用 Wireshark 抓取数据包，并分析 TCP 三报文握手过程中的每个报文段的组成，并将界面截图，粘贴在下面。

第二篇　实　体　篇

第9章 组建局域网

9.1 知识准备

局域网(Local Area Network,LAN)一般指用微型计算机或工作站通过高速通信线路相连,地理上局限在较小范围的网络。局域网一般为一个单位所拥有,地理范围和站点数目均有限。局域网按网络拓扑可以分为星形网、环型网、总线网及网状网。局域网可以使用多种传输媒体。

9.1.1 传输媒体

传输媒体也称为传输介质或传输媒介,是数据传输系统中在发送器和接收器之间的物理通路。传输媒体可以分为导引型传输媒体(或称为有线传输媒体)和非导引型传输媒体(或称为无线传输媒体)。

在导引型传输媒体中,电磁波被导引沿着固体媒体(铜线或光纤)传播,比如双绞线、同轴电缆和光缆。非导引型传输媒体是指自由空间,无线传输可以使用的频段非常广,如短波通信、无线电微波通信和卫星通信。

9.1.2 双绞线

双绞线(Twisted Pair,TP)是目前使用最广、价格相对便宜的一种有线传输介质,是由两根绞合的绝缘铜线外部包裹橡胶皮构成的,有两对线型和四对线型。两对线型的接头称为 RJ-11,四对线型的接头称为 RJ-45,如图 9-1 所示。

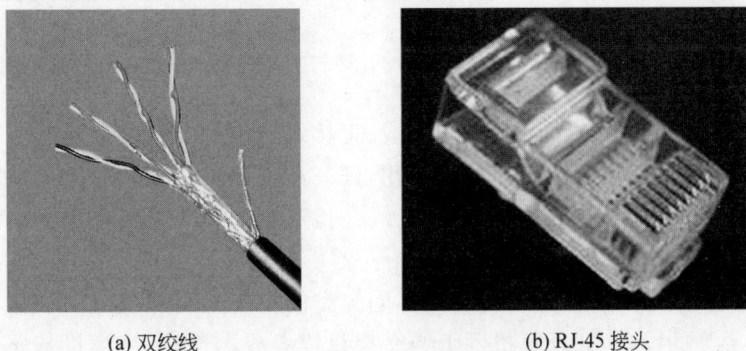

(a) 双绞线   (b) RJ-45 接头

图 9-1　双绞线和 RJ-45 接头

双绞线可分为屏蔽双绞线(Shielded Twisted-Pair,STP)和非屏蔽双绞线(Unshielded Twisted-Pair,UTP)。屏蔽双绞线因为有屏蔽层,所以造价高、安装复杂,只在特殊情况(电磁干扰严重或防止信号向外辐射)下使用;非屏蔽双绞线无金属屏蔽材料,只有一层绝缘胶皮包裹,价格相对便宜,安装维护也容易。

按传输特性,双绞线可以分为 3 类、4 类、5 类、超 5 类、6 类和 7 类双绞线,其中 5 类双绞线是最常用的 UTP,带宽为 100MHz,用于语音传输和最高传输速率为 100Mbps 的数据传输,主要用于百兆以太网(100BASE-T)和千兆以太网(1000BASE-T)。

双绞线主要用于构建星形网络,即以集线器或交换机为中心,各网络工作站均用一根双绞线与之相连。这种拓扑结构非常适合结构化综合布线,可靠性较高,任何一根连线发生故障都不会影响到网络中的其他计算机的通信,故障的诊断与修复也较容易。

9.1.3 EIA/TIA-568

常用的 5 类双绞线有 4 对线、8 种颜色,分别是橙色、橙白色、绿色、绿白色、蓝色、蓝白色、棕色和棕白色,每种颜色的线都与对应的相间色缠绕在一起。用户在连接计算机网络时只需要 4 根线即可,那么到底使用哪 4 根线?如何连接?为此,美国电子工业协会(Electronic Industries Association,EIA)和电信工业协会(Telecommunications Industry Association,TIA)共同制订了商用建筑物电线布线标准,即 EIA/TIA-568。该标准分为 T568A 和 T568B 两种,用于确定 RJ-45 插座/接头中导线排列的次序。这两个标准规定,连网时使用橙色和橙白色、绿色和绿白色两对线,它们连接在 RJ-45 接头的序号为 1、2、3、6 的 4 个线槽上,其他 4 根线可以在结构化布线时用于连接电话等设备。具体接线线序如表 9-1 和表 9-2 所示,在结构化综合布线过程中多使用 T568B 标准。

表 9-1　EIA/TIA-568A 接线标准

RJ-45 线槽	1	2	3	4	5	6	7	8
色彩标记	绿白	绿	橙白	蓝	蓝白	橙	棕白	棕

表 9-2　EIA/TIA-568B 接线标准

RJ-45 线槽	1	2	3	4	5	6	7	8
色彩标记	橙白	橙	绿白	蓝	蓝白	绿	棕白	棕

9.1.4 直连线与交叉线

双绞线可根据需要制成直连线(或直通线、正接线)和交叉线(或反接线)。直连线是指双绞线两端使用相同的接线标准,比如都使用 T568A 或 T568B,如图 9-2(a)所示。由于习惯的关系,多数直连线用 T568B 标准。交叉线是指双绞线两端分别使用不同的接线标准,即一端使用 T568A,另一端使用 T568B,如图 9-2(b)所示。

两类双绞线分别适用于不同场合。因不同类型的设备其内部接线的线序不同,直连线用于连接不同类型的设备,如计算机网卡与交换机或集线器连接、交换机与路由器连接、集线器普通端口与集线器级联口(Uplink 口)连接等。因相同类型的设备内部接线的线序相同,交叉线用于连接相同类型的设备,如两台计算机网卡之间、两台集线器或两台交换机之间或集线器与交换机连接等。不管使用哪种接线,都是为了保证发送端和接收端之间的数据能正常收发。

现在绝大多数网络设备都可以自适应通过直连或交叉方式进行通信。

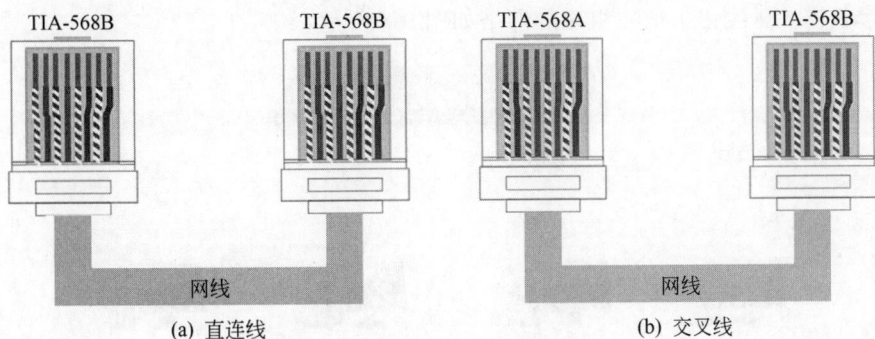

图 9-2 直连线和交叉线的线序

9.1.5 对等网

对等网(Peer-to-Peer)是指两台设备之间的地位是对等的,没有区分服务器和客户机,在需要的情况下每一个设备既可以起服务器的作用也可以起客户机的作用。网络中的所有设备可直接访问数据、软件和其他网络资源。换言之,在对等网中,各台设备的功能是相同的,没有主从之分。

对等网也常常被称作工作组。在对等网中没有"域",只有"工作组"。对等网一般常采用星形网络拓扑结构。对等网除了能共享文件之外,还可以共享打印机以及其他网络设备。也就是说,对等网上的打印机可被网络上的任一节点使用,如同使用本地打印机一样方便。

因为对等网不需要专门的服务器,也不需要其他组件来提高网络的性能,而且网络成本低、配置维护简单,所以它在家庭或者其他小型网络中应用广泛。但它的缺点也相当明显,主要是能容纳的用户数有限、网络性能较低、数据保密性差和文件管理分散等。

9.2 实验目的

(1)理解局域网、传输媒体和对等网的概念。

(2)掌握双绞线的标准和制作方法。

(3)掌握对等网的安装、配置和使用。

(4)能够结合工程应用场景的需求,选择合适的网络设备来组建局域网并实现局域网资源的共享。

9.3 实验环境

9.3.1 模拟场景

某公司新成立了一个部门,由于通信和共享资源的需求,该部门办公室需要组建局域网,网络工程师需要选择合适的设备来组建局域网。

9.3.2 实验条件

已安装 Windows 操作系统的计算机 4 台,交换机 1 台。双绞线和 RJ-45 接头若干,测线仪 1 台,RJ-45 压线钳 1 把。组建的网络如图 9-3 所示。

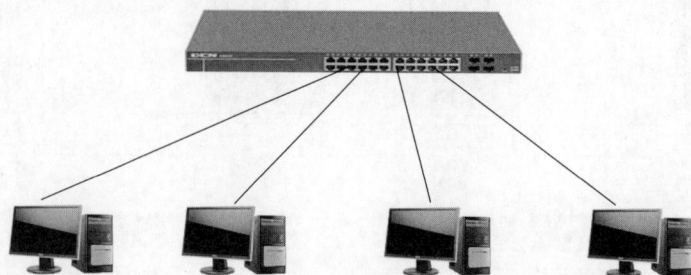

图 9-3　局域网连接

9.4　实验步骤

9.4.1　安装硬件

1. 制作双绞线

（1）准备好长度合适的双绞线(不超过 100m)、压线钳、RJ-45 接头和测线仪,如图 9-4 所示。

（2）旋转压线钳,利用压线钳的剥线刀头将双绞线的外保护套管划开,剥出 1.5～2cm 长的双绞线,如图 9-5 所示。

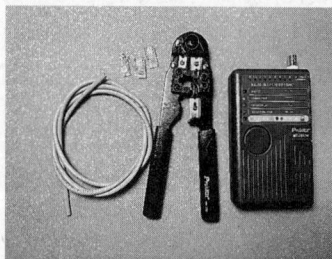

图 9-4　准备器材

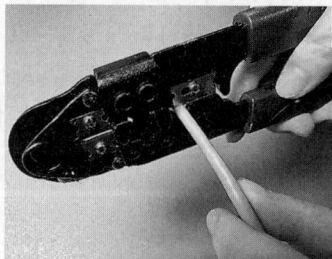

图 9-5　剥线

（3）将剥好的双绞线分开,然后将 8 根线平直整齐地按表 9-2 的顺序排列好,如图 9-6 所示。

（4）用压线钳剪齐,留出 1cm 左右的双绞线头,如图 9-7 所示。

（5）一手捏住 RJ-45 接头,将有金属引线的面朝前,有卡扣的面朝后,另一手捏平双绞线,最左边是第一线槽,按照排好的顺序,将双绞线插入 RJ-45 接头,并确认接线顺序无误,如图 9-8 所示。

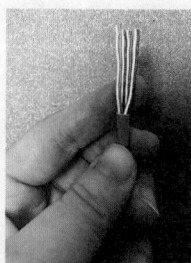

图 9-6　按顺序排线

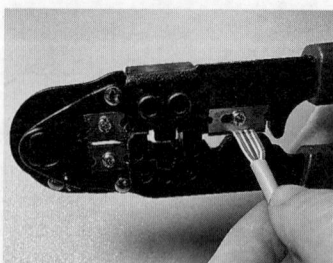

图 9-7　剪线

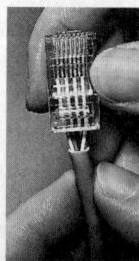

图 9-8　插入 RJ-45 接头

（6）将 RJ-45 接头放入压线钳的压头槽内，用力压紧，确保无松动，如图 9-9 所示。

（7）用同样的方法将双绞线的另一端做好，使用测线仪测试连线的连通性。测试时将双绞线两端的 RJ-45 接头分别插入测线仪的 RJ-45 插槽中。打开电源开关，查看指示灯的亮灭情况，如图 9-10 所示。若指示灯从 1 至 8 均亮灯，说明所有线均连接成功；若某个指示灯不亮，则说明对应的线未连通。因不同测线仪的功能有所差异，此处仅以图中测线仪简要说明。

图 9-9　压线

图 9-10　测试双绞线

2. 安装网卡

（1）在切断计算机电源的情况下，打开机箱。

（2）将网卡插入总线插槽并固定好，然后盖好机箱。

3. 连接交换机

将制作好的双绞线一端连接到网卡上，另一端连接到交换机上，如图 9-3 所示。

完成以上实验步骤后，填写实训记录与分析，参见 9.6.1 节的相关内容。

9.4.2　软件设置

（1）本实验以 Windows 10 为例。依次单击【开始】→【设置】，打开 Windows 的【设置】窗口，在窗口选择【网络和 Internet】，在状态页面选择【更改适配器选项】，如图 9-11 所示。

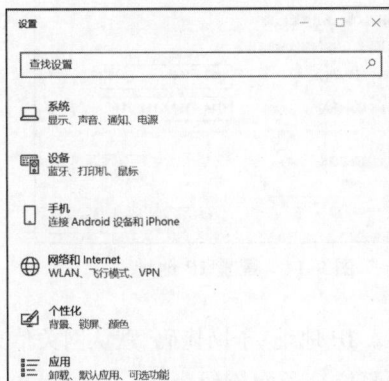

(a) 系统设备

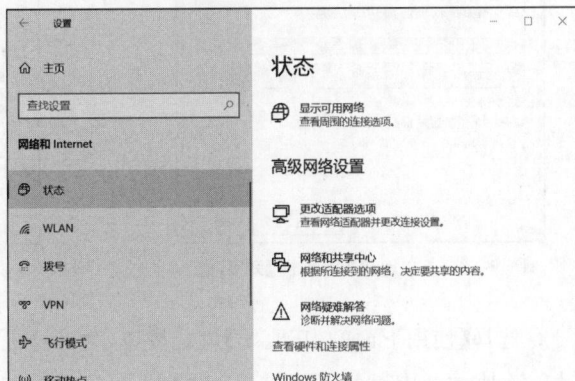

(b) 状态页面

图 9-11　网络设置窗口

（2）出现【网络连接】窗口，如图 9-12 所示。

（3）安装网络组件。在 Windows 操作系统下安装网卡后会自动安装 TCP/IP、Microsoft 网络客户端、Microsoft 网络的文件与打印机共享等网络组件（均是默认安装）。

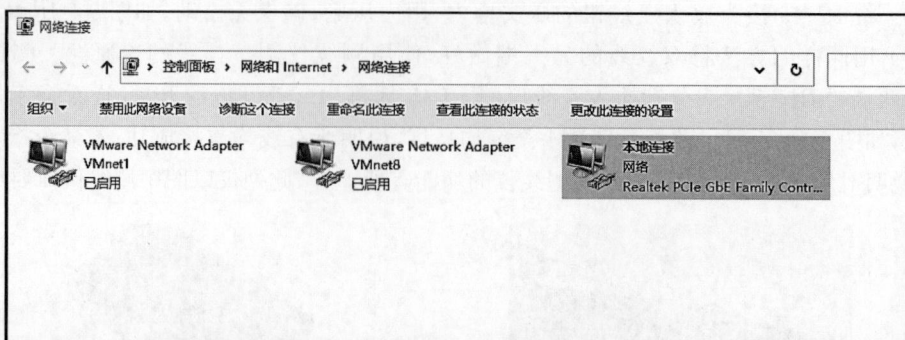

图 9-12 【网络连接】窗口

若安装其他组件,可以在图 9-12 中右击【本地连接】,选择【属性】命令,出现如图 9-13 所示的【本地连接 属性】对话框,单击【安装】按钮,即可安装组件。如需要删除,则选中某一组件,单击【卸载】按钮即可删除该组件。

(4) 配置 IP 地址。

① 在图 9-13 中,选中【Internet 协议版本 4(TCP/IPv4)】复选框,再单击【属性】按钮,出现【Internet 协议版本 4(TCP/IPv4)属性】对话框,如图 9-14 所示。

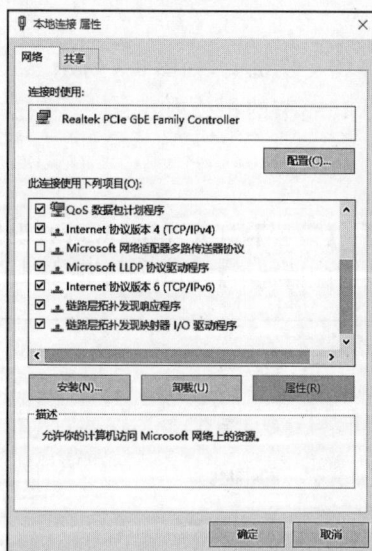

图 9-13 【本地连接 属性】对话框

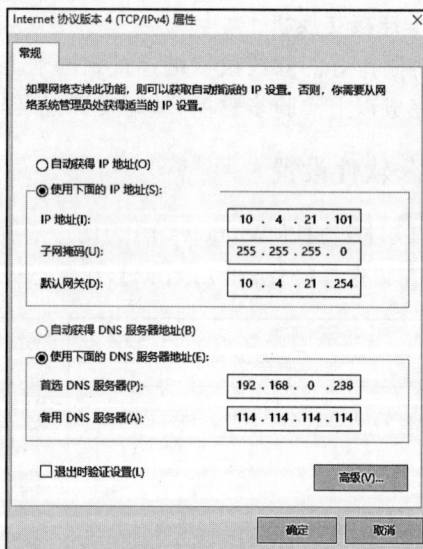

图 9-14 配置 IP 地址

② 选择【使用下面的 IP 地址】单选按钮,为计算机输入 IP 地址、子网掩码、默认网关信息,如图 9-14 所示。IP 地址为 10.4.21.1XY(XY 为学号的后两位),子网掩码为 255.255.255.0,默认网关为 10.4.21.254。首选 DNS 服务器为 192.168.0.238(此处为本单位所搭建 DNS 服务器的 IP 地址);备用 DNS 服务器为 114.114.114.114。

完成以上实验步骤后,填写实训记录与分析,参见 9.6.2 节的相关内容。

9.4.3　用 ping 命令测试连通性

（1）依次单击【开始】→【运行】，在【运行】窗口的文本框中输入 cmd，单击【确定】按钮，进入命令提示符状态。

（2）用 ping 命令检查同组局域网计算机间能否通信。如"ping 10.4.21.101"，若结果出现 4 条来自 10.4.21.101 的回复信息，则说明网络连通。

完成以上实验步骤后，填写实训记录与分析，参见 9.6.3 节的相关内容。

9.4.4　设置主机名和工作组

（1）依次单击【开始】→【设置】，打开 Windows 的【设置】窗口，在窗口选择【系统】，在该页面左侧单击【关于】，如图 9-15 所示。

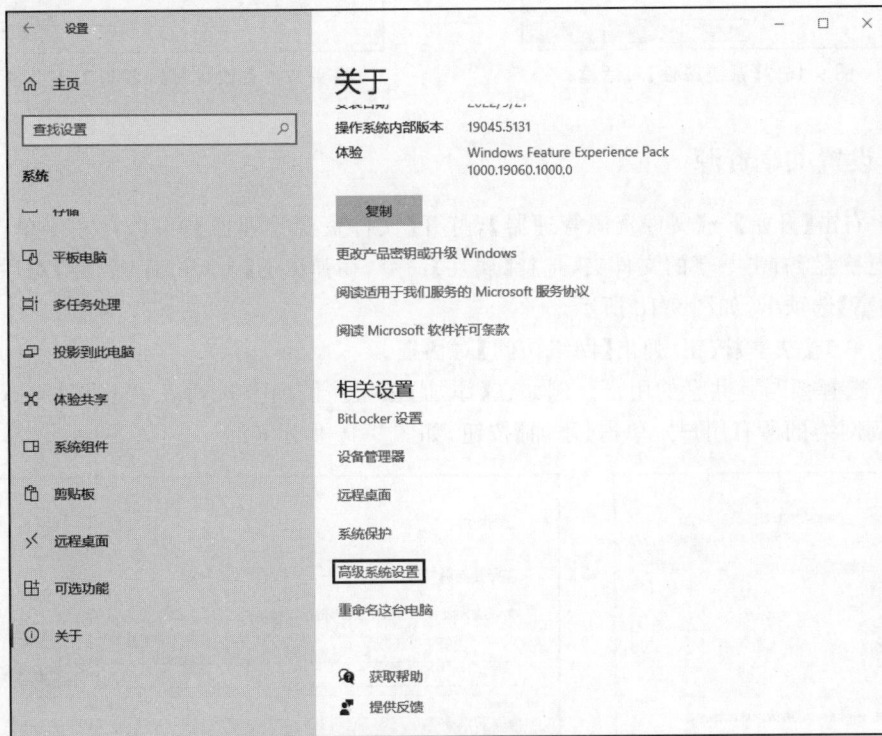

图 9-15　【设置】窗口

（2）在图 9-15 单击右侧栏中【高级系统设置】，出现【系统属性】对话框。

（3）在【系统属性】对话框中切换到【计算机名】选项卡，单击【更改】按钮，如图 9-16 所示。在随后出现的对话框中就可以修改计算机名和所属的工作组名。

（4）在【计算机名】中输入主机名，在【工作组】中输入该计算机所属的组。单击【确定】按钮，如图 9-17 所示。

完成以上实验步骤后，填写实训记录与分析，参见 9.6.4 节的相关内容。

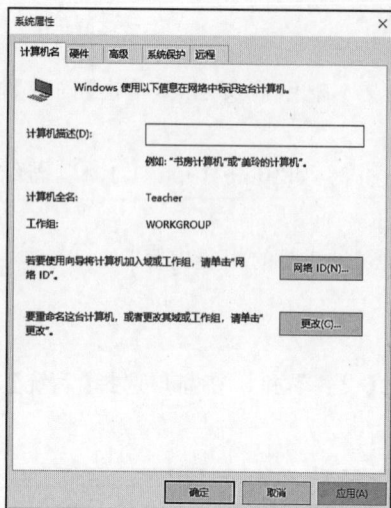

图 9-16 【系统属性】对话框

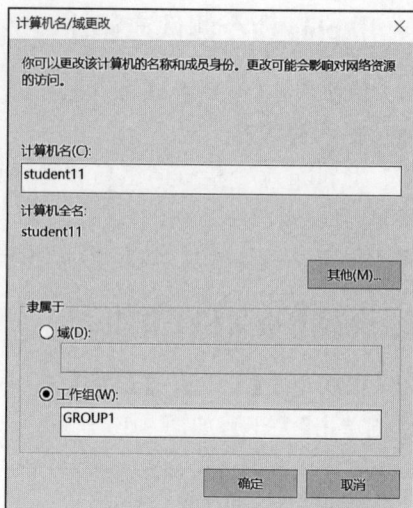

图 9-17 更改计算机名和工作组名

9.4.5 设置共享资源

（1）右击【开始】→【文件资源管理器】，打开【文件资源管理器】窗口，在左侧单击【此电脑】，浏览磁盘，右击共享的文件夹，选择【属性】命令，在弹出的【download 属性】对话框中切换到【共享】选项卡，如图 9-18 所示。

（2）单击【共享】按钮，弹出【网络访问】对话框。

（3）选择要与其共享的用户。例如在【添加】按钮左侧的下拉列表中选择 Everyone（意为登录到网络的所有用户），单击【添加】按钮，如图 9-19 所示。

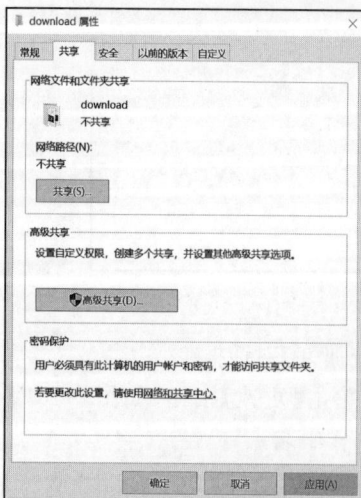

图 9-18 文件夹的属性

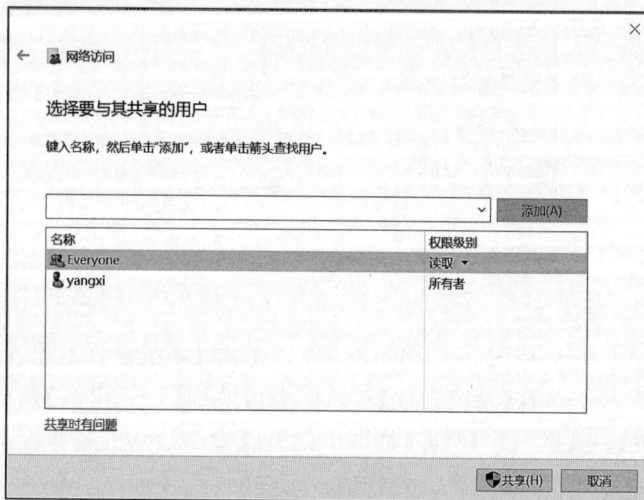

图 9-19 设置共享

（4）设置共享权限：在图 9-19 中单击 Everyone，在【权限级别】列下可选择共享权限。

（5）取消共享：右击共享对象，选择【属性】命令，单击【高级共享】，取消选中【共享此文件夹】复选框即可。

完成以上实验步骤后,填写实训记录与分析,参见 9.6.5 节的相关内容。

9.4.6　使用共享资源

用户可以在本局域网的其他设备上通过以下方法访问上面设置的共享资源。

方法 1:依次单击【开始】→【运行】命令,在【打开】组合框中输入"\\目的 IP 地址或计算机名",单击【确定】按钮即可访问共享文件夹。

方法 2:打开浏览器,在地址栏中输入"\\目的 IP 地址或计算机名"即可访问共享文件夹。

完成以上实验步骤后,请填写实训记录与分析,参见 9.6.5 节的相关内容。

9.5　思考题

(1) 什么是对等网?对等网的优缺点是什么?

(2) 什么是直连线?什么是交叉线?两者的区别是什么?

(3) 在组建局域网的过程中,用户应使用直连线还是交叉线来连接计算机和交换机?

(4) 用户可以通过什么方法访问局域网的共享资源?

(5) 某单位内部网络号为 192.168.21.0/22。现有一台新设备加入该网络,请给该设备配置 IP 地址和子网掩码。

9.6　实训记录与分析

9.6.1　安装硬件

制作双绞线,并将双绞线连通性的测试结果填写到表 9-3 中。

表 9-3　双绞线的测试结果

线　对	指　示　灯	结　果　分　析
1	□亮　□灭	
2	□亮　□灭	
3	□亮　□灭	
4	□亮　□灭	
5	□亮　□灭	
6	□亮　□灭	
7	□亮　□灭	
8	□亮　□灭	

9.6.2　软件设置

(1) 检查本计算机的网络组件,并将结果填写到表 9-4 中。

表 9-4　本机配置的网络组件

组 件 名 称	设置情况(√或×)
Microsoft 网络客户端	
Microsoft 网络的文件与打印机共享	
Internet 协议版本 4(TCP/IPv4)	

（2）配置计算机的 IP 地址,将本计算机配置的 TCP/IP 属性填入表 9-5。

表 9-5　TCP/IP 属性

IP 地址	子网掩码	默认网关	DNS 服务器地址

9.6.3　用 ping 命令测试连通性

验证局域网的连通性,将验证命令和结果填入表 9-6。

表 9-6　验证局域网的连通性

验证方法(ping)	响应结果截图	结 果 分 析

9.6.4　设置主机名和工作组

给计算机命名,并加入本实验的工作组(默认 network),将主机名和工作组名记录在表 9-7 中。

表 9-7　主机名与工作组

主 机 名	工 作 组 名

9.6.5　设置并访问共享资源

（1）配置好共享资源,并将设置结果填入表 9-8。

表 9-8　共享资源设置结果

设 置 内 容	设 置 值
共享文件夹名称	
用户及权限	

（2）在本局域网的其他设备上访问以上共享资源,并将访问结果填入表 9-9。

表 9-9　访问共享资源

访 问 方 法	操 作 过 程	结 果 截 图
利用【开始】菜单中的命令		
使用浏览器		

第 10 章　TCP/IP 配置及命令

10.1　知识准备

网际协议(Internet Protocol,IP)是 TCP/IP 体系中两个最主要的协议之一,也是最重要的互联网标准协议之一。与 IP 配套使用的还有 3 个协议,即地址解析协议(Address Resolution Protocol,ARP)、网际控制报文协议(Internet Control Message Protocol,ICMP)和网际组管理协议(Internet Group Management Protocol,IGMP)。

10.1.1　IP

IP 位于 TCP/IP 模型的网际层(相当于 OSI 模型的网络层),其主要作用是向上层提供简单灵活的、无连接的、尽最大努力交付的数据报服务。目前,IP 有两个版本,分别是 IP 的第 4 个版本(记为 IPv4)和 IP 的第 6 个版本(记为 IPv6)。在讲述 IP 的各种原理时,常省略 IP 后面的版本号。

IP 规定了全网通用的地址格式,即 IP 地址。互联网上的 IP 地址统一由互联网名称与数字地址分配机构(Internet Corporation for Assigned Names and Numbers,ICANN)分配管理,从而保证一个 IP 地址对应一台主机。在网络互联环境中,网络中的主机和路由器一律采用 IP 编址方案,从而屏蔽了不同网络物理地址的差异,使得网络寻址变得简单高效。

利用 IP 可以使性能各异的网络在网络层上看起来好像是一个统一的网络,从而在不同的网络间实现数据交换。IP 采用报文分组交换中的数据报交换方式,每个 IP 分组独立地进行路由选择。IP 不保证 IP 分组一定送达,也不负责处理传输中的错误,发现错误的分组就丢弃,分组的重新组装和差错处理都由运输层来完成。因此,IP 是一种不可靠、无连接的,尽最大努力交付数据报的传送服务协议。

1. IPv4

在 IPv4 的编址方案中,IP 地址是一个 32 位的二进制代码。为了便于人们书写和记忆,IP 地址采用点分十进制记法,即每隔 8 位插入一个空格,每段数字常用其等效的十进制数字表示,并在每段数字之间加上一个小数点。于是,每个 IP 地址可以用 4 段十进制数字来表示,可写成 x.x.x.x 的格式,每个 x 为十进制数(对应到 8 位二进制数字),每个 x 的取值为 0~255。

IP 地址采用两级结构,由网络号(net ID)与主机号(host ID)两部分组成。网络号用于标识主机(或路由器)所属的网络,主机号用于标识该主机(或路由器)在网络中的编号。

在互联网发展早期采用的是分类的 IP 地址,定义了 5 种 IP 地址类型,以适合不同容量的网络,其中 A 类、B 类和 C 类地址都是单播地址(一对一通信),D 类地址是多播地址(一对多通信),E 类地址是保留地址。各类地址的分类方法如图 10-1 所示。

在 20 世纪 90 年代,当发现 IP 地址在不久后将会枯竭时,又提出了无分类编址方法,也就是现在普遍采用的无分类域间路由选择（Classless Inter-Domain Routing,CIDR）。在CIDR 中网络号改为网络前缀,剩余部分仍记为主机号,其中网络前缀的位数不固定。

　　IPv4 中还有一些特殊地址和专用地址。表 10-1 给出了一般不指派的特殊 IP 地址,这些地址只能在特定的情况下使用。IP 地址还可分为专用地址和全球地址,其中专用地址是指仅在机构内部使用的 IP 地址,不需要向互联网的管理机构申请(见表 10-2)。

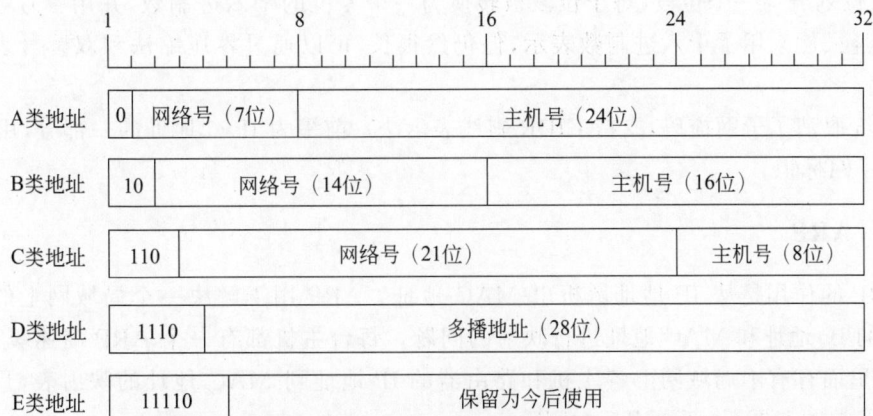

图 10-1　IPv4 地址的分类

表 10-1　一般不指派的特殊 IP 地址

网络号	主 机 号	源地址使用	目的地址使用	说　明
127	非全 0 和全 1 的任意数	可以	可以	用于本地软件环回测试
Y	全 1	不可	可以	广播地址,对网络号为 Y 的网络上的所有主机进行广播(路由器可转发)
全 1	全 1	不可	可以	受限广播地址,只在本网络上进行广播(各路由器均不转发)
0	X	可以	不可	在本网络上主机号为 X 的主机
0	0	可以	不可	在本网络上的本主机(用于 DHCP 尚未获得 IP 地址的主机)

表 10-2　专用地址分布范围

网络地址块	地 址 范 围
10.0.0.0/8	10.0.0.0～10.255.255.255
172.16.0.0/12	172.16.0.0～172.31.255.255
192.168.0.0/16	192.168.0.0～192.168.255.255

2. IPv6

解决 IPv4 地址耗尽的根本措施就是采用具有更大地址空间的新版本的 IP,即 IPv6。

2017 年 7 月发布了 IPv6 的正式标准［RFC 8200，STD86］，IPv6 仍支持无连接的传送。与 IPv4 相比，IPv6 的主要特征有：更大的地址空间、扩展的地址层次结构、灵活的首部格式、改进的选项、允许协议继续扩充、支持即插即用、支持资源的预分配和 IPv6 首部改为 8 字节对齐。

IPv6 地址为 128 位。为了使地址简洁和便于使用，IPv6 使用了冒号十六进制记法。它按每 16 位划分为一个位段，每个位段被转换为一个 4 位的十六进制数，并用冒号"："隔开。IPv6 地址虽然采用了十六进制数表示，但仍然很长，可以通过零压缩法和双冒号表示法进行简化。

IPv6 取消了子网掩码，支持 CIDR 斜线表示法。前缀为 IPv6 地址的一部分，用作 IPv6 路由或子网标识。

10.1.2　ARP

ARP 的作用是从 IP 地址解析出 MAC 地址。ARP 用于解决一个局域网上的主机或路由器的 IP 地址和 MAC 地址进行映射的问题。每台主机都有一个 ARP 高速缓存（ARP cache），里面存有本局域网上各主机和路由器的 IP 地址到 MAC 地址的映射表，且这个映射表还经常动态更新（新增或超时删除）。

当主机 A 要给局域网中的另一台主机 B 发送 IP 数据报时，就先在其 ARP 高速缓存中查看是否有主机 B 的 IP 地址。如果主机 A 的 ARP 高速缓存中有主机 B 的 IP 地址，即在 ARP 高速缓存中查找其对应的 MAC 地址。如果主机 A 的 ARP 高速缓存中没有主机 B 的 IP 地址，则主机 A 自动运行 ARP，然后按照以下步骤解析出主机 B 的 MAC 地址。

（1）主机 A 将 ARP 请求分组广播到本地网络上的所有主机。ARP 的请求分组中包括源主机 A 的 IP 地址和 MAC 地址以及主机 B 的 IP 地址。

（2）本地网络上的每台主机都收到 ARP 请求分组，并且检查自身的 IP 地址与需要查询的主机 B 的 IP 地址是否一致。

（3）主机 B 确定 ARP 请求中的 IP 地址与自己的 IP 地址一致后，收下该 ARP 请求分组，更新自身的 ARP 高速缓存，并向主机 A 发送 ARP 响应分组。该响应分组包含主机 B 的 MAC 地址。

（4）主机 A 收到主机 B 的 ARP 响应分组后，就在其 ARP 高速缓存中写入主机 B 的 IP 地址到 MAC 地址的映射。

10.1.3　ICMP

为了更有效地转发 IP 数据报和提高交付成功的机会，在网络层使用了 ICMP。ICMP 是互联网的标准协议，是网络层的协议。该协议的作用是允许主机或路由器报告差错情况和提供有关异常情况的报告，主要用在路由器上。

ICMP 差错报告采用路由器-源主机的模式，路由器在发现数据报传输出现错误时只向源主机报告差错原因，ICMP 并不能保证所有的 IP 数据报都能够传输到目的主机。ICMP 不能纠正差错，它只是报告差错，差错处理需要由高层协议完成。ICMP 报文有两种，分别是 ICMP 差错报告报文和 ICMP 询问报文。表 10-3 给出了几种常用的 ICMP 报文类型。

表 10-3　常用的 ICMP 报文类型

ICMP 报文种类	类 型 的 值	ICMP 报文的类型
差错报告报文	3	终点不可达
	11	时间超过
	12	参数问题
	5	改变路由（Redirect）
询问报文	8 或 0	回送（Echo）请求或回答
	13 或 14	时间戳（Timestamp）请求或回答

ICMP 常见的典型应用有分组网间探测 ping 和用于跟踪分组路径的 tracert（将在 10.1.5 节讲解）。

10.1.4　TCP/IP 属性

TCP/IP 已经嵌入各种操作系统中，一台计算机在安装了网卡和操作系统后，TCP/IP 已默认安装好。要使计算机能够使用 TCP/IP 进行通信，必须配置 TCP/IP 属性。TCP/IP 属性配置的主要内容见表 10-4。

表 10-4　TCP/IP 属性

配 置 内 容		描　　　述
TCP/IPv4	IPv4 地址	输入该计算机的 IPv4 地址，用于在网络上标识该主机
	子网掩码	通过子网掩码和 IP 地址进行按位 AND 运算可以得到 IP 地址对应的网络地址
	默认网关	用于在不同网络的主机之间通信时进行分组转发，通常是与该主机相连的路由器的某个端口的 IP 地址
	DNS 服务器	输入域名服务器的 IP 地址，提供将主机名到 IP 地址的转换服务
TCP/IPv6	IPv6 地址	输入该计算机的 IPv6 地址，用于在网络上标识该主机
	子网前缀长度	表示 IPv6 地址中网络前缀的位数
	默认网关	用于在不同网络的主机之间通信时进行分组转发，通常是与该主机相连的路由器的某个端口的 IP 地址
	DNS 服务器	输入域名服务器的 IP 地址，提供将主机名到 IP 地址的转换服务

10.1.5　常用命令

TCP/IP 提供了一组实用程序，用于帮助用户进行网络测试和诊断。常用命令包括以下 4 种。

1. ping

ping 命令是 ICMP 的一个重要应用，是用于排查连通性、可访问性和名称解析问题的主要 TCP/IP 命令。ping 命令使用了 ICMP 回送请求与回送回答报文。根据返回的信息，用户可以推断 TCP/IP 参数设置是否正确以及运行是否正常。按照默认设置，Windows 上

运行的 ping 命令发送 4 个 ICMP 回送请求,每个有 32 字节数据,如果一切正常,应能得到 4
个回送应答。

ping 命令如果没有任何参数,则会显示该命令的帮助内容。ping 命令可以添加可选的
参数,用法与选项参数见图 10-2 所示。ping 命令的常用方式是在命令后直接添加 IP 地址
或主机名称(不带任何参数),用来测试与该 IP 地址或主机名称的连通性。

```
用法: ping [-t] [-a] [-n count] [-l size] [-f] [-i TTL] [-v TOS]
          [-r count] [-s count] [[-j host-list] | [-k host-list]]
          [-w timeout] [-R] [-S srcaddr] [-c compartment] [-p]
          [-4] [-6] target_name

选项:
    -t                Ping 指定的主机,直到停止。
                      若要查看统计信息并继续操作,请键入 Ctrl+Break;
                      若要停止,请键入 Ctrl+C。
    -a                将地址解析为主机名。
    -n count          要发送的回显请求数。
    -l size           发送缓冲区大小。
    -f                在数据包中设置"不分段"标记(仅适用于 IPv4)。
    -i TTL            生存时间。
    -v TOS            服务类型(仅适用于 IPv4。该设置已被弃用,
                      对 IP 标头中的服务类型字段没有任何
                      影响)。
    -r count          记录计数跃点的路由(仅适用于 IPv4)。
    -s count          计数跃点的时间戳(仅适用于 IPv4)。
    -j host-list      与主机列表一起使用的松散源路由(仅适用于 IPv4)。
    -k host-list      与主机列表一起使用的严格源路由(仅适用于 IPv4)。
    -w timeout        等待每次回复的超时时间(毫秒)。
    -R                同样使用路由标头测试反向路由(仅适用于 IPv6)。
                      根据 RFC 5095,已弃用此路由标头。
                      如果使用此标头,某些系统可能丢弃
                      回显请求。
    -S srcaddr        要使用的源地址。
    -c compartment    路由隔离舱标识符。
    -p                Ping Hyper-V 网络虚拟化提供程序地址。
    -4                强制使用 IPv4。
    -6                强制使用 IPv6。
```

图 10-2   ping 命令的用法与选项参数

用户可根据 ping 命令返回的信息来判断网络故障的原因。常见的 ping 命令返回信息
如下:

1) Reply from 10.4.24.1 bytes=32 time<1ms TTL=128

或来自 10.4.24.1 的回复:字节=32 时间<1ms TTL=128

当用户收到如图 10-3 所示的返回信息,表示两台主机能够正常通信。默认返回 4 条信
息说明源主机通过 ping 命令发送 4 个 32 字节(32 字节是 Windows 默认发送的数据包大
小)的数据包来测试能否连接到目的主机。源主机收到的 4 行"Reply from"是目的主机收
到源主机的 ping 命令报文后给源主机返回的信息。

```
正在 Ping 10.4.24.1 具有 32 字节的数据:
来自 10.4.24.1 的回复: 字节=32 时间<1ms TTL=128
来自 10.4.24.1 的回复: 字节=32 时间<1ms TTL=128
来自 10.4.24.1 的回复: 字节=32 时间<1ms TTL=128
来自 10.4.24.1 的回复: 字节=32 时间<1ms TTL=128

10.4.24.1 的 Ping 统计信息:
    数据包: 已发送 = 4, 已接收 = 4, 丢失 = 0(0% 丢失),
往返行程的估计时间(以毫秒为单位):
    最短 = 0ms, 最长 = 0ms, 平均 = 0ms
```

图 10-3   ping 成功返回结果

其中,bytes=32 说明每个数据包有 32 字节,time 表示往返时间,TTL(Time to

Live)是生存时间,该数据包每经过一个路由器,TTL 值会减 1。若 TTL 等于 2 的 N 次幂 (64 或 128 或 256),则说明两台主机属于同一个网络,两台主机之间没有路由器;若 TTL 不等于 2 的 N 次幂,说明两台主机之间经过了路由器,经过路由器的数量计算方式:比 TTL 值大的 2 的 N 次幂减去 TTL 值。

最后显示的是统计信息:发送到哪台主机(IP 地址),发送的、收到的和丢失的分组数以及往返时间的最小值、最大值和平均值。

2) Request timed out——超时

以下原因均可能导致出现此信息。

- 目标主机已关机或者网络上根本没有这个地址。
- 目标主机确实存在,但目标主机与自己不在同一网段内,通过路由也无法找到对方。
- 目标主机确实存在,但设置了 ICMP 数据包过滤(如防火墙设置)。

3) Destination host Unreachable——目标主机无法到达

以下原因均可导致出现此信息。

- 目标主机与源主机不在同一网段内,而源主机又未设置默认路由。
- 网线出了故障。

4) Unknown host——不知名主机

此类出错信息的意思是,该远程主机的名字不能被域名服务器(Domain Name System,DNS)转换成 IP 地址。故障原因可能是 DNS 解析问题或主机名错误。

2. ipconfig

ipconfig 命令可用于显示所有当前的 TCP/IP 网络配置值,并刷新动态主机配置协议 (Dynamic Host Configuration Protocol,DHCP)和 DNS 服务器设置。如果计算机和所在的局域网使用了 DHCP,该命令所显示的信息就更加实用。用户通过此命令能够确定 DHCP、自动专用 IP 寻址(APIPA)或备用配置,让用户了解本计算机是否成功地租用到一个 IP 地址以及相关信息。

ipconfig 命令在没有参数的情况下使用时,会显示每个网络接口对应的 TCP/IP 属性,包括 IPv4 和 IPv6 地址、子网掩码以及所有适配器的默认网关。ipconfig 命令的参数如图 10-4 所示,常用参数主要为/all。当使用 all 选项时,ipconfig 命令能显示完整的配置信息,包括 DNS 和 WINS 服务器是否已经配置以及它们的 IP 地址信息,并且显示内置于本地网卡中的物理地址(MAC 地址)等。如果 IP 地址是从 DHCP 服务器租用的,ipconfig 将显示 DHCP 服务器的 IP 地址和租用地址预计失效的时间。

3. arp

arp 命令用来显示和修改 ARP 高速缓存中的条目。arp 命令的参数如图 10-5 所示。

在 arp 命令使用过程中,inet_addr 和 if_addr 的 IP 地址以点分十进制表示法表示,eth_addr 的物理地址由 6 个十六进制数并用连字符分隔的字节组成(例如,00-AA-00-4F-2A-9C)。用户可以通过 arp 命令的 /s 参数,用人工方式输入网卡 MAC/IP 地址对,该记录为静态 ARP 表项,在 ARP 缓存中永远不会超时。用户可以通过使用这种方式为默认网关和本地服务器等常用主机添加静态 ARP 表项,有助于减少网络上的信息量。

4. tracert

tracert 命令用于跟踪通往远程主机的路径。当数据报从源主机经过多个路由器传送

```
用法:
    ipconfig [/allcompartments] [/? | /all |
                                 /renew [adapter] | /release [adapter] |
                                 /renew6 [adapter] | /release6 [adapter] |
                                 /flushdns | /displaydns | /registerdns |
                                 /showclassid adapter |
                                 /setclassid adapter [classid] |
                                 /showclassid6 adapter |
                                 /setclassid6 adapter [classid] ]

其中
    adapter              连接名称
                         (允许使用通配符 * 和 ?，参见示例)

    选项:
       /?                显示此帮助消息
       /all              显示完整配置信息。
       /release          释放指定适配器的 IPv4 地址。
       /release6         释放指定适配器的 IPv6 地址。
       /renew            更新指定适配器的 IPv4 地址。
       /renew6           更新指定适配器的 IPv6 地址。
       /flushdns         清除 DNS 解析程序缓存。
       /registerdns      刷新所有 DHCP 租用并重新注册 DNS 名称
       /displaydns       显示 DNS 解析程序缓存的内容。
       /showclassid      显示适配器允许的所有 DHCP 类 ID。
       /setclassid       修改 DHCP 类 ID。
       /showclassid6     显示适配器允许的所有 IPv6 DHCP 类 ID。
       /setclassid6      修改 IPv6 DHCP 类 ID。
```

图 10-4　ipconfig 命令的参数

```
显示和修改地址解析协议(ARP)使用的"IP 到物理"地址转换表。

ARP -s inet_addr eth_addr [if_addr]
ARP -d inet_addr [if_addr]
ARP -a [inet_addr] [-N if_addr] [-v]

    -a              通过询问当前协议数据，显示当前 ARP 项。
                    如果指定 inet_addr，则只显示指定计算机
                    的 IP 地址和物理地址。如果不止一个网络
                    接口使用 ARP，则显示每个 ARP 表的项。
    -g              与 -a 相同。
    -v              在详细模式下显示当前 ARP 项。所有无效项
                    和环回接口上的项都将显示。
    inet_addr       指定 Internet 地址。
    -N if_addr      显示 if_addr 指定的网络接口的 ARP 项。
    -d              删除 inet_addr 指定的主机。inet_addr 可
                    以是通配符 *，以删除所有主机。
    -s              添加主机并且将 Internet 地址 inet_addr
                    与物理地址 eth_addr 相关联。物理地址是用
                    连字符分隔的 6 个十六进制字节。该项是永久的。
    eth_addr        指定物理地址。
    if_addr         如果存在，此项指定地址转换表应修改的接口
                    的 Internet 地址。如果不存在，则使用第一
                    个适用的接口。
```

图 10-5　arp 命令的参数

到目标主机时，tracert 命令可以用来跟踪该数据报经过的路由。该命令通过向目标主机发送
ICMPv4 或 ICMPv6 消息，并以递增的 TTL(生存时间)字段值来确定到达目标主机的路径。

tracert 命令的参数如图 10-6 所示。

```
用法: tracert [-d] [-h maximum_hops] [-j host-list] [-w timeout]
              [-R] [-S srcaddr] [-4] [-6] target_name

选项:
    -d                 不将地址解析成主机名。
    -h maximum_hops    搜索目标的最大跃点数。
    -j host-list       与主机列表一起的松散源路由(仅适用于 IPv4)。
    -w timeout         等待每个回复的超时时间(以毫秒为单位)。
    -R                 跟踪往返行程路径(仅适用于 IPv6)。
    -S srcaddr         要使用的源地址(仅适用于 IPv6)。
    -4                 强制使用 IPv4。
    -6                 强制使用 IPv6。
```

图 10-6　tracert 命令的参数

10.2　实验目的

（1）理解 IP、ARP 和 ICMP。

（2）掌握 TCP/IP 属性的设置,理解各参数的含义。

（3）掌握 TCP/IP 常用命令的使用。

（4）能够结合工程应用场景,使用命令查看 TCP/IP 属性的配置、测试和验证网络的连通性。

10.3　实验环境

10.3.1　模拟场景

某公司新成立了一个部门,该部门组建了局域网,网络工程师需要测试局域网成员之间能否正常通信,能否与默认网关通信,能否与远程计算机通信。网络工程师需要查看计算机 TCP/IP 属性的配置,使用命令检测网络是否连通,以便排除网络故障。

10.3.2　实验条件

已安装 Windows 操作系统(对操作系统无限定要求)的计算机 4 台,交换机 1 台,按照图 9-3 所示接线。每台计算机有该计算机编号标识 XY。X 为组号,组号取值为 A～H,Y 为 PC 编号,Y 的取值为 1～4。

10.4　实验步骤

10.4.1　动态 IP 释放和获取

如果网络机房环境已配置 DHCP 服务器,且所有计算机均为 DHCP 客户,即 TCP/IP 属性配置中设置为自动获得 IP 地址和自动获得 DNS 服务器,则可以进行动态 IP 释放和获取实验。如果网络机房环境为静态 IP 地址,则可直接运行 ipconfig/all 命令,查看计算机的当前 TCP/IP 配置信息,直接跳至 10.4.3 节。

1. 确定计算机动态获取 IP

选择【控制面板】后单击【网络和 Internet】,再选择【网络和共享中心】,单击【更改适配器设置】,然后选择计算机所使用的网络适配器(如图 10-7 所示),如本实验中使用的是本地连接 2。在选定网络适配器后右击,在弹出的菜单中选择【属性】命令。在【本地连接 2 属性】对话框的【网络】选项卡选中【Internet 协议版本 4(TCP/IPv4)】复选框,单击【属性】按钮,弹出【Internet 协议版本 4(TCP/IPv4)属性】对话框,确认该网络适配器已选择【自动获得 IP 地址】和【自动获得 DNS 服务器地址】单选按钮。

2. 进入命令行窗口

在确认该计算机采用的是自动获得 IP 地址和自动获得 DNS 服务器地址后,打开命令行窗口,以便后续进行命令操作。打开命令行窗口的方式有两种,方法一是在【开始】菜单选

图 10-7　确认计算机采用的是动态获取 IP

择【Windows 系统】下的【命令提示符】命令即可;方法二是按"Windows 键＋R"组合键,在弹出的【运行】对话框中输入 cmd(如图 10-8 所示),单击【确定】按钮即可。

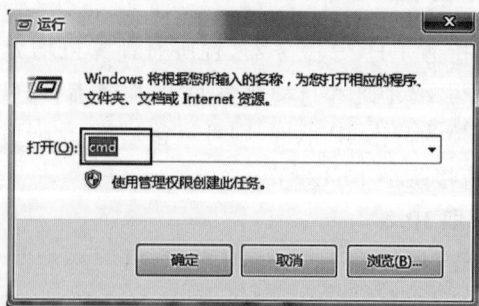

图 10-8　在【运行】对话框输入 cmd 进入命令行窗口

3. 运行 ipconfig/all 命令

在命令行窗口输入 ipconfig /all 命令(如图 10-9 所示),/all 参数用于显示 TCP/IP 的完整配置信息。由于计算机可能有多个网络适配器,此处只关注当前使用的网络适配器,如本实验中为以太网适配器本地连接 2。通过图 10-10,可以观察到该计算机已通过 DHCP 服务器自动获得 IP 地址和 DNS 服务器地址等信息,以及对应的获得租约的时间和租约过期的时间。

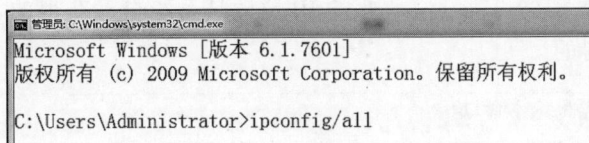

图 10-9　运行 ipconfig/all 命令

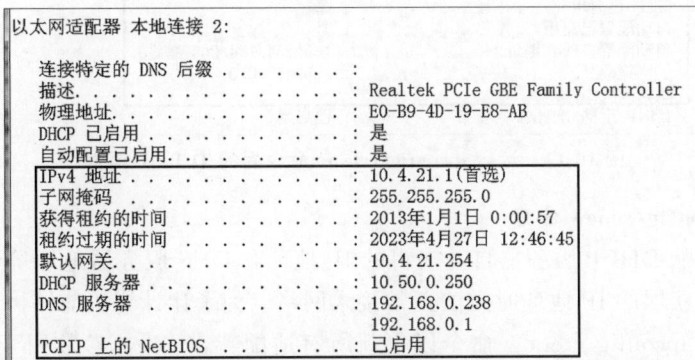

图 10-10　TCP/IP 详细配置信息

4. 运行 ipconfig/release 命令

在命令行窗口输入 ipconfig/release 命令（如图 10-11 所示），/release 参数用于释放适配器的 IPv4 地址。此处只关注当前使用的网络适配器，如本实验中的以太网适配器"本地连接 2"。通过执行 ipconfig/release 命令，可以观察到该计算机的以太网适配器"本地连接 2"原来自动获得的 IP 地址和 DNS 服务器等信息已释放。

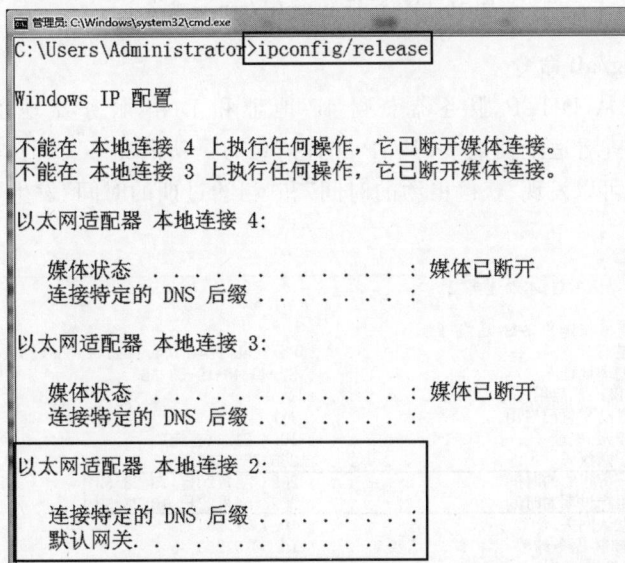

图 10-11　运行 ipconfig /release 命令

5. 运行 ipconfig/all 命令，查看释放效果

在命令行窗口再次输入 ipconfig/all 命令，查看网络连接信息是否已释放，如图 10-12 所示。以太网适配器"本地连接 2"的 TCP/IP 属性信息已经发生变化，如本例中 IP 地址变

111

化为 169.254.184.209。169.254.*.*,此类 IP 地址是系统自动获得的,而不是网络适配器从 DHCP 服务器获得的。

```
以太网适配器 本地连接 2:

    连接特定的 DNS 后缀 . . . . . . . :
    描述. . . . . . . . . . . . . . . : Realtek PCIe GBE Family Controller
    物理地址. . . . . . . . . . . . . : E0-B9-4D-19-E8-AB
    DHCP 已启用 . . . . . . . . . . . : 是
    自动配置已启用. . . . . . . . . . : 是
    自动配置 IPv4 地址 . . . . . . . . : 169.254.184.209(首选)
    子网掩码. . . . . . . . . . . . . : 255.255.0.0
    默认网关. . . . . . . . . . . . . :
    TCPIP 上的 NetBIOS . . . . . . . : 已启用
```

图 10-12 运行 ipconfig/release 命令后的 TCP/IP 属性

6. 运行 ipconfig/renew 命令

释放完原来从 DHCP 服务器自动获得的 IP 地址和 DNS 服务器地址等信息后,计算机使用以系统自动获取的 IP 地址时无法正常接入网络。为了让计算机能够再次接入网络,在命令行窗口输入 ipconfig /renew 命令以更新所有适配器,/renew 参数用于更新适配器的 IPv4 地址。运行该命令后,计算机的适配器又重新从 DHCP 服务器获得 IP 地址和 DNS 服务器地址等信息(如图 10-13 所示)。

```
以太网适配器 本地连接 2:

    连接特定的 DNS 后缀 . . . . . . . :
    IPv4 地址 . . . . . . . . . . . . : 10.4.21.1
    子网掩码 . . . . . . . . . . . . . : 255.255.255.0
    默认网关 . . . . . . . . . . . . . : 10.4.21.254
```

图 10-13 运行 ipconfig/renew 命令

7. 运行 ipconfig/all 命令

在计算机再次从 DHCP 服务器获得 IP 地址和 DNS 服务器地址等信息后,运行 ipconfig/all 命令以查看适配器的 TCP/IP 配置信息的更新情况。与释放前获得的 TCP/IP 配置信息进行对比,可以发现"获得租约的时间"和"租约过期的时间"发生了变化(如图 10-14 所示)。

```
以太网适配器 本地连接 2:

    连接特定的 DNS 后缀 . . . . . . . :
    描述. . . . . . . . . . . . . . . : Realtek PCIe GBE Family Controller
    物理地址. . . . . . . . . . . . . : E0-B9-4D-19-E8-AB
    DHCP 已启用 . . . . . . . . . . . : 是
    自动配置已启用. . . . . . . . . . : 是
    IPv4 地址 . . . . . . . . . . . . : 10.4.21.1(首选)
    子网掩码. . . . . . . . . . . . . : 255.255.255.0
    获得租约的时间 . . . . . . . . . . : 2023年4月26日 13:23:32
    租约过期的时间 . . . . . . . . . . : 2023年4月27日 13:23:32
    默认网关. . . . . . . . . . . . . : 10.4.21.254
    DHCP 服务器 . . . . . . . . . . . : 10.50.0.250
    DNS 服务器 . . . . . . . . . . . . : 192.168.0.238
                                        192.168.0.1
    TCPIP 上的 NetBIOS . . . . . . . : 已启用
```

图 10-14 更新后运行 ipconfig/all 命令

完成以上实验步骤后,填写实训记录与分析,参见 10.6.1 节的相关内容。

10.4.2　静态 IP 配置

1. 配置 IP 地址

按照 10.4.1 节的操作再次进入【Internet 协议版本 4（TCP/IPv4）属性】对话框，为每台计算机输入 IP 地址、子网掩码、默认网关等信息。配置完毕后单击【确定】按钮，用于确认该配置信息能够生效。

本实验为每台计算机配置的参数如表 10-5 所示。

表 10-5　计算机静态 IP 配置信息

IP 地址	10.4.21. 1XY，其中 XY 的 X 为组号，Y 为 PC 编号。 如第 A 组的第一台 PC 的编号标识为 A1，对应的 IP 地址为 10.4.21. 111
子网掩码	255.255.255.0
默认网关	10.4.21.254
DNS 服务器	首选 DNS 服务器地址为 192.168.0.238 备用 DNS 服务器地址为 114.114.114.114

在充当服务器的计算机中，一个网络适配器常常需要配置多个 IP 地址。如要在一块网卡上添加多个 IP 地址，可以在图 10-15 所示的对话框中单击【高级】按钮，然后添加 IP 地址。

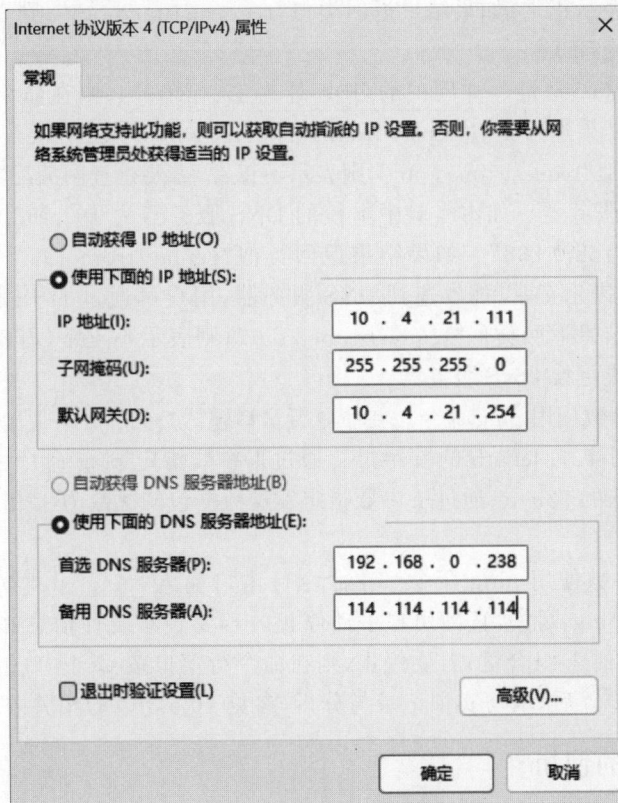

图 10-15　静态 IP 配置

2. 用命令查看配置

配置完毕后,在命令行窗口运行 ipconfig/all 命令查看配置是否成功。

完成以上实验步骤后,填写实训记录与分析,参见 10.6.2 节的相关内容。

10.4.3 测试连通性

ping 命令可用来检验网络运行情况,如果 ping 命令使用正确,基本可以判断网络的连通性和配置参数是否有问题。如果 ping 命令返回信息显示网络出现运行故障,可以根据返回信息得知到何处查找问题,有助于排除网络故障。一般而言,运用 ping 命令排除故障的典型次序如下。

(1) 确认 TCP/IP 正确。在命令行窗口输入"ping 127.0.0.1",利用环回测试地址确认 TCP/IP 是否正确。如果结果返回类似"replay from 127.0.0.1   byte=32 time<1ms…",则表示正常;如果结果返回类似"request timed out",则表示不正常,需要重安装 TCP/IP。

(2) ping 本机的 IP 地址。如本机的 IP 地址为 10.4.21.111,则在命令行窗口输入"ping 10.4.21.111"。如果结果返回类似"replay from 10.4.111.1   byte=32 time<3ms…",则表示正常;如果结果返回类似"request timed out",则表示不正常,需要检查 TCP/IP 信息、网卡或操作系统。

(3) ping 邻居(本组的其他主机)。如本组其他主机的 IP 地址为 10.4.21.112,则在命令行窗口输入"ping 10.4.21.112"。如果结果返回类似"replay from 10.4.21.112 byte=32 time<3ms …",则表示正常;如果结果返回类似"request timed out",则表示不正常,需要检查子网掩码或网络物理线路。

(4) ping 网关的 IP 地址。如网关的 IP 地址为 10.4.21.254,则在命令行窗口输入"ping 10.4.21.254"。如果结果返回类似"replay from 10.4.21.254 byte=32 time<3ms …",则表示正常;如果结果返回类似"request timed out",则表示不正常,需要检查网关配置或网络物理线路。

(5) ping DNS 服务器。如本实验中本校的 DNS 服务器为 192.168.0.238,则在命令行窗口输入"ping 192.168.0.238"。如果结果返回类似"replay from 192.168.0.238 byte=32 time<32ms …",则表示正常,能够连到 DNS 服务器,用户可通过 DNS 服务器完成域名解析,正常上网;如果结果返回类似"request timed out",则表示不正常,需要检查当前 DNS 服务器是否正常运行或更换 DNS 服务器。

(6) 配合-n -l 参数使用 ping 命令。在命令行窗口输入"ping -n 9 -l 1000 10.4.21.254",注意-l 此处为英文字母 l,为 length 的首字母。通过-l 参数指定 ping 命令中的数据包长度为 1000byte,而不是默认的 32byte;通过-n 参数指定发送数据包的次数为 9,相应发送回显的数量为 9。

(7) 配合-t -l 参数使用 ping 命令。在命令行窗口输入"ping -t -l 4000 10.4.21.254"。该命令通过-t 参数 ping 网关,直到用户手动停止。若要查看统计信息并继续操作,则在命令行窗口按 Ctrl+Break 组合键;若要停止,则在命令行窗口按 Ctrl+C 组合键。

完成以上实验步骤后,填写实训记录与分析,参见 10.6.3 节的相关内容。

10.4.4 arp 命令的使用

1. 用 arp -a 命令查看本机 ARP 高速缓存

用 arp -a 命令查看本机 ARP 高速缓存,查看在上一步实验中 ARP 的运行效果。本机的 ARP 高速缓存应保存了 10.4.3 节使用 ping 测试过连通性的同一局域网内主机的 IP 地址与 MAC 地址映射。如果本组其他主机的 IP 地址为 10.4.21.112,则在 ARP 高速缓存中应有该 IP 地址与 MAC 地址的对应记录。

2. 用 arp -d 删除 10.4.3 节中邻居对应的 arp 记录

如果本组其他主机的 IP 地址为 10.4.21.112,则在命令行窗口输入"arp -d 10.4.21.112"。

3. 用 arp -a 命令查看刚才的记录是否删除成功

在命令行窗口再次输入"arp -a",查看本机 ARP 高速缓存中邻居对应的 ARP 记录是否已删除。

4. 用 ping 命令测试与已删除 arp 记录的主机的连通性

如果本组其他主机的 IP 地址为 10.4.21.112,在命令行窗口再次输入"ping 10.4.21.112",分析在运行 ping 命令过程中本机是否已自动运行 ARP 来获取该邻居 IP 地址与 MAC 地址的映射。

5. 用 arp -a 命令再次查看 ARP 高速缓存

确认是否已经自动解析到原来已删除邻居的 IP 地址与 MAC 地址的映射关系。

完成以上实验步骤后,填写实训记录与分析,参见 10.6.4 节的相关内容。

10.4.5 路由跟踪

1. tracert 主机名、域名或 IP 地址

在命令行窗口输入"tracert news.sohu.com"(如图 10-16 所示),查看到达目的域名地址经过了多少个路由器。

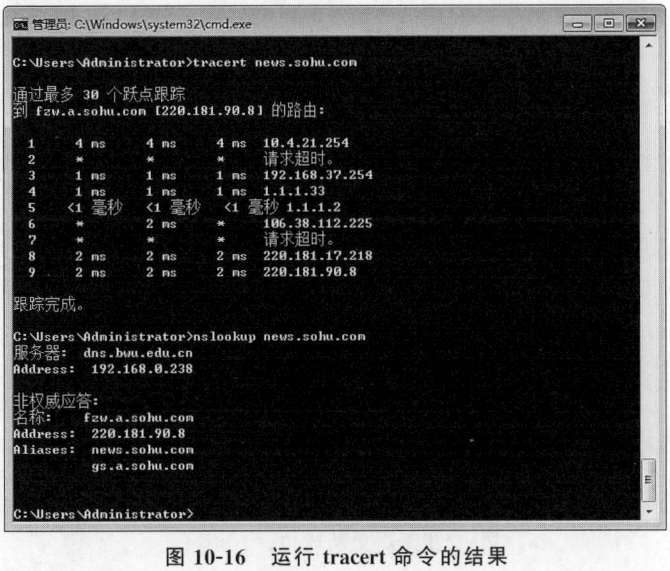

图 10-16 运行 tracert 命令的结果

2. ping news.sohu.com

在命令行窗口输入"ping news.sohu.com",分析 ping 返回结果中的 TTL 值,结合 tracert 命令跟踪路由结果来说明具体经过了多少个路由器。

完成以上实验步骤后,填写实训记录与分析,参见 10.6.5 节的相关内容。

10.5 思考题

(1) 若网络出现故障,不能访问外部网络,应按照怎样的顺序检查网络故障?

(2) 简要阐述 ping 命令、arp 命令、ipconfig 命令和 tracert 命令的作用。

(3) 当主机 A 使用 ping 命令测试与主机 B 的连通性时,返回结果中 TTL＝125,说明主机 A 和主机 B 是否处于同一网络? 如果主机 A 和主机 B 不处于同一网络,则两台主机经过了多少个路由器?

10.6 实训记录与分析

10.6.1 动态 IP 释放和获取

按照 10.4.1 节的实验要求完成动态 IP 释放和获取,结合运行结果对 ipconfig 命令的功能进行分析,完成表 10-6。

表 10-6 动态 IP 释放和获取结果与分析

命　　令	结果截图及说明
(1) ipconfig /all	运行结果截图:
	该命令的功能:
(2) ipconfig /release	运行结果截图:
	该命令的功能:
(3) ipconfig /all	运行结果截图:
	第(2)步的释放是否成功:
(4) ipconfig /renew	运行结果截图:
	该命令的功能:
(5) ipconfig/all	运行结果截图:
	第(4)步是否更新成功:

10.6.2 静态 IP 配置

按照 10.4.2 节的实验要求完成静态 IP 配置,给出配置的静态 IP 地址参数,完成表 10-7。

表 10-7 静态 IP 配置结果与分析

操　作	截图及说明
配置静态 IP 地址 IP 地址：_____ 子网掩码：_____ 默认网关：_____ 首先 DNS 服务器：_____ 备用 DNS 服务器：_____	配置界面截图：
运行 ipconfig/all 验证配置效果	运行结果截图：

10.6.3　测试连通性

　　按照 10.4.3 节的实验步骤，补全命令，并将每一步的运行结果截图，结合运行结果对命令的功能和测试连通性进行分析，完成表 10-8。

表 10-8　使用 ping 命令测试连通性的结果与分析

命　令	结果截图并加以说明
(1) ping 127.0.0.1	运行结果截图：
	与对应 IP 地址的连通性：□连通　　□故障
(2) ping 10.4.21.____ (本机)	运行结果截图：
	与对应 IP 地址的连通性：□连通　　□故障
(3) ping 10.4.21.____ (邻居)	运行结果截图：
	与对应 IP 地址的连通性：□连通　　□故障
(4) ping 10.4.21.254 (网关)	运行结果截图：
	与对应 IP 地址的连通性：□连通　　□故障
(5) ping _____ (DNS 服务器)	运行结果截图：
	与对应 IP 地址的连通性：□连通　　□故障
(6) ping _____ (-n -l 参数使用)	运行结果截图：
	与对应 IP 地址的连通性：□连通　　□故障

续表

命　　令	结果截图并加以说明
(7) ping ＿＿＿＿＿＿＿＿ (-t -l 参数使用)	运行结果截图:
	与对应 IP 地址的连通性: □连通　　　　□故障

10.6.4　arp 命令的使用

　　按照 10.4.4 节的实验步骤,补全命令,并将每一步的运行结果截图,结合运行结果对 arp 命令的功能进行分析,完成表 10-9。

表 10-9　arp 命令的使用实验结果与分析

命　　令	结果截图并加以说明
(1) arp -a	运行结果截图:
	该命令的功能及结果分析:
(2) arp -d ＿＿＿＿＿＿	运行结果截图:
	该命令的功能及结果分析:
(3) arp -a	运行结果截图:
	该命令的功能及结果分析:
(4) ping ＿＿＿＿＿＿	运行结果截图:
	该命令的功能及结果分析:
(5) arp -a	运行结果截图:
	该命令的功能及结果分析:

10.6.5　路由跟踪

　　按照 10.4.5 节的实验步骤,补全命令,并将每一步的运行结果截图,结合运行结果对 tracert 命令的功能进行分析,完成表 10-10。

表 10-10   tracert 命令的使用结果与分析

命　　令	结果截图并加以说明
（1） tracert news.sohu.com	运行结果截图：
	该命令的功能及结果分析：
（2） ping news.sohu.com	运行结果截图：
	news.sohu.com 对应的 IP 地址：
	结合 ping 返回结果中 TTL 值，说明当前主机到 news.sohu.com 经过了多少个路由器

第 11 章　交换机的基本配置

11.1　知识准备

　　局域网交换技术是为了解决共享以太网在站点增加、负载加大的情况下,由于多个站点共享信道而使实际传送速度降低的问题而提出的。随着以太网上站点数目的增多,采用以太网交换机的星形结构成为以太网的首选拓扑。

11.1.1　交换机的工作原理

　　以太网交换机或第二层交换机(L2 switch)(下文简称交换机)工作在数据链路层,除了可以用于组建局域网外,还可以像网桥一样连接多个局域网,实现转发数据帧、隔离冲突、消除回路等功能。有些交换机还提供了更强大的功能,如虚拟局域网(Virtual Local Area Network,VLAN)以及更高的性能和更丰富的管理功能。

　　交换机的每个端口都直接与单台主机或另一个以太网交换机相连,一般都工作在全双工方式。以太网交换机具有并行性,能同时连通多对端口,使多对主机能同时通信。相互通信的主机都独占传输媒体,可以无碰撞地传输数据。每一个端口和连接到端口的主机构成了一个碰撞域。

　　交换机是一种即插即用设备,其内部的帧交换表(又称为地址表)是通过自学习算法自动建立起来的。交换机的自学习和转发帧的过程如下。

　　(1) 交换机从接收的帧中取出源 MAC 地址,在地址表中查找是否有源 MAC 地址。如果地址表中有源 MAC 地址,则更新地址表中的对应地址项;如果没有,则将该 MAC 地址写入地址表中。

　　(2) 交换机从接收的帧中取出目的 MAC 地址,在地址表中查找是否有目的 MAC 地址。如果地址表中有目的 MAC 地址,进一步查看其端口与帧进入的端口是否相同,若相同则丢弃,若不同则根据地址表向指定端口转发数据帧。如果地址表中没有目的 MAC 地址,则向所有其他端口转发。

11.1.2　MAC 地址表

　　交换机是根据 MAC 地址表转发数据帧。交换机通过将接收到的数据帧中的源 MAC 地址及接收端口记录在地址表中来学习 MAC 地址信息。MAC 地址表在交换机刚刚启动时是空白的,当与交换机所连接的计算机通过对应端口进行通信时,交换机即可根据所接收或所发送的数据来自学习,不断更新 MAC 地址表。

　　MAC 地址表一般包含 MAC 地址、所属 VLAN、端口、获取方式和老化时间。

　　1) MAC 地址和所属 VLAN

　　MAC 地址是指与交换机某端口相连的计算机其网络接口所对应的 MAC 地址,为 48

位二进制位。例如,交换机上的端口或该计算机绑定了某一 VLAN 时,则该 MAC 地址表项会标识其所属 VLAN 的信息,如果没有,则使用默认 VLAN 值 1。

2）端口

端口为该 MAC 地址所连接的交换机的端口信息。

3）获取方式

MAC 地址获取方式有多种,最常见的是动态(dynamic)和静态(static)两种。

动态获取方式获得的 MAC 地址称为动态 MAC 地址,是交换机通过自学习获取的。动态 MAC 地址表项是可以老化的,即有老化时间,一旦老化时间计时到期后,交换机会清除该动态 MAC 地址。因为交换机地址表的容量有限,为了最大限度利用地址表的资源,交换机使用老化机制更新地址表,即系统在动态学习地址的同时开启老化计时器,如果在老化时间到期时没有再次收到相同地址的报文,交换机就会把该 MAC 地址从表项中删除。

静态获取方式获得的 MAC 地址称为静态 MAC 地址,静态 MAC 地址由用户手工配置,不会老化。一个端口和静态 MAC 地址绑定后,并不会影响该端口动态 MAC 地址表项的学习。这对于某些相对固定的连接来说,静态获取方式可减少地址学习步骤,从而提高交换机的转发效率。

4）老化时间

老化时间是动态 MAC 地址学习时间,单位是 s。默认老化时间为 300s,可以通过命令修改老化时间。

11.1.3　交换机的主要技术参数

交换机的主要技术参数包括转发技术、延时、管理功能、单/多 MAC 地址类型、外接监视支持、生成树、全双工和高速端口集成。每一个参数都影响到交换机的性能、功能和集成特性。

1. 转发技术

转发技术是指交换机所采用的数据帧转发机制。目前,交换机的转发技术主要分为直通方式、存储转发方式和改进的方式 3 类。

在直通方式中,交换机一旦解读到数据帧中的目的地址,就开始向目的端口发送该数据帧。交换机在收到数据帧的前 6 字节时就可以解读出目的地址,因此该方式的优点是转发速率快、减少延时和提高整体吞吐率。此方式的缺点是缺乏差错检测能力,交换机在没有完全接收并检查数据包的正确性之前就已经开始转发数据。

在存储转发方式中,交换机首先完整地接收数据帧,然后进行差错检测。如果数据帧是正确的,则根据数据帧目的地址确定输出端口号再转发;如果错误,则丢弃。该方式的优点是具有数据帧的差错检测能力,缺点是延迟时间增长。

改进的方式是直通方式和存储转发方式的折中,在高转发速率和高准确性之间折中。在改进的方式中,交换机在接收到数据帧的前 64 字节后,判断数据帧的帧头字段是否正确,如果正确,则转发,如果错误则丢弃。

2. 延时

交换机延时是指从交换机接收到数据帧到开始向目的端口复制数据帧之间的时间间隔。有许多因素会影响延时大小,如转发技术等。

3. 管理功能

交换机的管理功能是指交换机如何控制用户访问交换机,以及用户对交换机的可视程度。通常,交换机厂商都提供管理软件或满足第三方管理软件要求来远程管理交换机。

4. 单/多 MAC 地址类型

单 MAC 交换机的每个端口只有一个 MAC 地址。多 MAC 交换机的每个端口可以捆绑多个 MAC 地址。单 MAC 地址交换机主要用于连接最终用户、网络共享资源或非桥接路由器。多 MAC 地址交换机在每个端口有足够的存储体记忆多个 MAC 地址。多 MAC 地址交换机的每个端口可以看作一个集线器,因而多 MAC 地址交换机可以看作集线器的集线器。

5. 外接监视支持

外接监视支持是指交换机是否提供监视端口,允许外接网络分析仪直接连接到交换机上来监视网络状况。

6. 生成树

由于交换机实际上是多端口的透明桥接设备,因此交换机也有桥接设备的固有问题——拓扑环。一般情况下,交换机采用生成树协议算法让网络中的每一个桥接设备相互知道,自动防止拓扑环现象。带有生成树协议支持的交换机可以用于去除网络中关键资源的交换冗余。

7. 全双工

全双工端口可以同时发送和接收数据,但这要求交换机和所连接的设备都支持全双工工作方式。

8. 高速端口集成

交换机可以提供高带宽"管道"(固定端口、可选模块或多链路隧道),以满足交换机的交换流量与上级主干的交换需求,防止出现主干通信瓶颈。

11.1.4 交换机的管理方式

交换机的管理方式可以分为带外管理和带内管理两种。

1. 带外管理

带外管理是指管理控制信息与数据业务信息在不同的信道传送,属于不占用网络带宽的管理方式。此种方式将计算机当作交换机的超级终端,用 Console 线一端连接计算机的 COM 口,另一端连接交换机上的 Console 端口,然后登录并配置交换机,如图 11-1 所示。因为其他方式往往需要借助 IP 地址、域名或设备名称才可以实现,而新购买的交换机显然不可能内置有这些参数,所以通过 Console 端口连接的带外管理交换机是最常用、最基本的,也是网络工程师必须掌握的管理方式。

2. 带内管理

带内管理是指管理控制信息与数据业务信息通过同一个信道传送,属于占用网络带宽的管理方式。此种方式可以使用双绞线进行连接,双绞线一端连接计算机的网口,另一端连接交换机上的以太网端口,然后登录并配置交换机,如图 11-2 所示。用户可使用 TELNET、HTTP、SNMP 和 SSH 等协议管理交换机。

只要交换机支持 TELNET 功能,用户就可以通过 TELNET 方式远程登录交换机,然

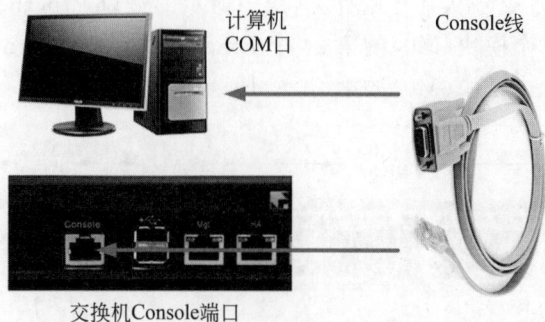

计算机
COM口

Console线

交换机Console端口

图 11-1　带外管理

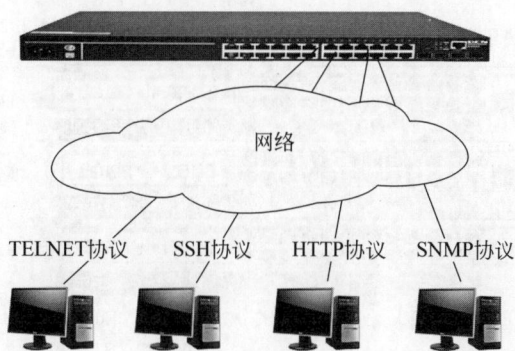

网络

TELNET协议　　SSH协议　　HTTP协议　　SNMP协议

图 11-2　带内管理

后用命令对交换机进行配置。这是网络工程师必须掌握的方法,因为其他配置方法要受到条件的限制,或者需要软件支持,在不具备这些条件时,必须使用命令配置交换机。

只要交换机支持 Web 功能,用户就可以通过 HTTP 用 Web 页面的方法配置交换机。现在,许多交换机都支持用 Web 页面的方法配置交换机,用户使用浏览器在地址栏输入"http://交换机的 IP 地址"登录到交换机,在交换机管理页面上通过菜单和控件操作就可配置交换机。这种方法简单直观,容易掌握,是初学者理解交换机概念和掌握交换机配置内容的好方法。但是,这种方法会受到条件限制,如交换机已启用 Web 功能且完成相关设置,交换机中的管理页面不被损坏等。

11.1.5　交换机端口

堆叠技术是目前在以太网交换机上扩展端口使用较多的一类技术,是一种非标准化技术。各个厂商之间不支持混合堆叠,堆叠模式为各厂商制定。目前流行的堆叠模式主要有菊花链模式和星形模式两种。堆叠技术的最大的优点就是提供简化的本地管理,将一组交换机作为一个对象来管理,也就是说堆叠中所有的交换机从拓扑结构上可视为一个交换机。

交换机端口表述采用"端口类型［堆叠号/］交换机模块号/模块上端口号"的格式。图 11-3(a)所示为单交换机的情况,如果不存在堆叠,交换机默认情况下总认为自己是第 0 台交换机,所以端口命名为 Ethernet 0/0/1、Serial 0/1/1 和 Serial 0/2/1。Ethernet 0/0/1 表示堆叠中的本交换机的第 0 个模块(M0)的第 1 个 Ethernet 端口。图 11-3(b)所示为多台交换机堆叠的情况,堆叠号从 0 开始计算,图中所示的端口 Ethernet 0/0/24 表示堆叠中的第 0 台交换机的第 0 个模块(M0)的第 24 个 Ethernet 端口,Ethernet 2/0/24 表示堆叠中的第 2 台交换机的第 0 个模块(M0)的第 24 个 Ethernet 端口。

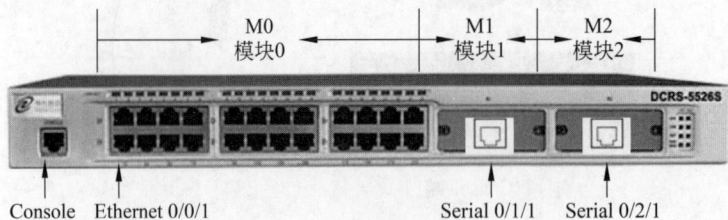

(a) 单交换机端口

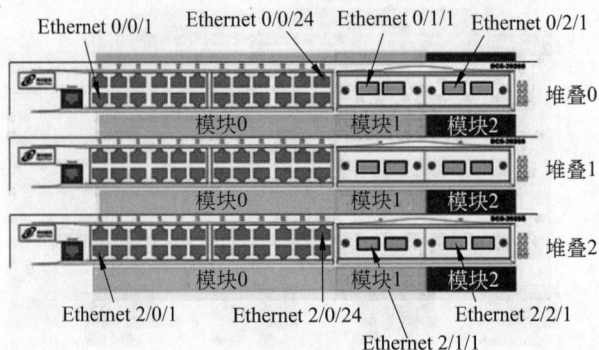

(b) 堆叠交换机端口

图 11-3　交换机端口

11.1.6　交换机的命令行配置模式

交换机带外管理多使用 CLI(Command Line Interface,命令行界面)。用户进入 CLI 界面,首先进入的就是一般用户配置模式,提示符为"Switch>",符号">"为一般用户配置模式的提示符。用户在一般用户配置模式下不能对交换机进行任何配置,只能查询交换机的时钟和交换机的版本信息。在一般用户配置模式使用 enable 命令,即可进入特权用户配置模式"Switch♯"(如果已经配置了进入特权用户的口令,则输入相应的特权用户口令)。用户使用 exit 命令可以退出特权用户配置模式,进入一般用户配置模式。

在特权用户配置模式下,用户可以查询交换机配置信息、各端口的连接情况、收发数据统计等。在进入特权用户配置模式后,用户可以使用 config 命令进入全局配置模式。全局配置模式命令提示符显示为"Switch(config)♯"。在全局配置模式下,用户可以对交换机进行全局性的配置,如配置 MAC 地址表、端口镜像、创建 VLAN、启动 IGMP Snooping、GVRP、STP 等。因此进入特权用户配置模式可以设置特权用户口令,防止非特权用户的非法使用,对交换机配置进行恶意修改,造成不必要的损失。

用户在全局模式下还可通过命令进入接口配置模式、VLAN 配置模式等,如图 11-4 所示。用户可以使用 exit 命令返回上一种模式。

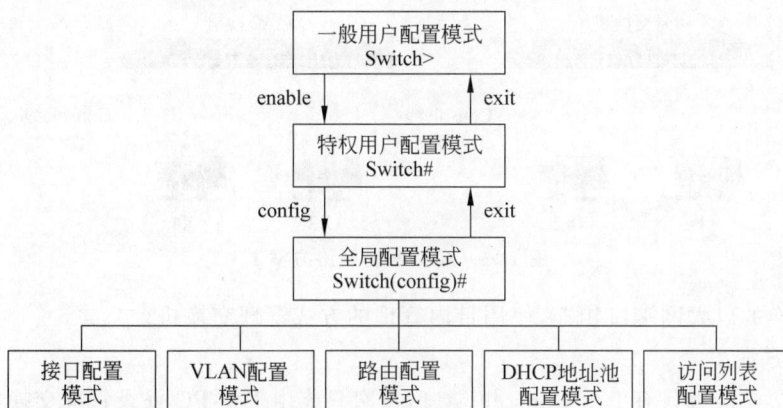

图 11-4 交换机命令行配置模式

11.2 实验目的

(1) 了解交换机的带外管理和带内管理两种方法。

(2) 掌握 TELNET 和 Web 两种管理交换机的方式。

(3) 理解交换机自学习原理和转发数据帧的过程。

(4) 能够结合工程应用需求,利用带外管理和带内管理进行交换机的配置管理。

11.3 实验环境

11.3.1 模拟场景

某公司新成立了一个部门,该部门组建了局域网,局域网中使用了一台新交换机,没有任何配置。在使用之前,网络工程师需要使用带外管理登录交换机,配置交换机的基本参数,为带内管理做好准备。网络工程师使用 Web 方式查看该交换机的主要配置内容,进行交换机的配置管理。

11.3.2 实验条件

本实验分小组进行,每组包括计算机 4 台(每台 PC 安装有 SecureCRT 终端仿真程序)、二层交换机 2 台、CCM-16 串口控制管理服务器 1 台(可选设备)。

1. 网络方案 1

所有设备按照图 11-5 所示连线。每组编号为 X1 和 X2 的计算机与每组的一台交换机(命名为 4 号交换机)组成一个小组(X 为组号,1 和 2 为该计算机的组内编号),任选一台计算机(如 X2)用 Console 线与交换机的 Console 端口相连。每组编号为 X3 和 X4 的计算机与每组的另一台交换机(命名为 5 号交换机)组成一个小组,任选一台计算机(如 X4)用 Console 线与交换机的 Console 端口相连。

此种网络环境下,每个小组只有一台计算机可以通过 Console 端口使用带外管理方式管理交换机。在交换机启用了 TELNET 或 HTTP 服务后,本小组的所有计算机就可以通

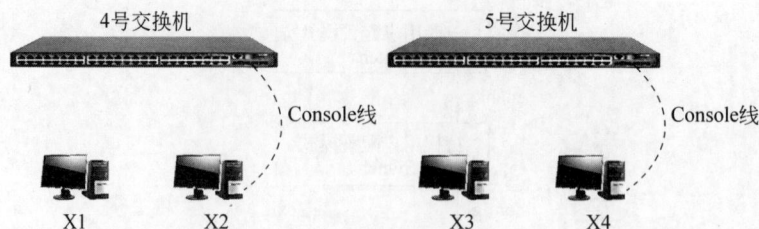

图 11-5　每组实验网络方案 1

过网线与交换的以太网端口相连,使用带内管理的方式管理交换机。

2. 网络方案 2

由于每台交换机只有 1 个 Console 端口,每次只能由 1 台 PC 登录管理交换机。为了提高学生的参与度,本书在搭建实验环境中引入了神州数码的 CCM-16 串口控制管理服务器。CCM-16 可提供最多可管理 16 台网络设备的 RJ-45 串口通信端口,以简洁易用的 Web 配置界面以及多种连接方式登录网络设备,为用户提供最佳的便捷性及易用性。

本实验使用 Console 线将两台交换机的 Console 端口连接到 CCM 模块的 COM4 和 COM5 端口,分别定义端口号为 10004 和 10005。同时每台 PC 配有两块网卡,"网卡 1"可通过实验室网络连接到 CCM 模块,即可通过远程登录 CCM 模块模拟带外管理的方式来管理交换机;"网卡 2"可通过双绞线连接到交换机的以太网端口,即可通过带内管理的方式管理交换机,如图 11-6 所示。

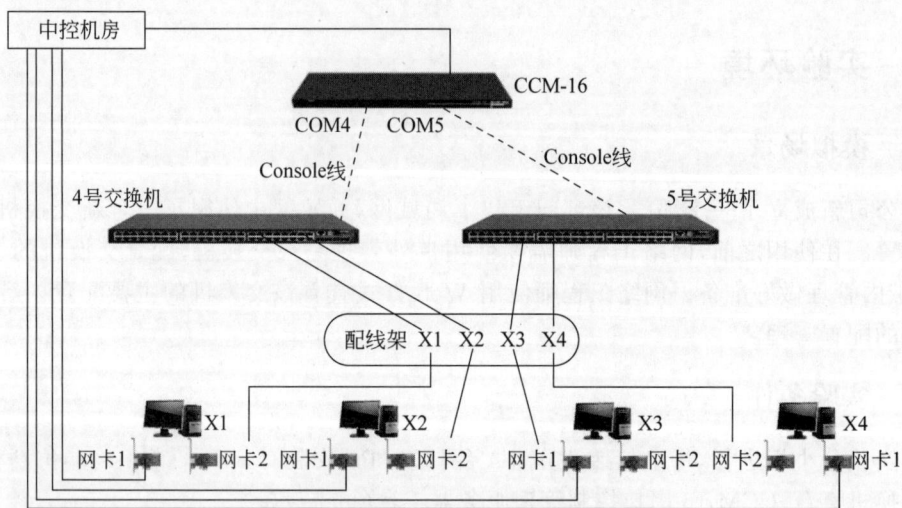

图 11-6　每组实验网络方案 2

11.3.3　网络规划

1. 计算机网卡 1 的配置

网卡 1 通过网线与实验室中控机房相连,网络采用学校实验机房统一的网络配置,此处不需要更改。如果采用实验网络方案 1,则不需要本网卡。

2. 计算机网卡 2 的配置

计算机网卡 2 按以下规划设置 IP 地址和子网掩码。

每组每台 PC 的 IP 地址为 172.16.X.1Y0,子网掩码为 255.255.255.0。其中 X 为组号, Y 为该 PC 在组内的编号。X 的取值为 A~H,配置 IP 时 A 为 1,B 为 2,C 为 3,D 为 4,E 为 5,F 为 6,G 为 7,H 为 8。例如,标识为 A1 的 PC,其 IP 地址设置为 172.16.1.110。

3. 交换机的配置

为了方便区分与管理,对每组的两台交换机进行编号,分别是 4 号交换机和 5 号交换机。4 号交换机 IP 地址设置为 172.16.X.51,子网掩码为 255.255.255.0,其中 X 为组号。5 号交换机的 IP 地址设置为 172.16.X.52,子网掩码为 255.255.255.0,其中 X 为组号。例如,A 组的 4 号交换机 IP 地址为 172.16.1.51。

4. CCM-16 的配置

每组均有一台 CCM-16,其 IP 地址为 10.4.21.24X(X 为组编号, A 为 1,B 为 2,C 为 3, D 为 4,E 为 5,F 为 6,G 为 7,H 为 8),设备的 COM4 端口的端口号设置为 10004,设备的 COM5 端口的端口号设置为 10005,并完成对应端口参数的设置。此部分操作由教师或实验室网络管理员完成。如果使用实验网络方案 1,则不需要进行配置。

11.4　实验步骤

说明:本书采用神州数码公司的 DCN-S4600-28P-SI 交换机和 CCM-16 模块,由于各厂家和型号的交换机配置和管理方法有所不同,各学校可以根据实验室的实验设备情况,对实验过程进行修订。

11.4.1　连接交换机

按照以下要求利用网线将每组 4 台 PC 分别将配线架上对应的端口和机架上的交换机相连。

1. 每组 PC1

使用网线将配线架上的 X1(X 为组编号)连接到本组 4 号交换机的以太网端口,建议连在 1~4 号的任意端口,如端口 1。

2. 每组 PC2

使用网线将配线架上的 X2(X 为组编号)连接到本组 4 号交换机的以太网端口,建议连在 5~8 号的任意端口,如端口 5。

3. 每组 PC3

使用网线将配线架上的 X3(X 为组编号)连接到本组 5 号交换机的以太网端口,建议连在 1~4 号的任意端口,如端口 1。

4. 每组 PC4

使用网线将配线架上的 X4(X 为组编号)连接到本组 5 号交换机的以太网端口,建议连在 5~8 号的任意端口,如端口 5。

每组按照实际连线情况填写实训记录与分析中每台 PC 的端口信息。参见 11.6 节图 11-20。

11.4.2 通过 Console 端口配置交换机

为了提高学生参与度且方便连接 Console 端口，本实验采用 CCM-16 串口控制管理服务器，方便管理多台交换机。

1. 网卡 2 的网络配置

每组用户按照网络规划为每台 PC 的网卡 2 设置 IP 地址和子网掩码。每组 PC 的 IP 为 172.16.X.1Y0；X 为组号（A 为 1，B 为 2，C 为 3，D 为 4，E 为 5，F 为 6，G 为 7，H 为 8），Y 为 PC 编号。图 11-7 所示为 A 组 PC1 的 TCP/IPv4 属性的设置。

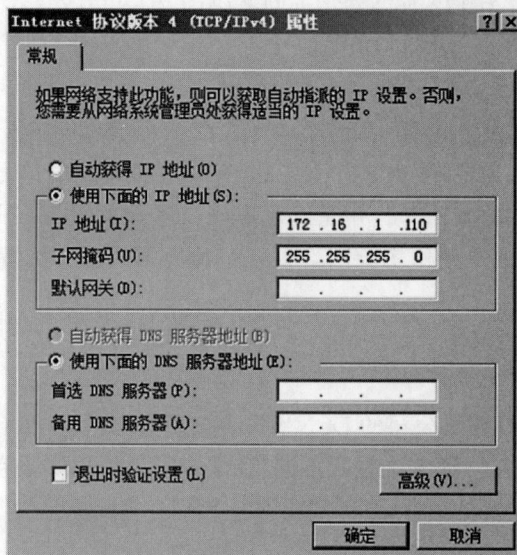

图 11-7　A 组 PC1 的 TCP/IPv4 属性的设置

设置完毕后，用户进入命令行窗口运行 ipconfig/all 命令来查看 IP 地址配置是否成功，并填写实训记录与分析第 1 页和第 2 页中 PC 的 IP 地址和 MAC 地址信息。

2. 启动 SecureCRT

打开桌面的 SecureCRT。选择【文件】→【快速连接】命令进行参数配置。

如果使用方案 1，则只在使用 Console 线与交换机连接的计算机上进行操作，完成快速连接配置信息，如图 11-8(a)所示。协议选择 Serial，端口按照计算机实际端口填写，其余参数如图所示。

如果使用方案 2，则所有计算机均可进行连接配置，配置信息如图 11-8(b)所示。协议选择 Telnet，填写主机名和端口信息。每组的主机名不相同，分别为 10.4.21.24X（X 为组编号，A 为 1，B 为 2，C 为 3，D 为 4，E 为 5，F 为 6，G 为 7，H 为 8）。4 号交换机的端口号为 10004，5 号交换机的端口号为 10005。

填写完毕后单击【连接】按钮，在连接成功后界面会发生变化，用户在该页面按 Enter 键，则出现"S4600-28P-SI＞"提示符，如图 11-9 所示。

3. 交换机恢复出厂设置

在 SecureCRT 的界面，通过以下命令将交换机恢复出厂设置。以下命令中加粗字体为用户输入内容，//后为命令解释内容（不需要输入），其余内容为系统给出的提示。对于同一

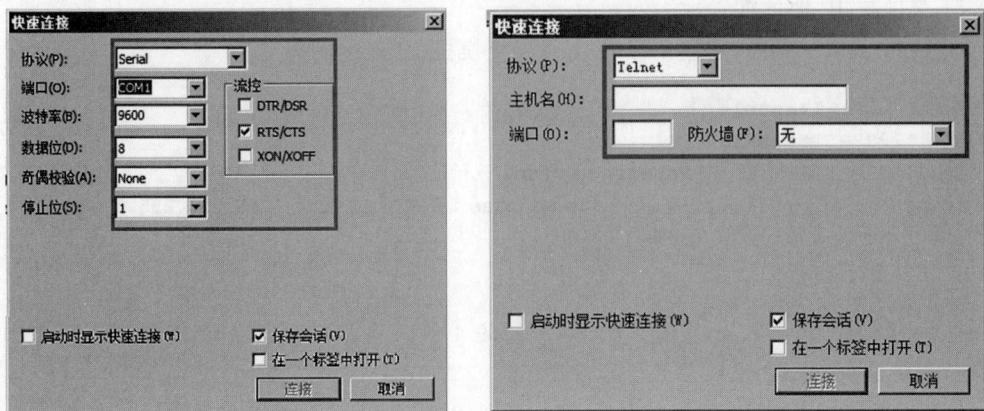

(a) 方案1　　　　　　　　　　　　　　　　(b) 方案2

图 11-8　配置 SecureCRT 快速连接

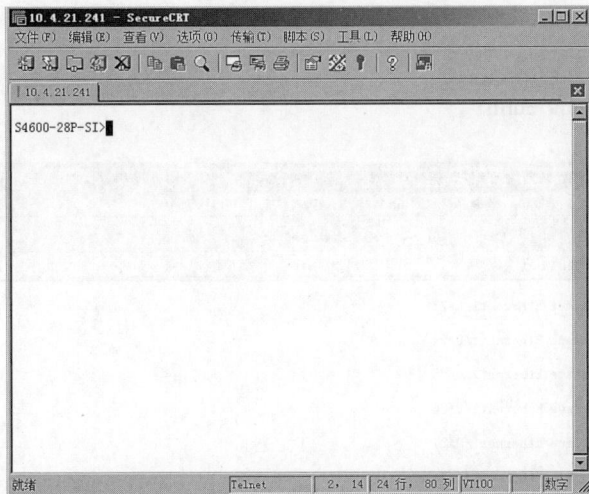

图 11-9　Console 端口管理交换机

交换机,如有多个终端同时登录,多个终端显示内容一致,并保持同步。比如 PC1 和 PC2 同时登录 4 号交换机,两台主机显示内容同步。为了避免命令冲突,建议 PC1 和 PC3 的用户负责输入命令,PC2 和 PC4 的用户负责检查命令是否正确输入,确保运行正确。

```
S4600-28P-SI>enable
S4600-28P-SI#set default
Are you sure? [Y/N] =y
S4600-28P-SI#write
NULL(factory config) will be used as the startup-config file at the next time!
S4600-28P-SI#%Jan 01 02:32:24 2006 Switch configuration has been set default!
(按 Enter 键)
S4600-28P-SI#reload
Process with reboot? [Y/N] y
```

4. 交换机配置

本步骤需要依次完成交换机 IP 地址、Telnet 远程登录和 HTTP 登录配置功能。

1) 交换机 IP 地址配置

在 SecureCRT 界面,通过以下命令完成交换机 IP 地址的设置。

```
S4600-28P-SI>enable
S4600-28P-SI#config
S4600-28P-SI(config)#interface vlan1
S4600-28P-SI(config-if-vlan1)#ip address  交换机 IP地址  255.255.255.0 //此命令行中
//每组根据自身情况设置交换机 IP 地址。
```

注意:每台交换机 IP 地址各不相同,每组的 4 号交换机的 IP 地址为 172.16.X.51,5 号交换机的 IP 地址为 172.16.X.52。例如,A 组的 4 号交换机,其 IP 地址应为 172.16.1.51,C 组的 5 号交换机,其 IP 地址应为 172.16.3.52。

设置完毕后可使用以下命令查看交换机的 IP 地址是否设置成功,图 11-10 所示为 A 组 4 号交换机设置成功的结果。交换机 IP 地址设置成功后,填写实训记录与分析中第 1 页和第 2 页中交换机 IP 地址的信息。

```
S4600-28P-SI(config-if-vlan1)#no shutdown
S4600-28P-SI(config-if-vlan1)#exit
S4600-28P-SI(config)#exit
S4600-28P-SI#show runn
```

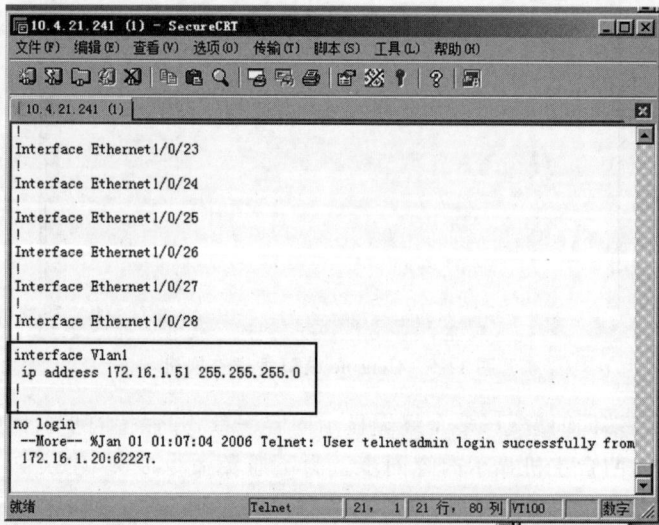

图 11-10 A 组 4 号交换机 IP 地址配置成功

2) 配置 Telnet 远程登录

在 SecureCRT 的界面,通过以下命令完成 Telnet 远程登录的设置。Telnet 远程登录设置成功后,用户可以通过带内管理的 Telnet 方式管理交换机。

```
S4600-28P-SI#config
S4600-28P-SI(config)#telnet-server enable
Telnet server has been already enabled.
S4600-28P-SI(config)#username telnetuser privilege 15 password 0 test   //设置
//telnet 登录时的用户名为 telnetuser,优先级为 15,密码为 test,采用明文
```

```
S4600-28P-SI(config)#authentication line vty login local
```

在 username 命令中,用户名取值范围不超过 32 个字符,系统中注册的命令有两个优先级 1 和 15,默认级别为 1。优先级为 1 的命令注册在一般用户配置模式,优先级为 15 的命令注册在除一般用户配置模式以外的其他模式。如果在设定密码时,输入选项为 0,则应输入明文密码,且不对输入的明文密码进行加密处理;若输入选项为 7,则应输入明文密码加密后的密文字符串(使用 MD5 加密的 32 位密码)。

3) 配置 HTTP 登录

在 SecureCRT 的界面,通过以下命令完成 HTTP 登录的设置。HTTP 登录设置成功后,用户就可以通过带内管理 Web 方式管理交换机。

```
S4600-28P-SI(config)#ip http server
Web server has worked
S4600-28P-SI(config)#username webuser privilege 15 password 0 test    //设置
//Web 方式登录时的用户名为 webuser,密码为 test
S4600-28P-SI(config)#authentication line web login local
```

11.4.3 Telnet 方式登录交换机

由于交换机已经配置好 IP 地址,并启用了 Telnet 连接服务,通过网线连接到交换机以太网端口的 PC 可以通过带内管理 Telnet 方式远程登录和管理交换机。

在 SecureCRT 界面,选择【文件】→【快速连接】命令进行参数配置,协议选择 Telnet,如图 11-11 所示。每台 PC 根据交换机连接情况(通过配线架上的网线所连接的交换机)填写相应的主机名,端口号均为 23。比如 A 组的 PC1 和 PC2 登录 A 组的 4 号交换机,IP 地址应为 172.16.1.51;A 组的 PC3 和 PC4 登录 A 组的 5 号交换机,IP 地址应为 172.16.1.52。

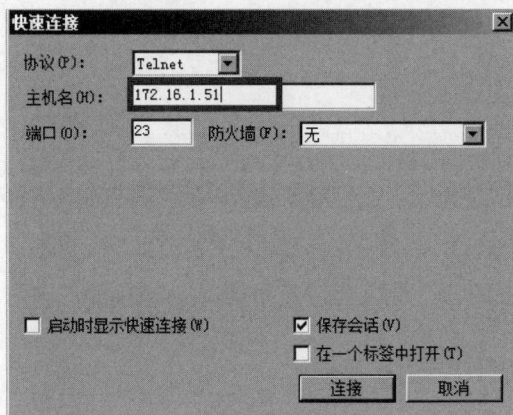

图 11-11　Telnet 登录交换机——带内管理

成功连接到交换机后,用户输入用户名"telnetuser"和密码"test"后,界面显示如图 11-12 所示。之后,用户就可以使用命令的方式管理交换机。

11.4.4 Web 方式登录交换机

由于交换机已配置好 IP 地址并启用了 HTTP 服务,因此通过网线连接到交换机以太

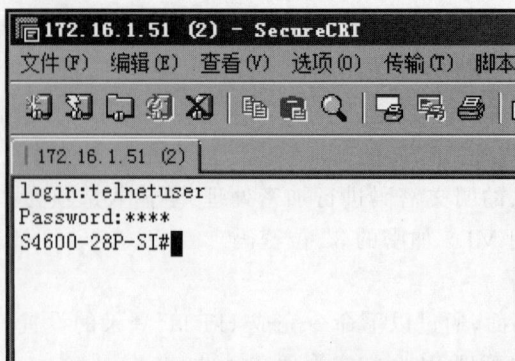

图 11-12　Telnet 登录成功

网端口的 PC 可以通过带内管理 Web 方式远程登录和管理交换机。

　　用户打开浏览器，在地址栏输入"http://172.16.X.51"或"http://172.16.X.52"，其中 X 为每组的组号。PC1 和 PC2 连接的是 4 号交换机，因此使用的地址为 172.16.X.51；每组 PC3 和 PC4 连接的是 5 号交换机，因此使用的地址为 172.16.X.52。A 组 PC1 或 PC2 访问的是 172.16.1.51，在成功连接到交换机后，如图 11-13 所示，输入用户名和密码，单击【登录】按钮，出现交换机配置窗口。

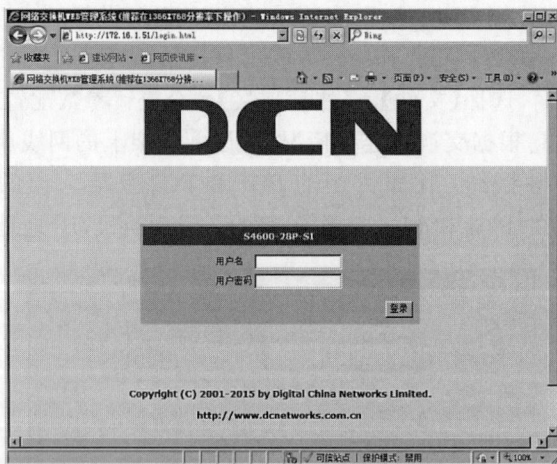

图 11-13　交换机登录界面

　　用户可以查看交换机的各个端口连接显示情况，如图 11-14 所示。

11.4.5　查看并记录交换机配置主菜单

1. 查看交换机基本配置

基本配置界面如图 11-15 所示，可以查看修改用户名、密码，新建、删除用户；可以修改系统日期时间，修改交换机提示符等；可以恢复出厂设置、保存当前设置等。

2. 端口配置

【端口配置】界面如图 11-16 所示。可以配置端口的速率与通信模式（半双工/全双工）、管理状态的开启与关闭、流量控制等；可以控制端口传入、传出的带宽；可以查看端口当前状态。

图 11-14　用 HTTP 登录交换机

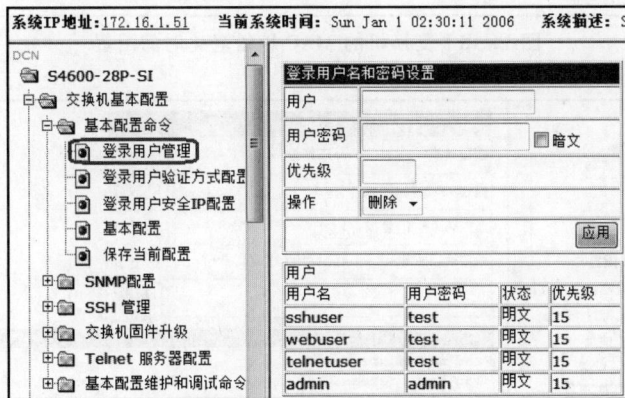

图 11-15　基本配置界面

图 11-16　【端口配置】界面

3. MAC 地址表配置

【MAC 地址配置】界面如图 11-17 所示。可以配置 MAC 地址老化时间（见图 11-18），配置静态 MAC 地址记录，或删除一个地址记录，可以分配 MAC 地址属于哪个虚拟局域网,可以将网卡的 MAC 地址与交换机的某个端口绑定,可以查看当前交换机上的 MAC 地址表记录,如图 11-19 所示。

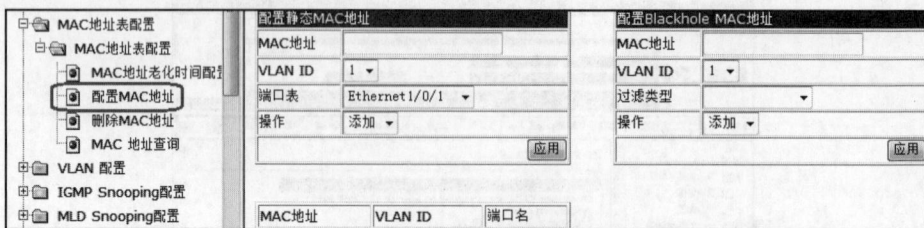

图 11-17　MAC 地址配置

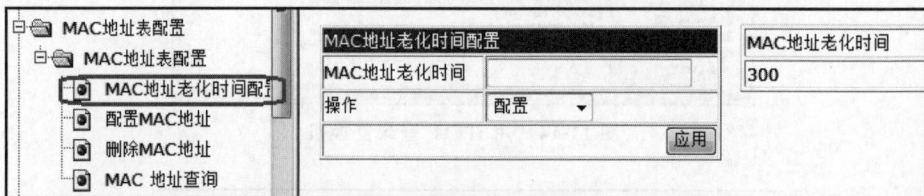

图 11-18　交换机的 MAC 地址老化时间配置

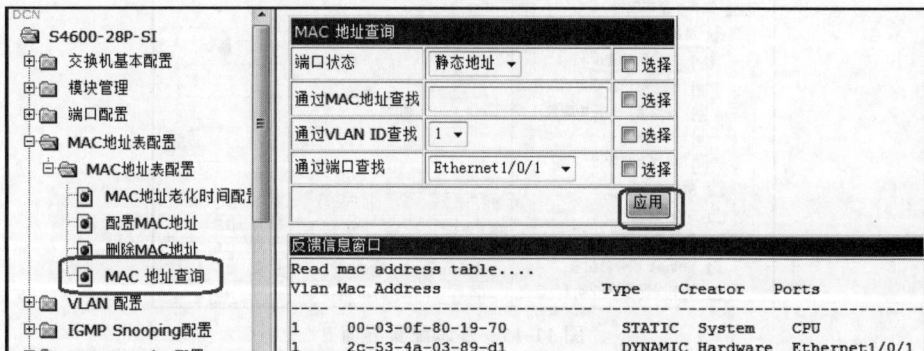

图 11-19　交换机上的 MAC 地址表

11.4.6　理解交换机的工作原理

1. 选择 MAC 地址管理

观察并记录交换机学习到的端口号和 MAC 地址表的信息,分析并理解二层交换机(网桥)的工作原理。

2. 连通性测试

用 ping 命令测试本 PC 与本组其他 PC 的连通性,填写实训记录与分析第 1 页中的 ping 命令和网络连通性测试结果。

3. 交换机自学习验证分析

在每台 PC 上运行 arp -a 命令,将本 PC 的 ARP 高速缓存的信息与交换机的 MAC 地址表对比分析,验证交换机自学习的情况。

通过 Web 方式登录交换机,查询交换机的 MAC 地址表,填写实训记录与分析第 1 页上端交换机的 MAC 地址表。

11.4.7 跨交换机 MAC 地址学习

1. 交换机互连

用灰色短网线将 4 号交换机的 24 端口和 5 号交换机的 24 端口连接，并填写实训记录与分析第 2 页中的端口信息。

2. 连通性测试

交换机互连后，用 ping 命令测试本机与本组内其他 PC 的网络连通性，填写实训记录与分析第 2 页中的 ping 命令和网络连通性测试结果。

3. 交换机自学习验证分析

在每台 PC 上运行 arp -a 命令，将本 PC 的 ARP 高速缓存的信息与交换机的 MAC 地址表对比分析，验证交换机自学习的情况。

通过 Web 方式登录交换机，查询交换机的 MAC 地址表，填写实训记录与分析第 2 页上端交换机的 MAC 地址表。

11.5 思考题

(1) 带内管理和带外管理有什么区别？

(2) 对比 11.4.6 节与 11.4.7 节中交换机 MAC 地址表中有哪些不同的表项，分析为什么。

(3) 静态 MAC 地址和动态 MAC 地址的区别是什么？

11.6 实训记录与分析

由于本次实验分组进行，每组提交一份实训记录与分析即可。每组需要提交的实训记录与分析如图 11-20 和图 11-21 所示。

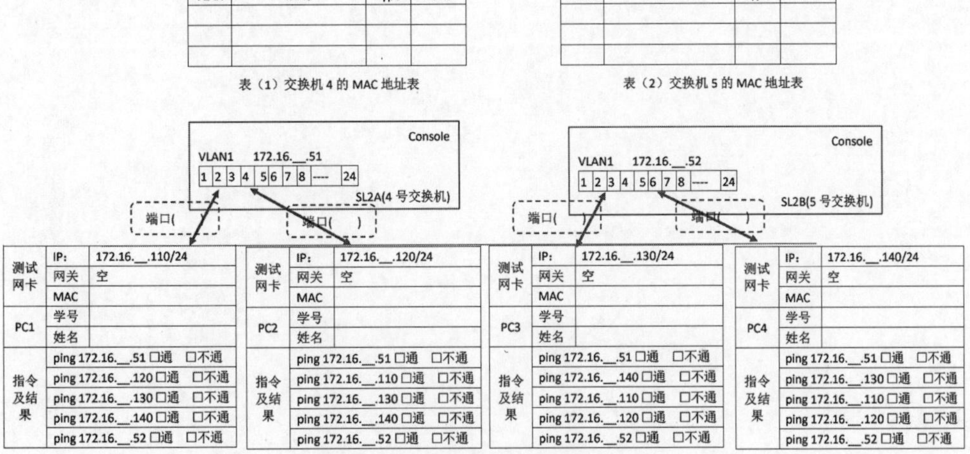

图 11-20 实训记录与分析第 1 页

VLAN	MAC	Type	Ports

VLAN	MAC	Type	Ports

端口(　　)　　　　　　　　　　　　　端口(　　)

VLAN1　172.16.＿＿.51　　　　Console
1 2 3 4 5 6 7 8 ---- 24　　SL2A(4号交换机)

VLAN1　172.16.＿＿.52　　　　Console
1 2 3 4 5 6 7 8 ---- 24　　SL2B(5号交换机)

测试网卡	IP：	172.16.＿＿.110/24
	网关	空
	MAC	
PC1	学号	
	姓名	
指令及结果	ping 172.16.＿＿.51 □通　□不通	
	ping 172.16.＿＿.52 □通　□不通	
	ping 172.16.＿＿.120 □通　□不通	
	ping 172.16.＿＿.130 □通　□不通	
	ping 172.16.＿＿.140 □通　□不通	

测试网卡	IP：	172.16.＿＿.120/24
	网关	空
	MAC	
PC2	学号	
	姓名	
指令及结果	ping 172.16.＿＿.51 □通　□不通	
	ping 172.16.＿＿.52 □通　□不通	
	ping 172.16.＿＿.110 □通　□不通	
	ping 172.16.＿＿.130 □通　□不通	
	ping 172.16.＿＿.140 □通　□不通	

测试网卡	IP：	172.16.＿＿.130/24
	网关	空
	MAC	
PC3	学号	
	姓名	
指令及结果	ping 172.16.＿＿.51 □通　□不通	
	ping 172.16.＿＿.52 □通　□不通	
	ping 172.16.＿＿.110 □通　□不通	
	ping 172.16.＿＿.120 □通　□不通	
	ping 172.16.＿＿.140 □通　□不通	

测试网卡	IP：	172.16.＿＿.140/24
	网关	空
	MAC	
PC4	学号	
	姓名	
指令及结果	ping 172.16.＿＿.51 □通　□不通	
	ping 172.16.＿＿.52 □通　□不通	
	ping 172.16.＿＿.110 □通　□不通	
	ping 172.16.＿＿.120 □通　□不通	
	ping 172.16.＿＿.130 □通　□不通	

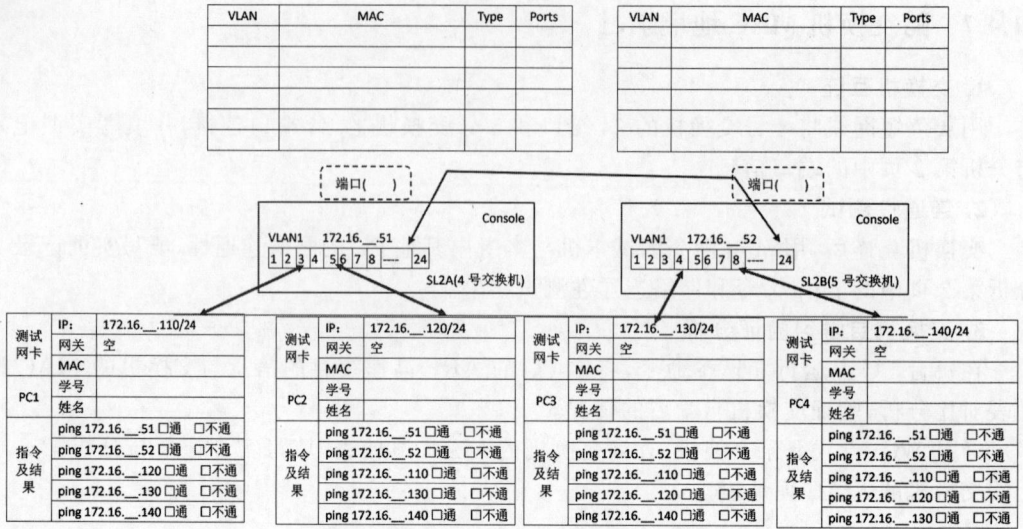

图 11-21　实训记录与分析第 2 页

第 12 章　实现 VLAN

12.1　知识准备

当一个以太网包含太多计算机时,往往会产生广播风暴、管理困难和共享导致安全隐患等问题。利用以太网交换机可以很方便地实现 VLAN,从而解决以上问题。

12.1.1　VLAN 的概念

VLAN 是由一些局域网网段构成的与物理位置无关的逻辑组,这些网段往往具有某些共同的需求。VLAN 是建立在交换技术基础上的,是局域网给用户提供的一种服务,而不是一种新型局域网。

VLAN 将物理上属于一个局域网或多个局域网的多个站点按工作性质与需要,用软件方式将站点划分成一个个逻辑工作组,一个逻辑工作组就是一个 VLAN。同一 VLAN 成员之间可以直接通信,不同 VLAN 成员之间不能直接通信,需要借助路由器才能相互通信。逻辑工作组的结点组成不受物理位置的限制。一个逻辑工作组的结点可以分布在不同的物理网段上,但它们之间的通信就像在同一个物理网段上一样。当一个结点从一个逻辑工作组转移到另一个逻辑工作组时,只需要简单地通过软件设定,而不需要改变它在网络中的物理位置。划分 VLAN 后,一个 VLAN 就是一个独立的广播域。每一个 VLAN 的帧都有一个明确的标识符,指明发送这个帧的计算机是属于哪一个 VLAN。

VLAN 可以在一台交换机或多台交换机上划分,如图 12-1 和图 12-2 所示。

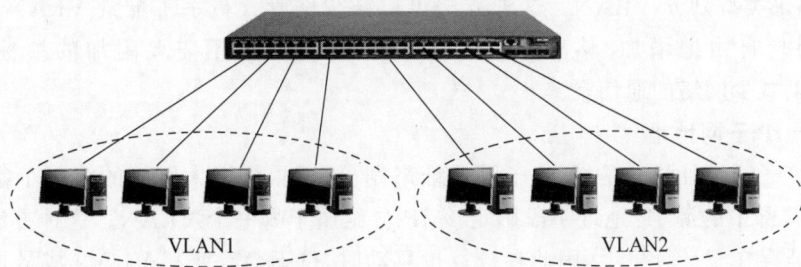

图 12-1　在一台交换机上划分 VLAN

12.1.2　划分 VLAN 的方法

VLAN 的实现方法有 5 种:基于交换机端口、基于 MAC 地址、基于协议类型、基于 IP 子网地址和基于高层应用或服务。

1. 基于交换机端口

基于交换机端口的 VLAN 划分是最简单、最常用的方法,是根据交换机的端口号定义的。这种方法属于静态 VLAN 配置,即交换机的某个端口固定属于某个 VLAN。网管人

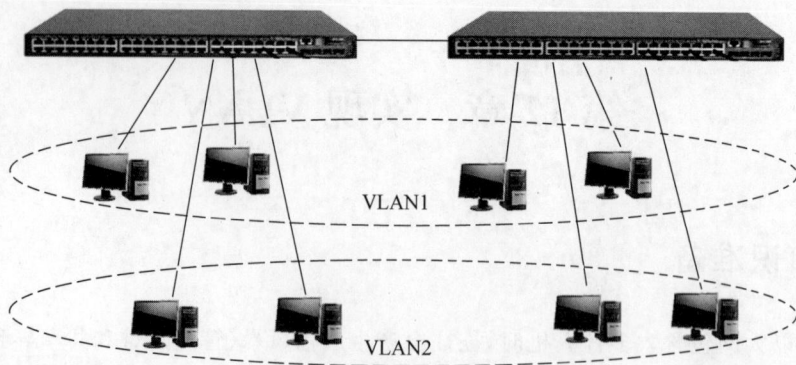

图 12-2　在两台交换机上划分 VLAN

员使用网管软件或直接在交换机上配置端口所属的 VLAN。一旦配置好,端口所属的 VLAN 就保持不变,除非网管人员重新设置。这种方法容易配置和维护,但灵活性不好。

2. 基于 MAC 地址

基于 MAC 地址划分 VLAN 的方法是根据每台主机的 MAC 地址来划分,即对每个 MAC 地址的主机都配置所属的 VLAN。这种划分方法的最大优点就是允许用户移动,当用户物理位置移动时,即从一台交换机换到其他交换机时,VLAN 不用重新配置。因此,这种根据 MAC 地址划分的方法是基于用户的 VLAN,适合需要经常移动计算机的用户。此外,这种方法允许将一个 MAC 地址划分到多个 VLAN。这种方法的缺点是初始化时需要对所有用户进行配置,如果网络规模较大,则配置工作量较大。

3. 基于协议类型

基于协议类型划分是按网络层协议来划分,即根据以太网帧的第三个字段"类型"确定该类型的协议属于哪一个 VLAN,可分为 IP、IPX、DECnet、AppleTalk 等 VLAN 网络。

这种方法也允许用户移动,当用户的物理位置改变时,不需要重新配置所属的 VLAN,可以根据协议类型划分 VLAN。这种方法可以减少网管人员手工配置 VLAN 的工作量,也可保证用户自由地增加、移动和修改。另外,这种方法不需要附加的桢标签来识别 VLAN,可以减少网络的通信量。

4. 基于 IP 子网地址

基于 IP 子网地址划分是按 IP 子网地址来划分,即根据以太网帧的第三个字段"类型"和 IP 分组首部中的源 IP 地址字段确定该 IP 分组属于哪一个 VLAN。这种方法的优点是由于 IP 地址存在于计算机上,因此在计算机移动时,也不会改变其 VLAN 成员地位。这种方法的缺点是效率低,因为检查每一个数据包的网络层地址需要消耗处理时间。

5. 基于高层应用或服务

基于高层应用或服务划分是根据高层应用或服务或者它们的组合划分 VLAN。这种方法更加灵活,但更加复杂。

12.1.3　VLAN 标签和 VLAN Trunk

要使设备能够分辨不同 VLAN 的报文,需要在报文中添加标识 VLAN 信息的字段。IEEE 802.1Q 协议规定,在以太网数据帧的目的 MAC 地址和源 MAC 地址字段之后、协议

类型字段之前加入 4 字节的 VLAN 标签（又称 VLAN Tag，简称 Tag），用以标识 VLAN
信息。

VLAN Trunk（虚拟局域网中继技术）的作用是让连接在不同交换机上的相同 VLAN
中的主机互通。如果交换机 1 的 VLAN1 中的计算机要访问交换机 2 的 VLAN1 中的计算
机，则需要把两台交换机的级联端口设置为 Trunk 端口，这样，当交换机把数据包从级联口
发出去的时候，会在数据包中打上一个标签（Tag），以使其他交换机识别该数据包属于哪一
个 VLAN，这样，其他交换机收到这样一个数据包后，会将该数据包转发到标记中指定的
VLAN，从而完成了跨越交换机的 VLAN 内部数据传输。

VLAN 标签在 Trunk 中起到了相当大的作用，VLAN 标签就是帧标签，给在中继链路
上传输的每个帧分配一个用户唯一定义的 ID。这个 ID 是 VLAN 的 VLAN 号。如果帧在
传输中还需要发送到另外的中继链路，VLAN 标签仍将保留在该帧头中。如果该帧发送到
本地的一条接入链路，交换机就会把帧头中的 VLAN 标识删除。

12.1.4　交换机 VLAN 端口类型

VLAN 端口分 3 种：Access 端口、Trunk 端口和 Hybrid 端口。

（1）Access 端口：属于接入模式，一般在连接 PC 时使用，发送不带标签的报文。一个
Access 端口只属于一个 VLAN。默认情况下所有端口都包含在 VLAN1 中，且都是 Access
端口。

（2）Trunk 端口：属于中继模式或汇聚模式，一般用于交换机级联端口传递多组
VLAN 信息时使用。一个 Trunk 端口可以属于多个 VLAN。

（3）Hybrid 端口：属于混合模式，可以用于交换机之间的连接，也可以用于连接用户的
计算机。Hybrid 端口可以属于多个 VLAN，可以接收和发送多个 VLAN 的报文。Hybrid
端口和 Trunk 端口在接收数据时，处理方法是一样的，唯一不同之处在于发送数据时：
Hybrid 端口可以允许多个 VLAN 的报文发送时不打标签，而 Trunk 端口只允许默认
VLAN 的报文发送时不打标签。

12.2　实验目的

（1）理解 VLAN 的概念和 VLAN 划分的方法。

（2）了解 VLAN 标签和不同端口类型的作用。

（3）掌握基于端口的 VLAN 的配置方法，实现交换机内和跨交换机中 VLAN 的配置
和使用。

（4）结合工程实际应用场景，能够按照应用的需求进行 VLAN 的配置和管理。

12.3　实验环境

12.3.1　模拟场景

场景 1：一个小公司，有两个部门，大家都在一个办公室办公，所有的计算机都连接在一

台交换机上,由于安全的需要,不希望不同部门的计算机直接通信,准备用 VLAN 将办公室的计算机划分成两个逻辑工作组,组内成员可以直接通信,不同组的成员之间不能直接通信。

场景 2:一个大型企业业务部门的员工分散在一个办公大楼不同楼层不同办公室办公。由于某个项目工作的需要,业务部员工需要直接通信,准备使用 VLAN 技术将业务部的员工划分到同一个 VLAN。

12.3.2　实验条件

本实验分小组进行,每组计算机 4 台(每台 PC 安装有 SecureCRT 终端仿真程序)、支持 VLAN 的二层交换机 2 台,CCM-16 串口控制管理服务器 1 台(可选设备)。可根据学校自身的设备和网络情况,参照 11.3.2 节的网络方案 1 或网络方案 2 构建网络。

12.3.3　网络规划

1. 计算机网卡 1 的配置

网卡 1 通过网线与实验室中控机房相连,网络采用学校实验机房的网络配置,此处不需要更改。如采用实验网络方案 1,则可无本网卡。

2. 计算机网卡 2 的配置

计算机网卡 2 设置按以下要求更改 IP 地址和子网掩码。

每组每台 PC 的 IP 地址为 172.16.X.1Y0,子网掩码为 255.255.255.0。其中 X 为组号,Y 为该 PC 在组内的编号。X 的取值为 A~H,配置 IP 时 A 为 1,B 为 2,C 为 3,D 为 4,E 为 5,F 为 6,G 为 7,H 为 8。如标识为 A1 的 PC,其 IP 地址设置为 172.16.1.110。

3. 交换机的配置

为了方便区分与管理,对每组的两台交换机进行编号,分别是 4 号交换机和 5 号交换机。4 号交换机的 IP 地址设置为 172.16.X.51,子网掩码为 255.255.255.0,其中 X 为组号。5 号交换机的 IP 地址设置为 172.16.X.52,子网掩码为 255.255.255.0,其中 X 为组号。如 A 组的 4 号交换机的 IP 地址为 172.16.1.51。

4. CCM-16 的配置

如果使用实验网络方案 1,则不需要进行配置。每组均有一台 CCM-16,CCM-16 的 IP 地址为 10.4.21.24X(X 为组编号实验网络 A 为 1,B 为 2,C 为 3,D 为 4,E 为 5,F 为 6,G 为 7,H 为 8),设备的 COM4 端口的端口号设置为 10004,设备的 COM5 端口的端口号设置为 10005。此部分配置由教师或实验室网络管理员完成。

12.4　实验步骤

12.4.1　交换机内 VLAN 的划分

1. 连接交换机

按照以下要求利用红色网线将每组 4 台 PC 分别通过配线架上对应的引出端口和机架上的 4 号交换机相连。

（1）每组 PC1：使用网线将配线架上的 X1（X 为组编号）连接到本组 4 号交换机的以太网端口，建议连在 1～8 号的任意端口，如端口 1。

（2）每组 PC2：使用网线将配线架上的 X2（X 为组编号）连接到本组 4 号交换机的以太网端口，建议连在 1～8 号的任意端口，如端口 8。

（3）每组 PC3：使用网线将配线架上的 X3（X 为组编号）连接到本组 4 号交换机的以太网端口，建议连在 9～16 号的任意端口，如端口 9。

（4）每组 PC4：使用网线将配线架上的 X4（X 为组编号）连接到本组 4 号交换机的以太网端口，建议连在 9～16 号的任意端口，如端口 16。

每组按照实际连线情况填写实训记录与分析中每台 PC 的端口信息，参见 12.6 节图 12-12。

2. 计算机网卡 2 的 TCP/IP 的配置

每组用户在网络连接界面选择对应的网卡 2，之后进入该网卡的【Internet 协议版本 4 （TCP/IPv4）属性】对话框，按照网络规划要求为每台 PC 的网卡 2 设置 IP 地址和子网掩码。每组 PC 的 IP 为 172.16.X.1Y0；X 为组号（A 为 1，B 为 2，C 为 3，D 为 4，E 为 5，F 为 6，G 为 7，H 为 8），Y 为 PC 编号。图 12-3 所示为 A 组 PC1 的 TCP/IPv4 属性的设置。

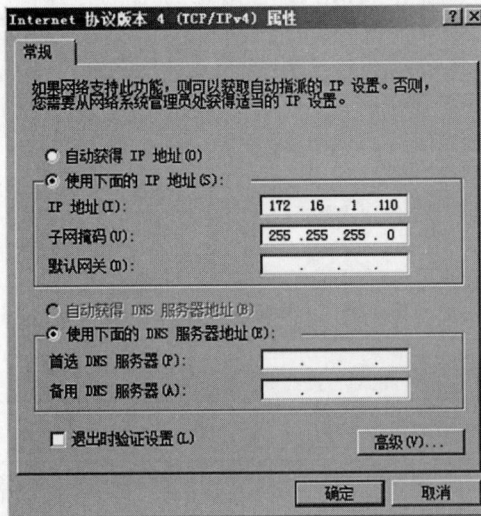

图 12-3 A 组 PC1 的 TCP/IPv4 属性的设置

设置完毕后，用户进入命令行窗口，运行 ipconfig/all 命令来查看 IP 地址配置是否成功，并完成实训记录与分析中第 1 页相关信息的记录，参见 12.6 节。

3. 配置 4 号交换机

（1）打开桌面的 SecureCRT。按照 11.4.2 节的说明启动 SecureCRT，建立与 4 号交换机的快速连接。

（2）按照 11.4.2 节的说明，利用超级终端为 4 号交换机恢复出厂设置（如图 12-4 所示）、配置交换机管理 IP 地址为 172.16.X.51，使用 show runn 命令查看配置是否成功，如图 12-5 所示。

（3）使用 show vlan 命令查看 VLAN 划分情况，如图 12-6 所示。

（4）通过 ping 命令测试本组 4 台 PC 以及交换机的连通性，完成实训记录与分析第 1

```
| 10.4.21.241 (2)                                                        ×
S4600-28P-SI>enable
S4600-28P-SI#set default
Are you sure? [Y/N] = y
S4600-28P-SI#write
NULL(factory config) will be used as the startup-config file at the next time!
S4600-28P-SI#reload
Process with reboot? [Y/N] y%Jan 01 01:22:04 2006 Switch configuration has been
set default!

The system is going down NOW!
Sent SIGTERM to all processes
Terminated
[1]+ Terminated                    ./nos
/ #

U-Boot 2011.12 (Apr 01 2015 - 11:04:21)

System is booting, please wait...

Net Initialization Skipped

Bootrom version: 7.2.16
```

图 12-4 4 号交换机恢复出厂设置

```
| 10.4.21.241 (2)                                                        ×
S4600-28P-SI>enable
S4600-28P-SI#config
S4600-28P-SI(config)#interface vlan1
S4600-28P-SI(config-if-vlan1)#ip address 172.16.1.51 255.255.255.0
S4600-28P-SI(config-if-vlan1)#no shutdown
S4600-28P-SI(config-if-vlan1)#exit
S4600-28P-SI(config)#exit
S4600-28P-SI#show runn
!
no service password-encryption
!
hostname S4600-28P-SI
sysLocation China
sysContact 400-810-9119
!
username admin privilege 15 password 0 admin
!
!
!
!
```

图 12-5 4 号交换机配置 IP 地址

```
| 10.4.21.241 (2)                                                        ×
S4600-28P-SI#config
S4600-28P-SI(config)#show vlan
VLAN Name        Type     Media   Ports
1    default     Static   ENET    Ethernet1/0/1    Ethernet1/0/2
                                  Ethernet1/0/3    Ethernet1/0/4
                                  Ethernet1/0/5    Ethernet1/0/6
                                  Ethernet1/0/7    Ethernet1/0/8
                                  Ethernet1/0/9    Ethernet1/0/10
                                  Ethernet1/0/11   Ethernet1/0/12
                                  Ethernet1/0/13   Ethernet1/0/14
                                  Ethernet1/0/15   Ethernet1/0/16
                                  Ethernet1/0/17   Ethernet1/0/18
                                  Ethernet1/0/19   Ethernet1/0/20
                                  Ethernet1/0/21   Ethernet1/0/22
                                  Ethernet1/0/23   Ethernet1/0/24
                                  Ethernet1/0/25   Ethernet1/0/26
                                  Ethernet1/0/27   Ethernet1/0/28
S4600-28P-SI(config)#
```

图 12-6 查看 4 号交换机的 VLAN 划分情况

页的相关内容,参见 12.6 节。

4. 创建和划分 VLAN

(1) 在超级终端利用命令创建两个 VLAN:vlan100 和 vlan200,并使用 show vlan 命令查看添加情况,命令中加粗字体为用户输入内容,如图 12-7 所示。

```
S4600-28P-SI#config
S4600-28P-SI(config)#vlan 100
S4600-28P-SI(config-vlan100)#exit
S4600-28P-SI(config)#vlan 200
S4600-28P-SI(config-vlan200)#exit
S4600-28P-SI(config)#show vlan
```

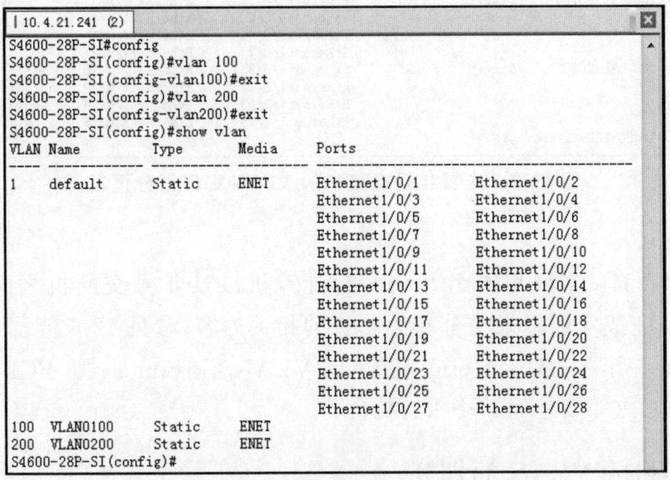

```
|10.4.21.241 (2)|                                              [X]
S4600-28P-SI#config
S4600-28P-SI(config)#vlan 100
S4600-28P-SI(config-vlan100)#exit
S4600-28P-SI(config)#vlan 200
S4600-28P-SI(config-vlan200)#exit
S4600-28P-SI(config)#show vlan
VLAN Name         Type      Media   Ports
---- ----------   --------  ------  -----------------------------------
1    default      Static    ENET    Ethernet1/0/1      Ethernet1/0/2
                                    Ethernet1/0/3      Ethernet1/0/4
                                    Ethernet1/0/5      Ethernet1/0/6
                                    Ethernet1/0/7      Ethernet1/0/8
                                    Ethernet1/0/9      Ethernet1/0/10
                                    Ethernet1/0/11     Ethernet1/0/12
                                    Ethernet1/0/13     Ethernet1/0/14
                                    Ethernet1/0/15     Ethernet1/0/16
                                    Ethernet1/0/17     Ethernet1/0/18
                                    Ethernet1/0/19     Ethernet1/0/20
                                    Ethernet1/0/21     Ethernet1/0/22
                                    Ethernet1/0/23     Ethernet1/0/24
                                    Ethernet1/0/25     Ethernet1/0/26
                                    Ethernet1/0/27     Ethernet1/0/28
100  VLAN0100     Static    ENET
200  VLAN0200     Static    ENET
S4600-28P-SI(config)#
```

图 12-7 查看 4 号交换机的 VLAN 添加情况

（2）完成基于端口的 VLAN 的划分。把端口 1～8 划分到 vlan100，将端口 9～16 划分到 vlan200，命令如下所示，加粗字体为用户输入内容。

```
S4600-28P-SI(config)#vlan 100
S4600-28P-SI(config-vlan100)#switchport interface ethernet 1/0/1-8
Set the port Ethernet 1/0/1 access vlan 100 successfully
Set the port Ethernet 1/0/2 access vlan 100 successfully
Set the port Ethernet 1/0/3 access vlan 100 successfully
Set the port Ethernet 1/0/4 access vlan 100 successfully
Set the port Ethernet 1/0/5 access vlan 100 successfully
Set the port Ethernet 1/0/6 access vlan 100 successfully
Set the port Ethernet 1/0/7 access vlan 100 successfully
Set the port Ethernet 1/0/8 access vlan 100 successfully
S4600-28P-SI(config)#vlan 200
S4600-28P-SI(config-vlan200)#switchport interface ethernet 1/0/9-16
Set the port Ethernet 1/0/9 access vlan 200 successfully
Set the port Ethernet 1/0/10 access vlan 200 successfully
Set the port Ethernet 1/0/11 access vlan 200 successfully
Set the port Ethernet 1/0/12 access vlan 200 successfully
Set the port Ethernet 1/0/13 access vlan 200 successfully
Set the port Ethernet 1/0/14 access vlan 200 successfully
Set the port Ethernet 1/0/15 access vlan 200 successfully
Set the port Ethernet 1/0/16 access vlan 200 successfully
```

完成基于端口的 VLAN 的划分后，可使用 show vlan 命令查看端口划分情况，结果如图 12-8 所示。

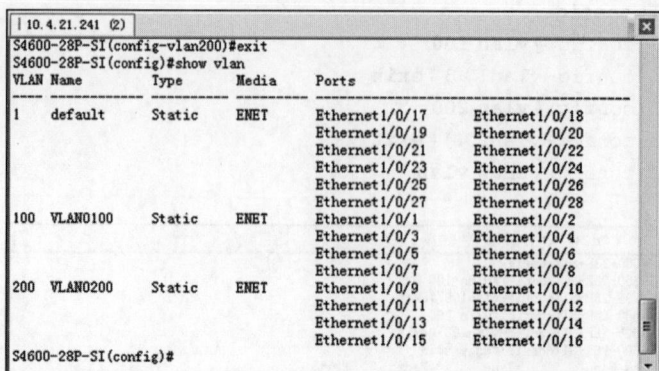

图 12-8　查看 4 号交换机的 VLAN 端口划分情况

5．验证 VLAN

通过 ping 命令测试本机与本组其余 3 台计算机以及 4 号交换机之间的连通性，确认 VLAN 划分效果，完成实训记录与分析第 1 页的相关内容，参见 12.6 节。

参考结论：同一个 VLAN 能 ping 通，不同 VLAN 不能 ping 通。PC1 和 PC2 属于同一个 VLAN，PC3 和 PC4 属于同一个 VLAN。

12.4.2　跨交换机的 VLAN 的划分

使用灰色短网线将 4 号交换机端口 24 和 5 号交换机端口 24 连接起来。

1．连接交换机线

按照以下要求利用红色网线将每组 4 台 PC 分别通过配线架上对应的引出端口和机架上的交换机相连。

（1）每组 PC1：使用网线将配线架上的 X1（X 为组编号）连接到本组 4 号交换机的 1～8 的任意端口。

（2）每组 PC2：使用网线将配线架上的 X1（X 为组编号）连接到本组 5 号交换机的 1～8 的任意端口。

（3）每组 PC3：使用网线将配线架上的 X1（X 为组编号）连接到本组 4 号交换机的 9～16 的任意端口。

（4）每组 PC4：使用网线将配线架上的 X1（X 为组编号）连接到本组 5 号交换机的 9～16 的任意端口。

2．配置 5 号交换机，并完成 VLAN 的创建和划分

（1）打开桌面的 SecureCRT。按照 11.4.2 节的说明启动 SecureCRT，建立与 5 号交换机的快速连接。

（2）按照 11.4.2 节的说明，利用超级终端为 5 号交换机恢复出厂设置（如图 12-4 所示），配置交换机管理 IP 地址为 172.16.X.52。使用 show runn 命令查看配置是否成功，如图 12-9 所示。

（3）参照 12.4.1 节，为 5 号交换机添加 vlan100 和 vlan200，并将端口 1～8 划分到 vlan100，将端口 9～16 划分到 vlan200，最终使用 show vlan 命令查看端口划分情况，如图 12-10 所示。

```
| 10.4.21.241 (3)                                                    ×
0/27, changed state to DOWN
%Jan 01 00:00:21 2006 %LINK-5-CHANGED: Interface Ethernet1/0/28, changed state t
o UP
%Jan 01 00:00:21 2006 %LINEPROTO-5-UPDOWN: Line protocol on Interface Ethernet1/
0/28, changed state to DOWN
%Jan 01 00:00:23 2006 %LINEPROTO-5-UPDOWN: Line protocol on Interface Ethernet1/
0/24, changed state to UP
%Jan 01 00:00:24 2006 %LINEPROTO-5-UPDOWN: Line protocol on Interface Vlan1,chan
ged state to UP
S4600-28P-SI>enable
S4600-28P-SI#config
S4600-28P-SI(config)#interface vlan1
S4600-28P-SI(config-if-vlan1)#ip address 172.16.1.52 255.255.255.0
S4600-28P-SI(config-if-vlan1)#no shutdown
S4600-28P-SI(config-if-vlan1)#exit
S4600-28P-SI(config)#exit
S4600-28P-SI#show runn
!
no service password-encryption
!
hostname S4600-28P-SI
sysLocation China
sysContact 400-810-9119
```

图 12-9 5 号交换机恢复出厂设置并完成 IP 设置

```
| 10.4.21.241 (3)                                                    ×
S4600-28P-SI#
S4600-28P-SI#config
S4600-28P-SI(config)#vlan 100
S4600-28P-SI(config-vlan100)#switchport interface ethernet 1/0/1-8
Set the port Ethernet1/0/1 access vlan 100 successfully
Set the port Ethernet1/0/2 access vlan 100 successfully
Set the port Ethernet1/0/3 access vlan 100 successfully
Set the port Ethernet1/0/4 access vlan 100 successfully
Set the port Ethernet1/0/5 access vlan 100 successfully
Set the port Ethernet1/0/6 access vlan 100 successfully
Set the port Ethernet1/0/7 access vlan 100 successfully
Set the port Ethernet1/0/8 access vlan 100 successfully
S4600-28P-SI(config-vlan100)#exit
S4600-28P-SI(config)#vlan 200
S4600-28P-SI(config-vlan200)#switchport interface ethernet 1/0/9-16
Set the port Ethernet1/0/9 access vlan 200 successfully
Set the port Ethernet1/0/10 access vlan 200 successfully
Set the port Ethernet1/0/11 access vlan 200 successfully
Set the port Ethernet1/0/12 access vlan 200 successfully
Set the port Ethernet1/0/13 access vlan 200 successfully
Set the port Ethernet1/0/14 access vlan 200 successfully
Set the port Ethernet1/0/15 access vlan 200 successfully
Set the port Ethernet1/0/16 access vlan 200 successfully
S4600-28P-SI(config-vlan200)#exit
S4600-28P-SI(config)#show vlan
VLAN Name        Type     Media    Ports
---- ---------   -------  ------   -----------------   -----------------
1    default     Static   ENET     Ethernet1/0/17      Ethernet1/0/18
                                    Ethernet1/0/19      Ethernet1/0/20
                                    Ethernet1/0/21      Ethernet1/0/22
                                    Ethernet1/0/23      Ethernet1/0/24
                                    Ethernet1/0/25      Ethernet1/0/26
                                    Ethernet1/0/27      Ethernet1/0/28
100  VLAN0100    Static   ENET     Ethernet1/0/1       Ethernet1/0/2
                                    Ethernet1/0/3       Ethernet1/0/4
                                    Ethernet1/0/5       Ethernet1/0/6
                                    Ethernet1/0/7       Ethernet1/0/8
200  VLAN0200    Static   ENET     Ethernet1/0/9       Ethernet1/0/10
                                    Ethernet1/0/11      Ethernet1/0/12
                                    Ethernet1/0/13      Ethernet1/0/14
                                    Ethernet1/0/15      Ethernet1/0/16
```

图 12-10 查看 5 号交换机的 VLAN 划分情况

3. 测试 VLAN（已划分 VLAN 但未设置 Trunk 的情况下）

通过 ping 命令测试本机与本组其余 3 台计算机以及交换机之间的连通性，确认 VLAN 划分效果，完成实训记录与分析第 2 页的相关内容，参见 12.6 节。

4. 设置 Trunk

在超级终端使用命令将 4 号交换机和 5 号交换机的端口 24 设置为 Trunk，设置命令如下。注意需要在 4 号交换机和 5 号交换机上都完成 Trunk 设置。设置完毕，使用 show vlan 命令查看设置效果，加粗字体为用户输入内容，如图 12-11 所示。

```
S4600-28P-SI(config)#interface ethernet 1/0/24
S4600-28P-SI(config-if-ethernet1/0/24)#switchport mode trunk
Set the port Ethernet 1/0/24 mode Trunk successfully
S4600-28P-SI(config-if-ethernet1/0/24)#switchport trunk allowed vlan all
S4600-28P-SI(config-if-ethernet1/0/24)#exit
S4600-28P-SI(config)#exit
S4600-28P-SI#show vlan
```

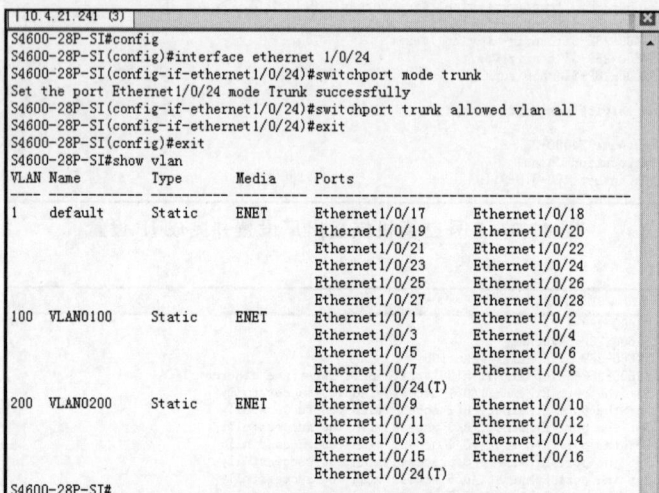

图 12-11　查看交换机的 Trunk 设置是否成功

5. 测试 VLAN（设置 Trunk 的情况下）

通过 ping 命令测试本机与本组其余 3 台计算机以及交换机之间的连通性，确认 VLAN 划分效果，完成实训记录与分析第 2 页的相关内容，参见 12.6 节。

12.5　思考题

（1）VLAN 有几种划分方法？

（2）交换机端口有哪几种类型？简要说明各种类型的用途。

（3）假设某一企业有单位内部交换机，该交换机端口 1 接外网，端口 2 接局域网共享，端口 3、4、5、6、9、10 供 A 单位用，端口 7 供 B 单位用，端口 8 供 C 单位用。请问如何划分 VLAN？

（4）跨交换机 VLAN 划分设置过程中，若交换机互连的端口为 Access，两交换机属于同一 VLAN 的用户是否能通信？

（5）一般高校把学生宿舍、教学楼与中控机、一卡通、教师办公使用 VLAN 隔离，其中教师办公的财务部门、人力部门同其他部门隔离，如何设计 VLAN？

12.6　实训记录与分析

由于本次实验分组进行，每组提交一份实训记录与分析即可。每组需提交的实训记录与分析如图 12-12 和图 12-13 所示。

（1）交换机内 VLAN 划分

PC1 的 IP 地址：　　　　连接的交换机端口：　　　　所属 VLAN：

ping 的 IP 地址	连接的交换机及端口号	未划分 VLAN		划分 VLAN 后	
		所属 VLAN	连通情况	所属 VLAN	连通情况
PC2:			□通 □不通		□通 □不通
PC3:			□通 □不通		□通 □不通
PC4:			□通 □不通		□通 □不通
4 号交换机:	——		□通 □不通		□通 □不通

PC3 的 IP 地址：　　　　连接的交换机端口：　　　　所属 VLAN：

ping 的 IP 地址	连接的交换机及端口号	未划分 VLAN		划分 VLAN 后	
		所属 VLAN	连通情况	所属 VLAN	连通情况
PC1:			□通 □不通		□通 □不通
PC2:			□通 □不通		□通 □不通
PC4:			□通 □不通		□通 □不通
4 号交换机:			□通 □不通		□通 □不通

PC2 的 IP 地址：　　　　连接的交换机端口：　　　　所属 VLAN：

ping 的 IP 地址	连接的交换机及端口号	未划分 VLAN		划分 VLAN 后	
		所属 VLAN	连通情况	所属 VLAN	连通情况
PC1:			□通 □不通		□通 □不通
PC3:			□通 □不通		□通 □不通
PC4:			□通 □不通		□通 □不通
4 号交换机:			□通 □不通		□通 □不通

PC4 的 IP 地址：　　　　连接的交换机端口：　　　　所属 VLAN：

ping 的 IP 地址	连接的交换机及端口号	未划分 VLAN		划分 VLAN 后	
		所属 VLAN	连通情况	所属 VLAN	连通情况
PC1:			□通 □不通		□通 □不通
PC2:			□通 □不通		□通 □不通
PC3:			□通 □不通		□通 □不通
4 号交换机:	——		□通 □不通		□通 □不通

图 12-12　实训记录与分析第 1 页

（2）跨交换机的 VLAN 划分

PC1 的 IP 地址：　　　　连接的交换机端口：　　　　所属 VLAN：

ping 的 IP 地址	连接的交换机及端口号	已划分 VLAN 但未设置 Trunk		已划分 VLAN 且设置 Trunk	
		所属 VLAN	连通情况	所属 VLAN	连通情况
PC2:			□通 □不通		□通 □不通
PC3:			□通 □不通		□通 □不通
PC4:			□通 □不通		□通 □不通
4 号交换机:	——		□通 □不通		□通 □不通
5 号交换机:	——		□通 □不通		□通 □不通

PC3 的 IP 地址：　　　　连接的交换机端口：　　　　所属 VLAN：

ping 的 IP 地址	连接的交换机及端口号	已划分 VLAN 但未设置 Trunk		已划分 VLAN 且设置 Trunk	
		所属 VLAN	连通情况	所属 VLAN	连通情况
PC1:			□通 □不通		□通 □不通
PC2:			□通 □不通		□通 □不通
PC4:			□通 □不通		□通 □不通
4 号交换机:	——		□通 □不通		□通 □不通
5 号交换机:	——		□通 □不通		□通 □不通

PC2 的 IP 地址：　　　　连接的交换机端口：　　　　所属 VLAN：

ping 的 IP 地址	连接的交换机及端口号	已划分 VLAN 但未设置 Trunk		已划分 VLAN 且设置 Trunk	
		所属 VLAN	连通情况	所属 VLAN	连通情况
PC1:			□通 □不通		□通 □不通
PC3:			□通 □不通		□通 □不通
PC4:			□通 □不通		□通 □不通
4 号交换机:	——		□通 □不通		□通 □不通
5 号交换机:	——		□通 □不通		□通 □不通

PC4 的 IP 地址：　　　　连接的交换机端口：　　　　所属 VLAN：

ping 的 IP 地址	连接的交换机及端口号	已划分 VLAN 但未设置 Trunk		已划分 VLAN 且设置 Trunk	
		所属 VLAN	连通情况	所属 VLAN	连通情况
PC1:			□通 □不通		□通 □不通
PC2:			□通 □不通		□通 □不通
PC3:			□通 □不通		□通 □不通
4 号交换机:			□通 □不通		□通 □不通
5 号交换机:			□通 □不通		□通 □不通

图 12-13　实训记录与分析第 2 页

第 13 章　DHCP 服务器的配置

13.1　知识准备

在协议软件中给参数赋值的动作叫协议配置。任何需要连接到互联网的计算机,都必须对 IP 地址、子网掩码、默认网关和域名服务器进行配置。但使用人工手动进行协议配置很不方便,而且容易出错。所以,互联网现在广泛使用动态主机配置协议(Dynamic Host Configuration Protocol,DHCP)。

13.1.1　DHCP 的作用与原理

DHCP 提供了一种即插即用连网的机制,允许一台计算机加入新的网络和获取 IP 地址而不需要手工参与。DHCP 采用客户-服务器方式,可以使用 DHCP 服务器为网络上启用了 DHCP 的客户管理动态 IP 地址分配和其他相关配置细节。DHCP 不仅可以避免由于手动输入而引起的配置错误,还有助于防止因使用已分配的 IP 地址配置新的计算机而引发的地址冲突。使用 DHCP 可以大大降低用于配置和重新配置连网计算机的时间,可以让服务器在分配地址租约的同时提供全部的其他网络属性配置值。另外,DHCP 租约续订过程还有助于确保在客户端计算机配置需要经常更新时(如使用移动或便携式计算机频繁更改位置的用户),可以自动、高效地更新和修改客户端计算机的配置 。

DHCP 是基于运输层 UDP 之上的应用,其实现原理如下。

1) DHCP 服务器开启服务

网络中的 DHCP 服务器被动打开 UDP 端口 67,等待客户发来的报文。

2) DHCP 客户发送 DHCP 发现报文

DHCP 客户设置使用 DHCP 自动获得 IP 地址。DHCP 客户会通过 UDP 端口 68 向网络中广播发送发现报文 DHCP DISCOVER,请求租用 IP 地址。DHCP 发现报文中源 IP 地址为 0.0.0.0,目标 IP 地址为 255.255.255.255,报文还包含客户的 MAC 地址和计算机名。如果在 1s 之内没有收到回应,DHCP 客户就会进行第二次广播。在得不到回应的情况下,DHCP 客户总共发送 4 次 DHCP 发现报文,其余 3 次的等待时间分别是 9s、13s 和 16s。如果仍然无法联系到 DHCP 服务器,DHCP 客户则认为自动获得 IP 地址失败,默认情况下将随机使用 APIPA(Automatic Private IP Addressing,自动专用 IP 寻址)。APIPA 是一个 DHCP 故障转移机制。DHCP 客户会使用 169.254.0.0/16 中定义的未被其他客户使用的 IP 地址,子网掩码为 255.255.0.0,但是不会配置默认网关和其他 TCP/IP 选项,因此只能和同子网的使用 APIPA 地址的 DHCP 客户进行通信。

3) DHCP 服务器回应 DHCP 提供报文

任何接收到 DHCP 发现报文并且能够提供 IP 地址的 DHCP 服务器,都会通过 UDP 端口 68 给客户回应一个 DHCP 提供报文 DHCP OFFER,提供一个 IP 地址。该报文为广播报文,源 IP 地址为 DCHP 服务器 IP 地址,目标 IP 地址为 255.255.255.255。该报文中还包含提供的 IP 地址、子网掩码及租约期等信息。

4)DHCP 客户发送 DHCP 请求报文

凡收到 DHCP 发现报文的 DHCP 服务器都发出 DHCP 提供报文,因此 DHCP 客户可能会收到多个 DHCP 提供报文。DHCP 客户从多个 DHCP 服务器中选择一个,例如选择第一个收到的 DHCP OFFER,并向所选择的 DHCP 服务器发送 DHCP 请求报文 DHCP REQUEST,表明已接受该 DHCP 服务器提供的 IP 地址。DHCP 请求报文中包含所接受的 IP 地址和服务器的 IP 地址。所有未收到 DHCP 客户发送 DHCP 请求报文的 DHCP 服务器则撤销其提供的 IP 地址,以便将 IP 地址再次提供给其他 DHCP 客户。

5)DHCP 服务器发出 DHCP 确认报文

被 DHCP 客户选择的 DHCP 服务器在收到 DHCP 请求报文后,会广播返回给 DHCP 客户一个 DHCP 确认报文 DHCP ACK,表明已经接受 DHCP 客户的选择,并将这一 IP 地址的合法租用以及其他的配置信息都放入该广播报文发给 DHCP 客户。

6)DHCP 客户地址租用成功

DHCP 客户在收到 DHCP 确认报文后,会使用该报文中的信息进行 TCP/IP 配置,则租用过程完成,DHCP 客户可以在网络中通信。

至此 DHCP 客户获取 IP 的 DHCP 服务过程基本结束。不过 DHCP 客户获取的 IP 一般是有租用期的,到期前需要更新租用期,这个过程是通过租用更新报文完成的。

7)DHCP 客户 IP 租用更新

DHCP 客户要根据 DHCP 服务器提供的租用期 t 设置两个计时器 T_1 和 T_2,它们的超时时间分别是 0.5t 和 0.875t。当超时时间到时,就要请求更新租用期。

在当前租用期过半(T_1 时间到)时,DHCP 客户直接向为其提供 IP 地址的 DHCP 服务器发送 DCHP 请求报文 DHCP REQUEST,要求更新租用期。如果 DHCP 服务器同意,则发回确认报文 DHCP ACK,DHCP 客户根据 DHCP 确认报文中的新租用期及其他已更新的 TCP/IP 参数来更新自己的配置,IP 租用更新完成。如果 DHCP 服务器不同意,则发回 DHCP 否认报文 DHCP NACK。这时 DHCP 客户必须立即停止使用原来的 IP 地址,重新申请 IP 地址。如果 DHCP 服务器不响应,则 DHCP 客户继续使用现有的 IP 地址。

在租用期过 87.5%(T_2 时间到)时,DHCP 客户必须重新发送请求报文 DHCP REQUEST,等待 DHCP 服务器的响应,重复租用期过半时的租用更新步骤。

如果 DHCP 客户重新启动,它将尝试更新上次关机时拥有的 IP 租用。如果更新未能成功,DHCP 客户将尝试联系现有 IP 租用中列出的默认网关。如果联系成功且租用尚未到期,DHCP 客户则认为自己仍然位于与它获得现有 IP 租用时相同的子网上(没有被移走),继续使用现有 IP 地址。如果未能与默认网关联系成功,DHCP 客户则认为自己已经被移到不同的子网上,将会开始新一轮的 IP 租用过程。

DHCP 客户可以使用 ipconfig/release 命令随时主动释放所获取的 IP 地址。

13.1.2　作用域

作用域是网络上可能分配的 IP 地址的完整连续范围。作用域通常定义为接收 DHCP 服务的网络上的单个物理子网。服务器使用"作用域"向网络上的客户提供 IP 地址及相关配置参数的分发和指派管理。

每一个作用域具有以下属性。

- IP 地址范围：通过设置起始 IP 地址和结束 IP 地址给出可租给 DHCP 客户的 IP 地址范围。
- 子网掩码：用于确定给定 IP 地址的子网，此选项在创建作用域后无法修改。
- 名称：创建作用域时指定的名称。
- 租用期限值：分配给 DHCP 客户的租期时间。
- DHCP 作用域选项：如 DNS 服务器、路由器 IP 地址和 WINS 服务器地址等。
- 保留(可选)：用于确保某个确定 MAC 地址的 DHCP 客户总是能从此 DHCP 服务器获得相同的 IP 地址。

13.1.3　租用期、排除范围和保留地址

DHCP 服务器分配给 DHCP 客户的 IP 地址是临时的，因此 DHCP 客户只能在一段有限的时间内使用这个分配到的 IP 地址。DHCP 协议称这段时间为租用期。当 DHCP 服务器向 DHCP 客户提供租约时，租约是"活动"的。在租用过期之前，DHCP 客户通常需要向服务器更新指派给它的地址租约。当租用过期或在服务器上被删除时，它将变成"非活动"的。租用期决定租约何时期满以及 DHCP 客户需要向服务器对它进行更新的频率。租用期的数值应由 DHCP 服务器决定。DHCP 客户也可在自己发送的报文中(如发现报文)提出对租用期的要求。

排除范围是从作用域内可供分配的 IP 地址中排除有限的 IP 地址序列。DHCP 服务器不会将设置为排除的 IP 地址分配给 DHCP 客户。

DHCP 服务器可使用"保留"创建 DHCP 服务器指派的永久地址租约。可通过 DHCP 客户的网卡的物理地址(即 MAC 地址)为其保留一个 IP 地址。保留可以确保 DHCP 客户永远得到同一个 IP 地址。有些网络服务需要固定的 IP 地址才能运行，但又希望主机的网络设置信息由 DHCP 服务器获取，这时就可以为其设置保留地址。

13.2　实验目的

(1) 理解 DHCP 的作用和工作原理。

(2) 掌握 DHCP 服务器安装配置过程。

(3) 掌握 DHCP 客户端的配置方法，能为客户端配置保留地址，并验证 DHCP 服务。

(4) 结合工程应用场景，能够实现 DHCP 的规划、配置和管理。

13.3　实验环境

13.3.1　模拟场景

一个企业内构建了局域网，局域网内有众多的计算机。为了免除员工手工配置 IP 地址之劳，也为了保证计算机配置正确且不出现 IP 地址冲突，网络工程师需要配置一台 DHCP 服务器，使网络中的计算机能自动获取 IP 地址。

13.3.2　实验条件

DHCP 服务器(已安装 Windows Server 2019)1 台,DHCP 客户机(已安装其他 Windows 操作系统)至少 1 台,交换机 1 台,将设备连接成局域网。

13.3.3　网络规划

本实验中各计算机的 TCP/IP 配置信息如表 13-1 所示。

表 13-1　各计算机的 TCP/IP 配置信息

计　算　机	TCP/IP 属性设置	
DHCP 服务器	IP 地址	192.168.248.3
	子网掩码	255.255.255.0
	默认网关	192.168.248.2
	DNS 服务器	192.168.248.3
DHCP 客户	自动获得 IP 地址 自动获得 DNS	

说明:为了在不增加实验设备的情况下提升学生的实践参与度,本实验可采用虚拟机 VMware 软件,在单一物理机上虚拟出 1 台 DHCP 服务器和 1 台 DHCP 客户机。各学校可以根据实验室的实验设备情况,对实验过程进行修订。

13.4　实验步骤

13.4.1　添加服务器角色

以下步骤在 DHCP 服务器上完成。

(1) 开机后系统自动启动服务器管理器,或选择【开始】→【服务器管理器】命令,打开服务器管理器窗口,如图 13-1 所示。单击服务器管理器页面右侧窗格中的【②添加角色和功

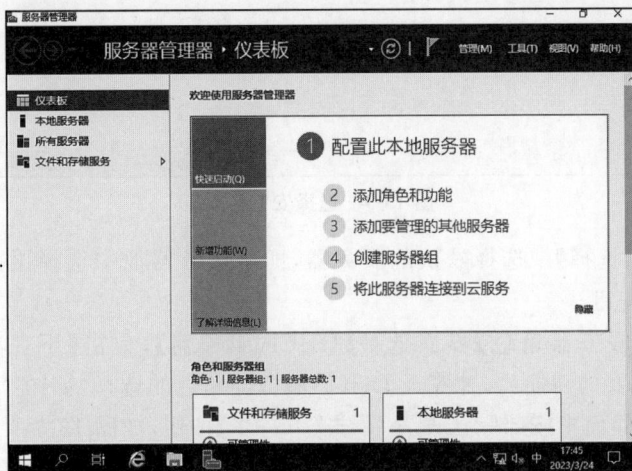

图 13-1　服务器管理器

能】,弹出【添加角色和功能向导】对话框,如图 13-2 所示。

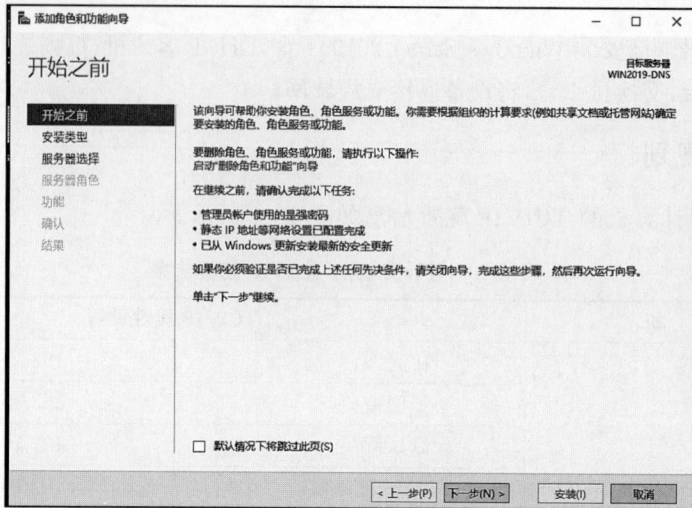

图 13-2　开始之前

（2）在【添加角色和功能向导】对话框单击【开始之前】,再单击【下一步】按钮,进入【安装类型】界面。选择【基于角色或基于功能的安装】单选按钮,如图 13-3 所示,然后单击【下一步】。

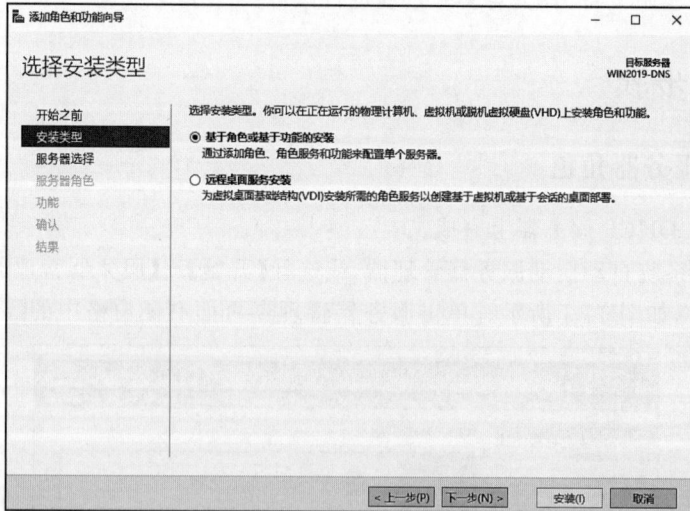

图 13-3　选择安装类型

（3）在【服务器选择】中选择默认的服务器,即从服务器池中选择服务器,如图 13-4 所示,单击【下一步】按钮。

（4）在【选择服务器角色】界面选择【DHCP 服务器】,单击【下一步】按钮。在添加 DHCP 服务器所需要的功能后,才完成 DHCP 服务器角色的选择,如图 13-5 所示。

（5）在【功能】界面中按照默认设置,单击【下一步】按钮,如图 13-6 所示。

（6）在【DHCP 服务器】界面（如图 13-7 所示）单击【下一步】按钮,在之后弹出的界面（如图 13-8 所示）单击【安装】按钮开始安装。

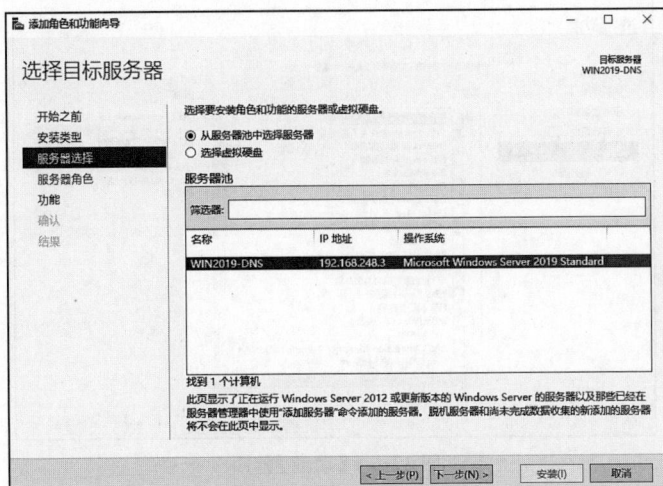

图 13-4　服务器选择

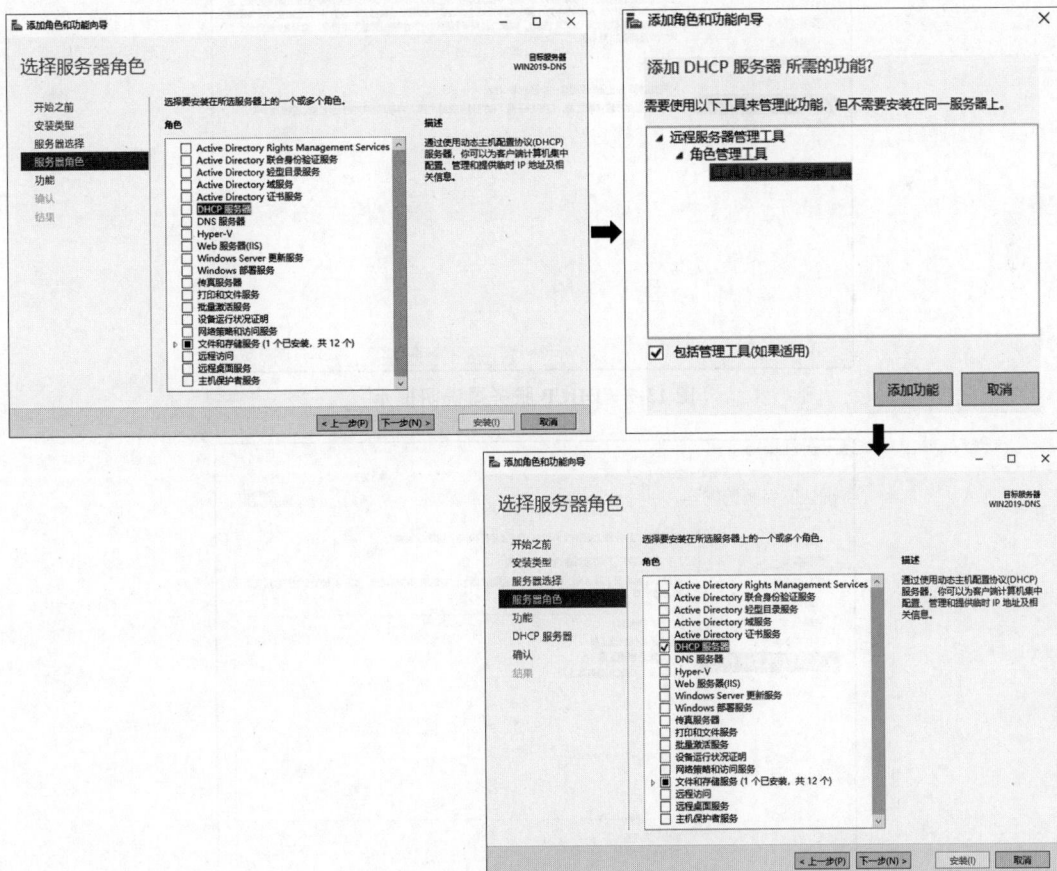

图 13-5　选择服务器角色

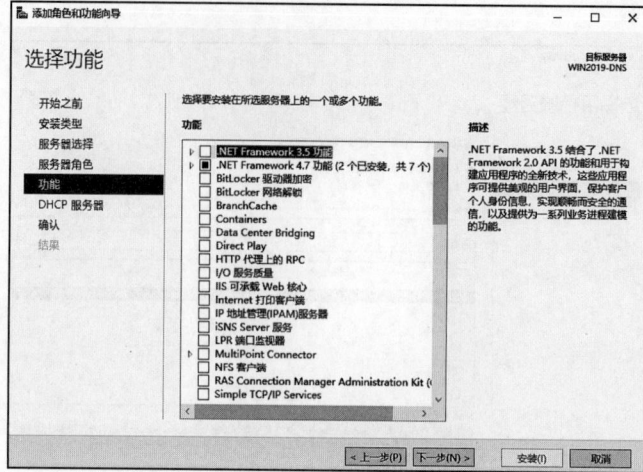

图 13-6 【功能】界面

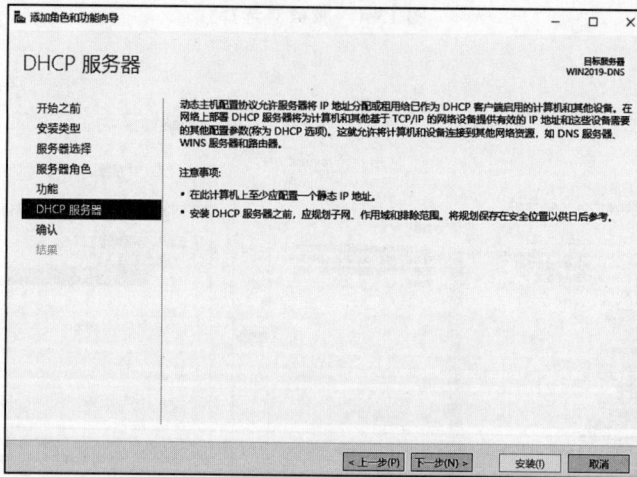

图 13-7 DHCP 服务器说明提示

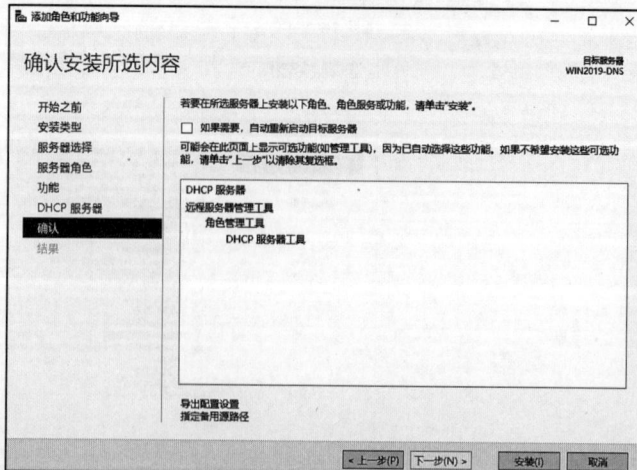

图 13-8 DHCP 服务器开始安装

（7）安装完成后会在【安装结果】界面显示安装是否成功及相关提示信息，单击【关闭】按钮完成整个安装配置过程。

13.4.2　完成 DHCP 服务器配置

以下步骤在 DHCP 服务器上完成。

（1）成功安装 DHCP 服务器后，选择【开始】→【Windows 管理工具】→DHCP 命令，如图 13-9 所示，弹出 DHCP 控制台，如图 13-10 所示。

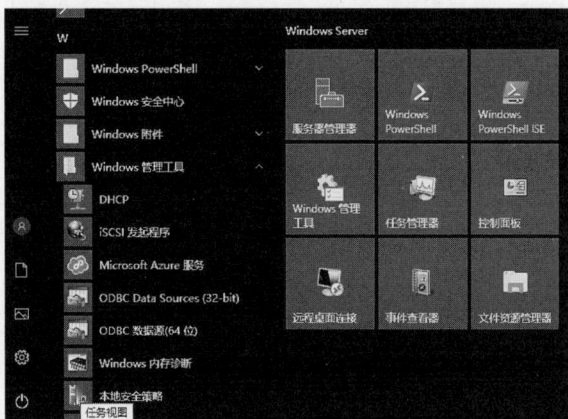

图 13-9　【开始】菜单

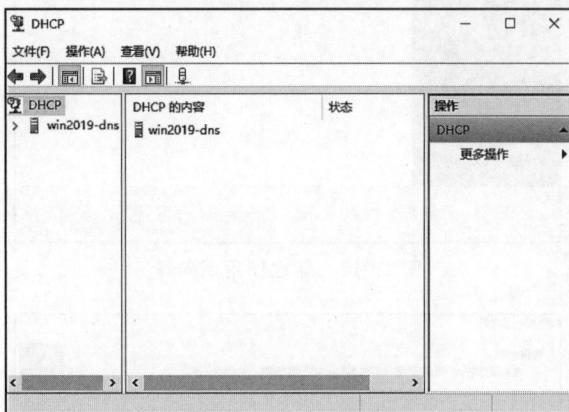

图 13-10　DHCP 控制台

（2）在 DHCP 控制台左边选中 IPv4，右击，选择【新建作用域】命令，如图 13-11 所示，打开【新建作用域向导】对话框，如图 13-12 所示，单击【下一步】按钮。

（3）在【作用域名称】界面，为作用域命名，比如用企业的域名或学生姓名的拼音，本实验使用 xyz，如图 13-13 所示，然后单击【下一步】按钮。

（4）在【IP 地址范围】界面，设置起始地址和结束 IP 地址。如起始地址为：192.168.248.100，结束 IP 地址为 192.168.248.200；在【传输到 DHCP 客户端的配置设置】选项组中保留默认值，即设置子网掩码为 255.255.255.0，如图 13-14 所示，然后单击【下一步】按钮。

（5）在【添加排除和延迟】和【租用期限】界面进行相应设置，如图 13-15 和图 13-16 所示。单击【下一步】按钮，弹出【配置 DHCP 选项】界面，如图 13-17 所示。

图 13-11　准备新建作用域

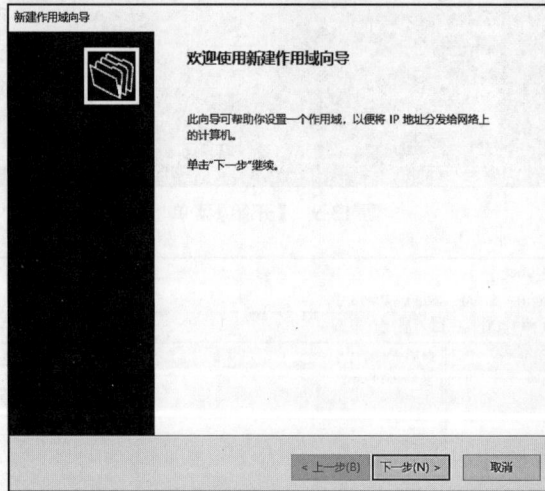

图 13-12　新建作用域向导

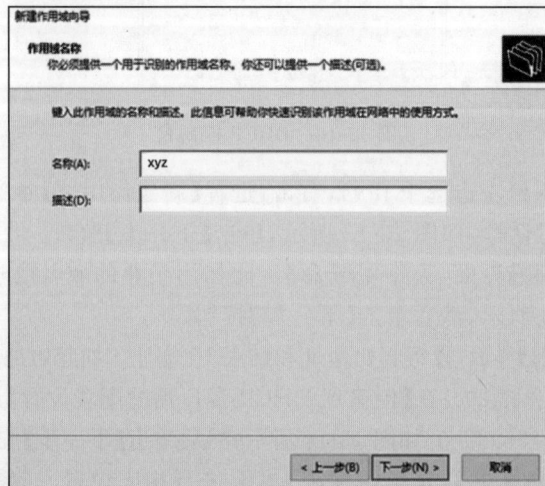

图 13-13　添加作用域名称

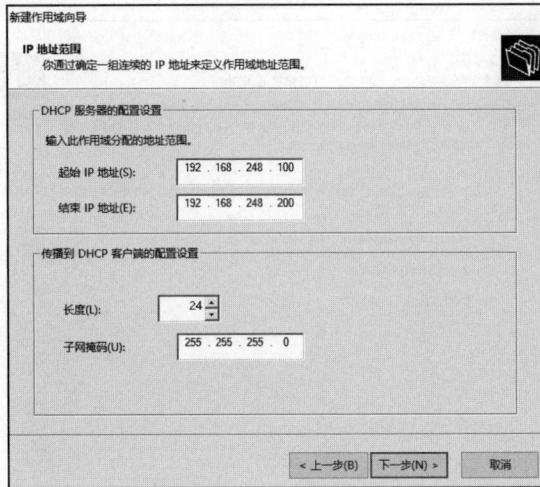

图 13-14　IP 地址范围

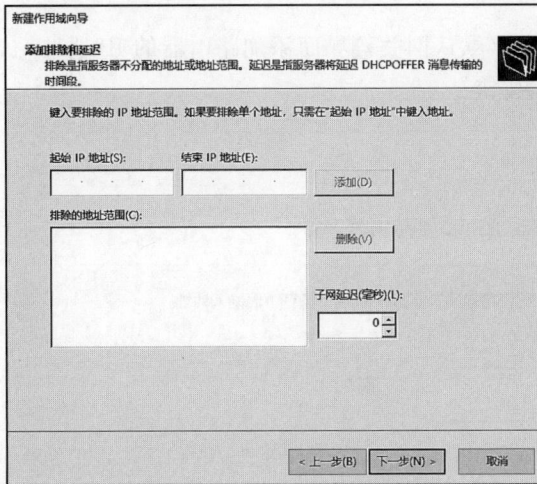

图 13-15　排除 IP 地址范围

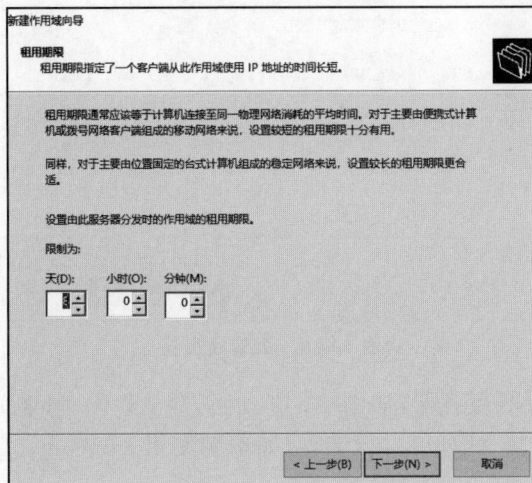

图 13-16　租用期限

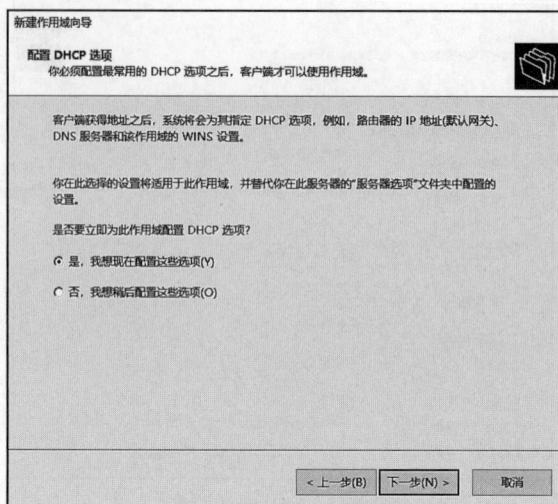

图 13-17　配置 DHCP 选项

（6）在弹出的【路由器（默认网关）】界面添加路由器的 IP 地址 192.168.248.2，如图 13-18所示，然后单击【下一步】按钮。

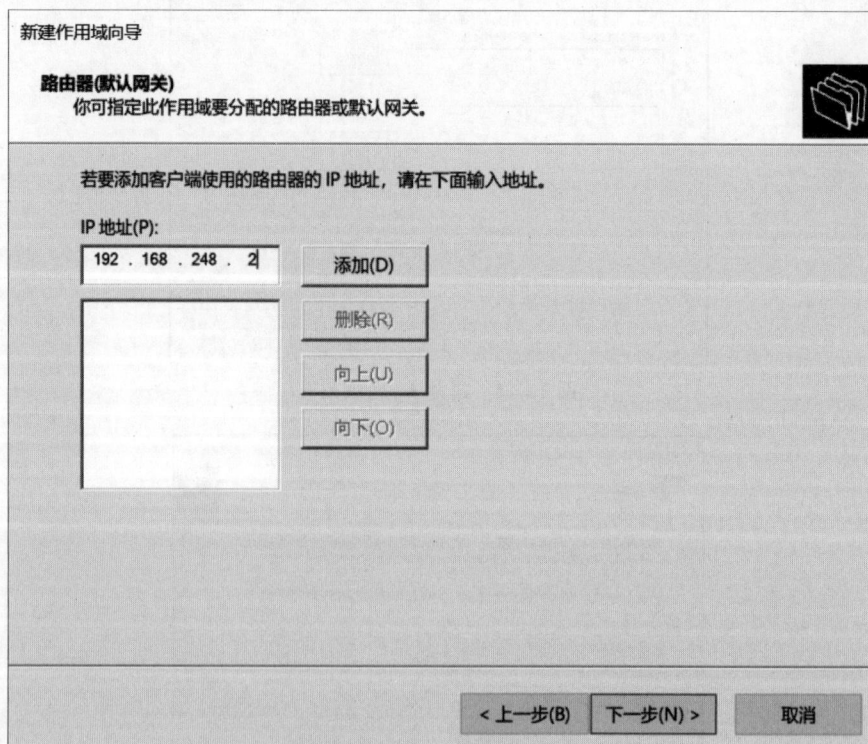

图 13-18　配置路由器

（7）配置父域和 DNS 服务器，如图 13-19 所示，单击【下一步】按钮。工程应用场景中父域可根据企业信息填写，此处可自行填写，如本例使用 xyz.com。DNS 服务器的 IP 地址为 192.168.248.3。

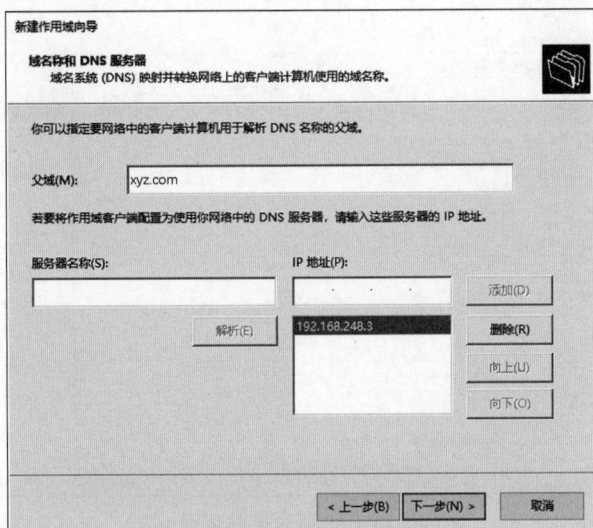

图 13-19　配置父域和 DNS 服务器

（8）单击【下一步】按钮，完成新建作用域的配置。

完成此步骤后，填写实训记录与分析，参见 13.6.1 节的相关内容。

13.4.3　配置 DHCP 客户并验证

以下步骤在客户机上完成。

（1）启动客户机，在【TCP/IP 属性】对话框中将 IPv4 的地址设置为【自动获得】，DNS 服务器地址设置为【自动获得】即可。

（2）进入命令行窗口，使用 ipconfig/all 命令查看获取的 IP 地址信息。

（3）用 ipconfig /release 命令释放 IP 地址。

（4）用 ipconfig/renew 命令重新获取 IP 地址。

（5）用 ipconfig/all 命令验证第二次获取的 IP 地址信息。

完成此步骤后，填写实训记录与分析，参见 13.6.1 节的相关内容。

13.4.4　设置排除地址并验证

（1）在 DHCP 服务器上，进入 DHCP 控制台，在左边窗格中选中【地址池】，右击，选择【新建排除范围】命令，如图 13-20 所示。

（2）添加排除的起始地址和结束地址。例如，此处可添加起始 IP 地址为 192.168.248.100，结束 IP 地址为 192.168.248.105，然后单击【添加】按钮，如图 13-21 所示。为了确保排除效果，建议将 13.4.3 节中客户机获取的 IP 地址排除掉。

（3）完成以上排除地址设置后，在客户机上依次运行 ipconfig/release、ipconfig/renew 和 ipconfig/all 命令来查看排除效果。

（4）可在 DHCP 服务器上 DHCP 控制台中的【地址租用】查看该 DHCP 服务器的地址租用情况，如图 13-22 所示。

完成此步骤后，填写实训记录与分析，参见 13.6.2 节的相关内容。

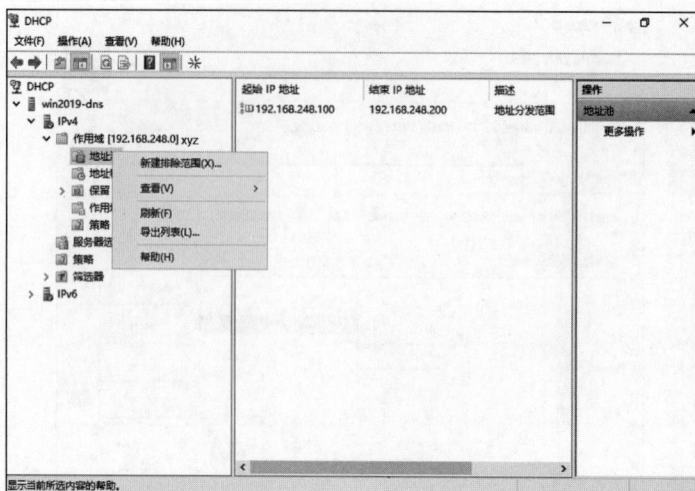

图 13-20　新建排除范围

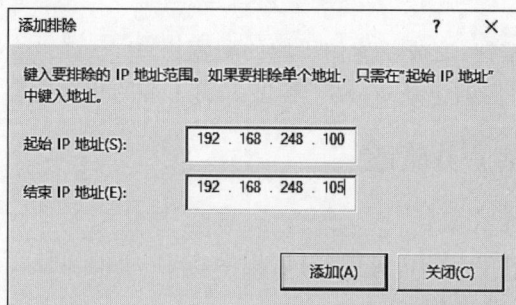

图 13-21　设置排除范围

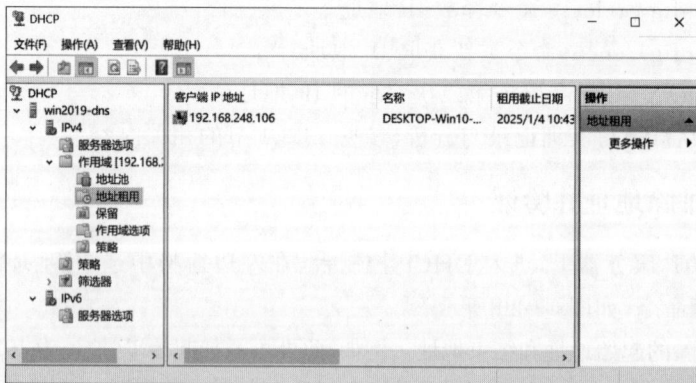

图 13-22　查看该 DHCP 服务器的地址租用情况

13.4.5　设置保留地址并验证

（1）在客户机上用 ipconfig 命令查本机的 MAC 地址，并记录其 MAC 地址，以备设置保留地址使用。

（2）在 DHCP 服务器中为该客户机设置保留地址。在 DHCP 控制台中，右击【保留】，然后选择【新建保留】命令,如图 13-23 所示。

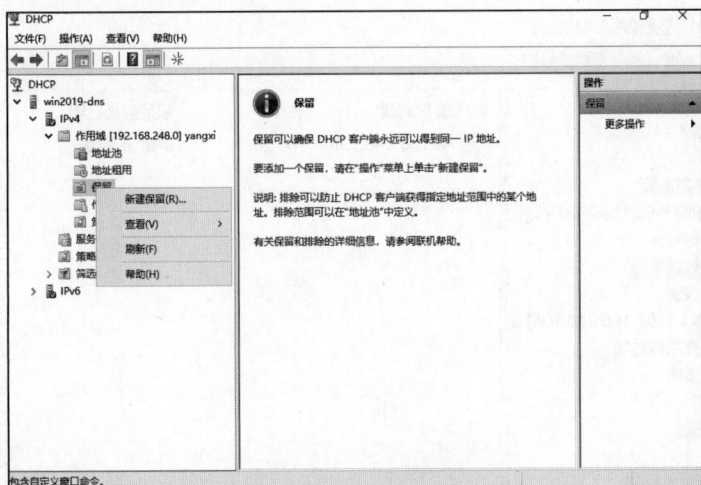

图 13-23　新建保留

（3）在弹出的对话框中填写保留信息,单击【添加】按钮。在【保留名称】文本框中输入保留名称;在【IP 地址】文本框输入要保留的 IP 地址,如 192.168.248.160(为了能查看保留效果,建议不使用前面已获取过的 IP 地址);在【MAC 地址】文本框输入被保留地址的客户机的MAC 地址,如图 13-24 所示。添加成功后,可在保留界面查看到保留设置,如图 13-25 所示。

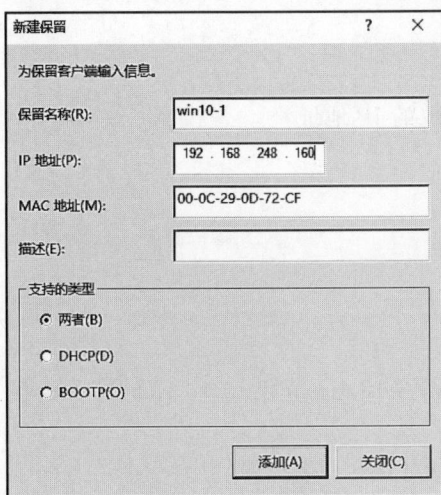

图 13-24　添加保留

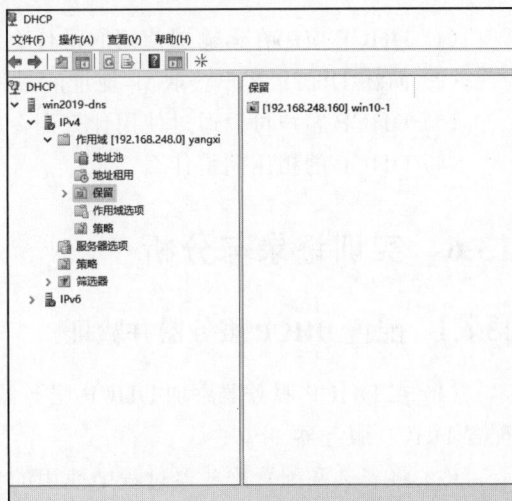

图 13-25　完成保留设置

（4）在客户机上依次运行 ipconfig/release、ipconfig/renew 和 ipconfig/all 命令,查看保留效果,验证客户机是否获得了保留的 IP 地址。也可在 DHCP 服务器 DHCP 控制台中的【地址租用】界面查看保留效果,如图 13-26 所示。

完成此步骤后,填写实训记录与分析,参见 13.6.3 节的相关内容。

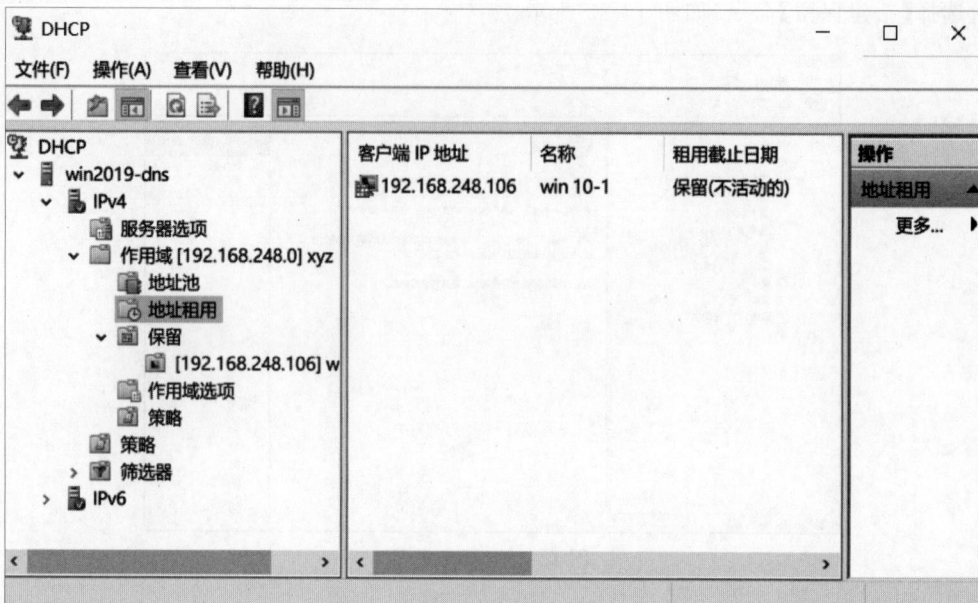

图 13-26　DHCP 控制台中的地址租用界面的保留效果

13.5　思考题

（1）DHCP 应用在运输层使用的是什么协议？

（2）简述 DHCP 客户获取 IP 地址的过程。

（3）DHCP 客户可以通过使用什么命令释放已获取的 IP 地址？

（4）DHCP 的租用期是什么？

13.6　实训记录与分析

13.6.1　配置 DHCP 服务器并验证

（1）在 DHCP 服务器添加 DHCP 服务器角色，并参考 13.4.1 节和 13.4.2 节的实验步骤配置 DHCP 服务器。

（2）将安装和配置服务器过程中使用的参数填入表 13-2。

表 13-2　DHCP 服务器配置参数

配 置 参 数	配 置 内 容
作用域名称	
分配的 IP 地址范围	
子网掩码	
租用期限	

续表

配 置 参 数	配 置 内 容
路由器(默认网关)	
父域	
DNS 服务器	

（3）将客户机设置为自动获得后，在客户机使用 ipconfig/all 命令查看第一次获取的 IP 地址和相关信息，并记录在表 13-3 中。

表 13-3　释放与重新获取地址

命 　 令	结 果 截 图
ipconfig/all	
ipconfig/release	
ipconfig/renew	
ipconfig/all	
结果分析(分析变化参数)	

（4）在客户机上依次使用 ipconfig/release 和 ipconfig/renew 命令释放并重新获取 IP 地址，用 ipconfig/all 命令查看第二次自动获取的 IP 地址，并与第一次获取的 IP 地址的相关信息进行对比分析，并记录在表 13-3 中。

13.6.2　设置排除并验证

（1）在 DHCP 服务器上设置排除地址，填入表 13-4。

表 13-4　设置排除的参数

起始 IP 地址	
结束 IP 地址	

（2）在客户机上使用 ipconfig/release、ipconfig/renew 和 ipconfig/all 命令查看排除效果，将结果填入表 13-5。

表 13-5　排除效果分析

命 　 令	结 　 果
ipconfig/release ipconfig/renew ipconfig/all	
获取的 IP 地址	
结果分析 (分析排除效果)	

13.6.3　设置保留并验证

（1）在客户机上获取其 MAC 地址。

（2）在 DHCP 服务器上为该客户设置保留地址,将设置保留的参数记录在表 13-6 中。

表 13-6　设置保留的参数

保　留　名	物　理　地　址	IP　地　址

（3）在客户机上验证是否获取了保留地址,将验证结果记录在表 13-7 中。

表 13-7　保留效果分析

命　　令	结　　果
ipconfig/release ipconfig/renew ipconfig/all	
获取的 IP 地址	
结果分析 （分析保留效果）	

第 14 章　DNS 服务器配置

14.1　知识准备

Internet 上的主机使用 IP 地址标识,因此如果用户需要访问某一主机,就必须记住该主机的 IP 地址。由于 IP 地址不便于记忆,于是引入了便于记忆的机器名(即域名)。域名系统(Domain Name System,DNS)是互联网使用的命名系统,用来把人们使用的机器名(域名)转换为 IP 地址。DNS 为互联网的各种网络应用提供了核心服务。

14.1.1　互联网域名结构

域名采用层次树状结构的命名方法,任何一个连接在互联网上的主机或路由器都有一个唯一的层次结构的名字,即域名(domain name)。

域(domain)是名字空间中一个可被管理的划分。域可以划分子域,而子域还可继续划分为子域的子域,这样就形成了顶级域、二级域、三级域等。每一级域名由标号(label)序列组成,各标号之间用点(.)隔开,各标号分别代表不同级别的域名。

顶级域名可分为国家顶级域名 nTLD(如 cn 表示中国,us 表示美国等)、通用顶级域名 gTLD(如 com 表示公司、企业,org 表示非营利组织等)和基础结构域名(arpa 用于反向域名解析)。在国家顶级域名下注册的二级域名都由该国家自行确定。我国把二级域名划分为 7 个"类别域名"(如 edu 表示教育机构,ac 表示科研机构等)和 34 个"行政区域名"(如 bj 表示北京,sh 表示上海等)。

单位可根据自身的情况在顶级域名或二级域名(如我国的类别域名或行政区域名)下注册本单位域名(如 bwu)。一旦某个单位拥有了一个自己的域名,可以进一步划分其下属的子域,并且不需要上一级机构批准。

14.1.2　DNS 的作用与原理

DNS 采用客户-服务器方式。

域名解析是根据用户输入的域名找到该域名对应的 IP 地址。域名到 IP 地址的解析由若干域名服务器程序共同完成。根据域名服务器所起的作用,可以把域名服务器划分为根域名服务器、顶级域名服务器、权限域名服务器和本地域名服务器。

当主机想知道某一域名对应的 IP 地址时,比如通过域名访问某一网站时,自动使用域名解析服务向本地域名服务器发起域名解析请求。本地域名服务器查询时一般都采用递归查询。如果本地域名服务器不知道该域名对应的 IP 地址,本地域名服务器就以 DNS 客户的身份向根域名服务器继续发出查询请求报文,而不是让主机进行下一步查询。

本地域名服务器向根域名服务器的查询通常使用迭代查询。当根域名服务器接收到本地域名服务器发出的迭代查询请求报文时,将向本地域名服务器反馈顶级域名服务器的 IP

地址,然后让本地域名服务器向顶级域名服务器进行后续的查询。顶级域名服务器接收到本地域名服务器发出的查询请求报文后,要么给出所要查询的 IP 地址,要么告诉本地域名服务器下一步应当向哪一个权限域名服务器查询,然后由本地域名服务器向权限域名服务器进行后续的查询。本地域名服务器通过多次的迭代查询后,最终由本地域名服务器返回所要查询域名的 IP 地址,或者报错表示无法查询到所需要的 IP 地址。

14.1.3　DNS 区域

为了便于根据实际情况分散 DNS 名称管理工作的负荷,DNS 命名空间划分为区域(zone)进行管理。区域是 DNS 服务器的管辖范围,是由 DNS 命名空间中的单个区域或由具有上下隶属关系的紧密相邻的多个子域组成的一个管理单位。因此,DNS 服务器是通过区域管理命名空间的。

一台 DNS 服务器可以管理一个或多个区域,而一个区域也可以由多台 DNS 服务器管理(例如,由一个主 DNS 服务器和多个辅 DNS 服务器管理)。在 DNS 服务器中必须先建立区域,然后根据需要在区域中建立子域以及在区域或子域中添加资源记录,才能完成其解析工作。

DNS 服务器中有两种类型的搜索区域:正向搜索区域和反向搜索区域。正向搜索区域用来处理正向解析,即把主机名解析为 IP 地址;反向搜索区域用来处理反向解析,即把 IP 地址解析为主机名。无论是正向搜索区域还是反向搜索区域都有 4 种区域类型,分别为主要区域、辅助区域、活动目录集成区域和存根区域。区域类型决定用哪种方法获取并保存区域信息。

1. 主要区域

主要区域包括相应 DNS 命名空间所有的资源记录,是区域中所包含的所有 DNS 区域的权威 DNS 服务器。可以对区域中的所有资源记录进行读写,即 DNS 服务器可以修改此区域中的数据,默认情况下区域数据以文本文件格式存放。

2. 辅助区域

辅助区域是主要区域的备份,包含相应 DNS 命名空间所有的资源记录,但其所包括的资源记录是从主要区域直接复制而来的。和主要区域不同之处是辅助区域是只读的,DNS 服务器不能对辅助区域的数据进行任何修改。辅助区域数据只能以文本文件格式存放。

3. 活动目录集成区域

如果将主要区域的数据存放在活动目录中并且随着活动目录数据的复制而复制,此时此区域称为活动目录集成区域。在这种情况下,每一个运行在域控制器上的 DNS 服务器都可以对此主要区域进行读写,这样可以避免标准主要区域出现的单点故障。

4. 存根区域

存根区域包含了用于分辨主要区域权威 DNS 服务器的记录,有 SOA、NS 和 A glue(粘附A记录)3 种记录类型。

14.1.4　资源记录

在管理域名的时候,需要用到 DNS 资源记录(Resource Record,RR)。DNS 资源记录是域名解析系统中基本的数据元素。每个记录都包含类型(Type)、生存时间(Time To

Live，TTL)、类别(Class)以及一些和类型相关的数据。在进行 DNS 域名、子域名管理、电子邮件服务器设定及其他域名相关的管理时,需要使用不同类型的资源记录。

常用的资源记录类型有以下几种。

1) A 记录(Address Record)

A 记录,又称主机记录(Host Record),为 32 位的 IPv4 地址,通常用来将主机名映射到主机的 IPv4 地址。

2) AAAA 记录

AAAA 记录为 128 位的 IPv6 地址,通常用来将主机名映射到对应的 IPv6 地址。

3) 别名记录(Canonical Name Record)

别名记录用来将一个子域名指向一个已经存在的主机记录,从而使子域名能够指向适当的 IP 地址。这样,可以为同一个主机设定许多别名,可以使同一个 IP 地址上能够运行多个服务(每个服务都运行在不同的端口)。

4) 邮件交换记录(Mail Exchanger Record)

邮件交换记录,简称 MX 记录,用于将电子邮件的后缀映射为电子邮件服务器的主机名。邮件交换记录由电子邮件转发服务器使用,例如,当 SMTP 服务器需要将电子邮件地址为 user@bwu.edu.cn 的邮件发送或转发到用户邮箱时,必须先知道 bwu.edu.cn 域中的邮件服务器是谁,所以要先向 DNS 服务器查询 bwu.edu.cn 域中的邮件交换记录,DNS 服务器会应答 bwu.edu.cn 域中邮件服务器的主机名,然后 SMTP 服务器就可以把邮件转发给该邮件服务器。

5) NS 记录(Name Server Record)

NS 记录是任何一个 DNS 区域都不可或缺的记录。NS 记录也称为名称服务器记录,用于说明在这个区域中有多少台服务器承担解析任务,即该区域有哪些 DNS 服务器负责解析。

6) SOA 记录(Start of Authority Record)

SOA 记录是任何一个 DNS 区域都不可或缺的记录。NS 记录说明有多台服务器在进行解析,但 NS 记录并没有说明哪一台才是主服务器,这就要看 SOA 记录。SOA 记录也称为起始授权机构记录,SOA 记录说明了在众多 NS 记录中哪一台才是主服务器。

7) SRV 记录(Service Record)

在 RFC2052 中对 SRV 记录进行了定义,它用于定义提供特定服务的服务器的位置,说明服务器能够提供什么样的服务。

8) PTR 记录(Pointer Record)

PTR 记录是 A 记录的逆向记录,作用是把 IP 地址解析为域名。由于 DNS 的反向区域负责从 IP 到域名的解析,因此如果要创建 PTR 记录,必须在反向区域中创建。

14.1.5　动态更新

动态更新允许 DNS 客户端计算机在发生更改时,随时向 DNS 服务器注册和动态更新其资源记录。它减少了对区域记录进行手动管理的需要,特别对于频繁移动或改变位置并使用 DHCP 获取 IP 地址的客户端更是如此。

DNS 客户端和服务器服务支持使用动态更新,如 RFC2136"Dynamic Updates in the

Domain Name System"(域名系统中的动态更新)中所述。DNS 服务器服务允许在配置为加载标准主要区域或活动目录集成区域的每个服务器上,在每个区域上启用或禁用动态更新。默认情况下,DNS 客户端服务在配置用于 TCP/IP 时,将动态更新 DNS 中的 A 记录。

14.1.6 DNS 的日常维护

1. Dnscmd

Dnscmd 命令是 Windows Server 系列操作系统提供的管理 DNS 服务器的命令。用户可以在命令行界面使用该命令管理 DNS 服务器,如图 14-1 所示。该命令可以创建脚本或批处理文件,以帮助自动执行例行的 DNS 管理任务,或执行网络上的新 DNS 服务器的简单无人参与设置和配置,使 DNS 中每日的管理进程自动化。用户可以使用该命令快速便捷地更新资源记录或配置新的 DNS 服务器。

```
用法: DnsCmd <ServerName> <Command> [<Command Parameters>]

<ServerName>:
  IP 地址或主机名        -- 远程或本地 DNS 服务器。
  .                     -- 本地计算机上的 DNS 服务器
<Command>:
  /Info                 -- 获取服务器信息
  /Config               -- 重置服务器或区域配置
  /EnumZones            -- 枚举区域
  /Statistics           -- 查询/清除服务器统计信息数据
  /ClearCache           -- 清除 DNS 服务器缓存
  /WriteBackFiles       -- 写入所有区域或根提示数据文件
  /StartScavenging      -- 开始服务器清理
  /IpValidate           -- 验证远程 DNS 服务器
  /EnumKSPs             -- 枚举可用的密钥存储提供程序
  /ResetListenAddresses -- 将服务器 IP 地址设置为服务 DNS 请求
  /ResetForwarders      -- 将 DNS 服务器设置为转发递归查询
  /ZoneInfo             -- 查看区域信息
  /ZoneAdd              -- 在 DNS 服务器上创建新区域
  /ZoneDelete           -- 从 DNS 服务器或 DS 删除区域
  /ZonePause            -- 暂停区域
  /ZoneResume           -- 恢复区域
  /ZoneReload           -- 从其数据库(文件或 DS)重新加载区域
  /ZoneWriteBack        -- 将区域写回到文件
  /ZoneRefresh          -- 强制刷新主机的辅助区域
  /ZoneUpdateFromDs     -- 使用来自 DS 的数据更新 DS 集成区域
  /ZonePrint            -- 显示区域中的所有记录
  /ZoneResetType        -- 更改区域类型
  /ZoneResetSecondaries -- 重置区域的辅助\通知信息
  /ZoneResetScavengeServers -- 重置区域的清理服务器
  /ZoneResetMasters     -- 重置辅助区域的主服务器
  /ZoneExport           -- 将区域导出到文件
  /ZoneChangeDirectoryPartition -- 将区域移动到另一目录分区
```

图 14-1　Dnscmd 命令的部分参数

2. ping 命令

ping 命令使用 ICMP 检查网络上特定 IP 地址的存在及其连通性。一个 DNS 域名对应一个 IP 地址,因此可以使用 ping 命令检查一个 DNS 域名的连通性。

3. ipconfig 命令

使用 ipconfig 命令的 displaydns、flushdns 和 registerdns 参数,用户可以在命令行窗口设置 DNS 相关信息。

ipconfig/displaydns 命令用于显示计算机当前 DNS 解析缓存中存储的所有记录。为了加快网站访问速度,Windows 会在本地计算机上缓存已解析的 DNS 查询结果,以便下次更快地访问相同的网站。运行 ipconfig/displaydns 命令可以查看计算机最近访问的网站及其相应的 IP 地址和 DNS 解析记录,对于调试和解决某些网络问题会有所帮助。

　　ipconfig/flushdns 命令用于清空计算机的 DNS 解析缓存。当计算机在应用程序中使用域名时,首先会在本地计算机上的 DNS 缓存列表中查询,查询失败,则请求 DNS 服务器查询。当某条域名信息发生变化时,若计算机仍在本地 DNS 缓存列表中进行查询,就得不到最新的解析信息,会导致 DNS 解析故障。用户可以通过清除 DNS 缓存的命令解决故障。

　　ipconfig/registerdns 命令用于向 DNS 服务器注册计算机的 DNS 记录。运行 ipconfig/registerdns 命令时,Windows 会向 DNS 服务器注册计算机的 DNS 记录,使得其他计算机在访问该计算机时可以使用域名解析其 IP 地址。

4. nslookup 命令

　　nslookup 命令是诊断 DNS 的实用程序,允许与 DNS 以交互方式工作并让用户检查资源记录,如图 14-2 所示。nslookup 可以指定查询的类型,可以查询 DNS 记录的生存时间,还可以指定使用哪台 DNS 服务器进行解释。在已安装 TCP/IP 的计算机上均可以使用该命令。

```
C:\Users\Administrator>nslookup
DNS request timed out.
      timeout was 2 seconds.
默认服务器: UnKnown
Address:  192.168.248.3

> help
命令:   (标识符以大写表示, [] 表示可选)
NAME            - 打印有关使用默认服务器的主机/域 NAME 的信息
NAME1 NAME2     - 同上, 但将 NAME2 用作服务器
help or ?       - 打印有关常用命令的信息
set OPTION      - 设置选项
    all             - 打印选项、当前服务器和主机
    [no]debug       - 打印调试信息
    [no]d2          - 打印详细的调试信息
    [no]defname     - 将域名附加到每个查询
    [no]recurse     - 询问查询的递归应答
    [no]search      - 使用域搜索列表
    [no]vc          - 始终使用虚拟电路
    domain=NAME     - 将默认域名设置为 NAME
    srchlist=N1[/N2/.../N6] - 将域设置为 N1, 并将搜索列表设置为 N1、N2 等
    root=NAME       - 将根服务器设置为 NAME
    retry=X         - 将重试次数设置为 X
    timeout=X       - 将初始超时间隔设置为 X 秒
    type=X          - 设置查询类型(如 A、AAAA、A+AAAA、ANY、CNAME、MX、
                      NS、PTR、SOA 和 SRV)
    querytype=X     - 与类型相同
    class=X         - 设置查询类(如 IN (Internet)和 ANY)
    [no]msxfr       - 使用 MS 快速区域传送
    ixfrver=X       - 用于 IXFR 传送请求的当前版本
server NAME     - 将默认服务器设置为 NAME, 使用当前默认服务器
lserver NAME    - 将默认服务器设置为 NAME, 使用初始服务器
root            - 将当前默认服务器设置为根服务器
ls [opt] DOMAIN [> FILE] - 列出 DOMAIN 中的地址(可选: 输出到文件 FILE)
    -a              - 列出规范名称和别名
    -d              - 列出所有记录
    -t TYPE         - 列出给定 RFC 记录类型(例如 A、CNAME、MX、NS 和 PTR 等)
                      的记录
view FILE       - 对 'ls' 输出文件排序, 并使用 pg 查看
exit            - 退出程序
```

图 14-2　nslookup 命令参数

14.2　实验目的

　　(1) 理解域名解析的基本原理。
　　(2) 掌握主 DNS 和辅 DNS 服务器的架设、配置与管理,验证域名解析。
　　(3) 结合工程应用场景,能够进行 DNS 服务器的规划、配置和管理。

14.3　实验环境

14.3.1　模拟场景

一个企业建立了企业内部网,架设了 WWW 网站和电子邮件服务器,并注册了域名 xyz.com。为了让内部用户和外部用户能够通过域名访问企业的网站,同时,企业内部用户能够快速访问常用的外部网站,决定配置两台域名服务器。两台域名服务器包括一台主 DNS 服务器和一台辅 DNS 服务器,用于预防主 DNS 服务器的故障问题。

14.3.2　实验条件

域名服务器 2 台,客户机至少 1 台,交换机 1 台,按照图 14-3 所示搭建局域网。域名服务器均已安装 Windows Server 2019,一台作为主 DNS 服务器,另一台作为辅 DNS 服务器。客户机已安装其他 Windows 操作系统。

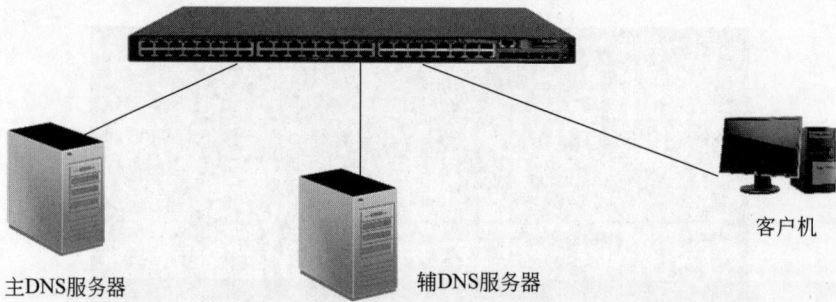

图 14-3　实验网络环境

14.3.3　网络规划

本实验各设备的 TCP/IP 属性配置如表 14-1 所示。各学校可以根据实验室的实验设备情况,对设备参数进行调整。

表 14-1　各设备的 TCP/IP 属性配置

设 备 名	TCP/IP 属性配置	
主 DNS 服务器	IP 地址	192.168.248.3
	子网掩码	255.255.255.0
	默认网关	192.168.248.2
	首选 DNS 服务器	192.168.248.3
辅 DNS 服务器	IP 地址	192.168.248.4
	子网掩码	255.255.255.0
	默认网关	192.168.248.2
	首选 DNS 服务器	192.168.248.4

续表

设　备　名	TCP/IP 属性配置	
DNS 客户	IP 地址	192.168.248.11
	子网掩码	255.255.255.0
	默认网关	192.168.248.2
	首选 DNS 服务器	192.168.248.3
	备用 DNS 服务器	192.168.248.4

　　说明：为了在不增加实验设备的情况下提升学生的实践参与度，本实验可采用虚拟机 VMware 软件，在单一物理机上虚拟出两台 DNS 服务器和一台 DNS 客户机。各学校可以根据实验室的实验设备情况，对实验过程进行修改。

14.4　实验步骤

14.4.1　在主 DNS 服务器上安装 DNS 服务器角色

1. 安装 DNS 服务器角色

（1）打开【服务器管理器】，单击【②添加角色和功能】（如图 14-4 所示），弹出【添加角色和功能向导】对话框，在【开始之前】界面单击【下一步】按钮（如图 14-5 所示）。

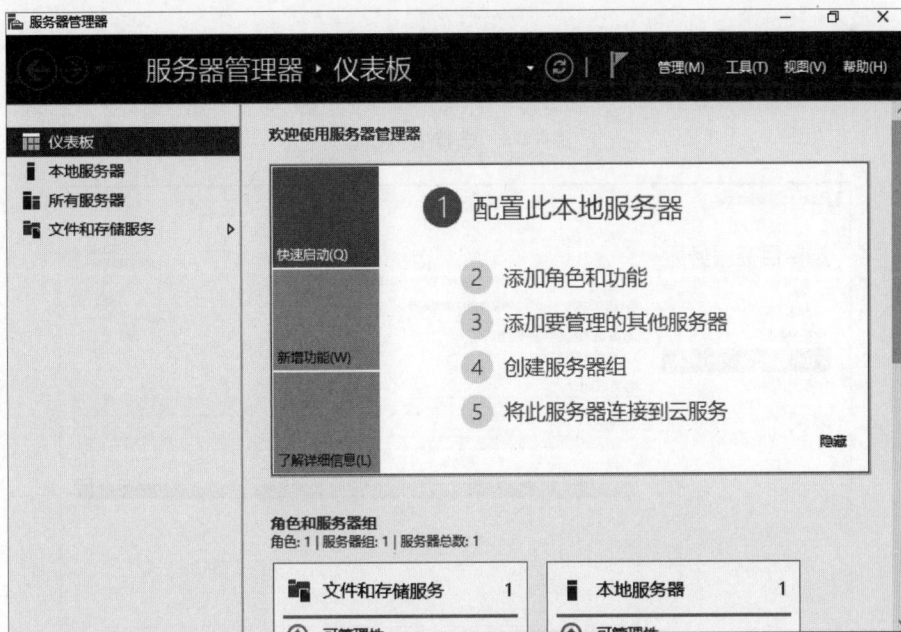

图 14-4　服务器管理器

　　（2）在【选择安装类型】界面使用默认值（如图 14-6 所示），单击【下一步】按钮后进入【选择目标服务器】界面，使用默认值后，单击【下一步】按钮（如图 14-7 所示）。

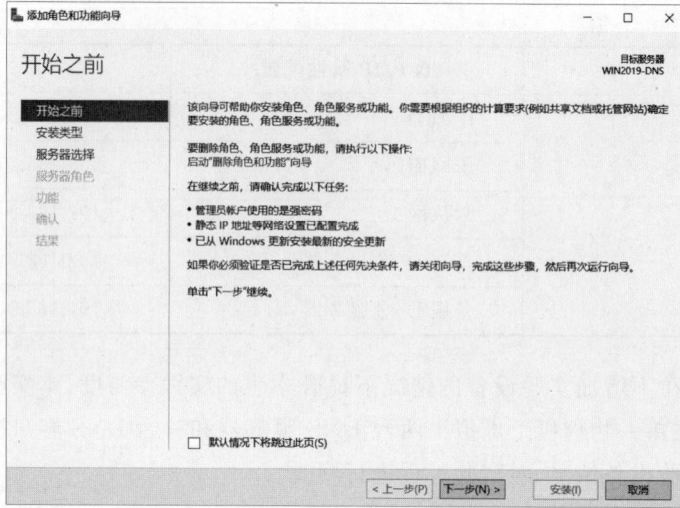

图 14-5 【开始之前】界面

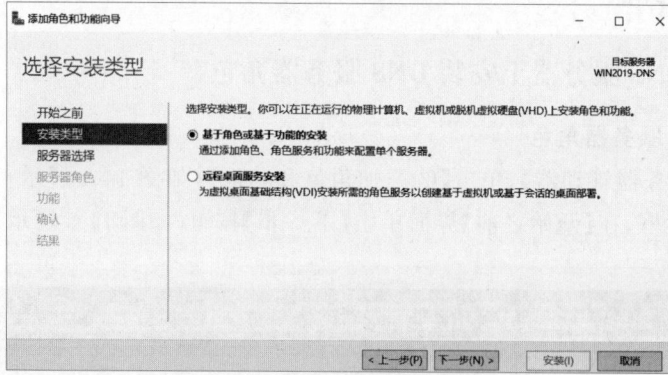

图 14-6 选择安装类型

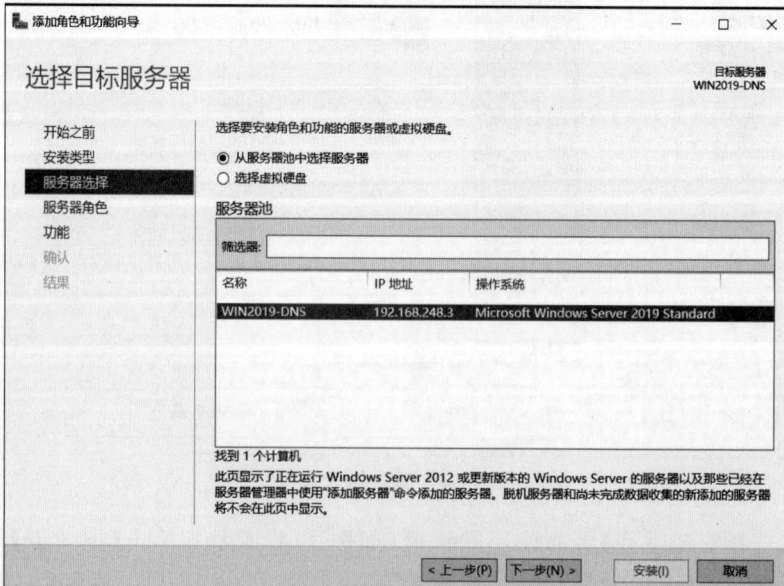

图 14-7 选择目标服务器

（3）在【选择服务器角色】界面选择【DNS 服务器】，然后在【选择功能】界面完成相应设置，并单击【下一步】按钮，如图 14-8 所示。

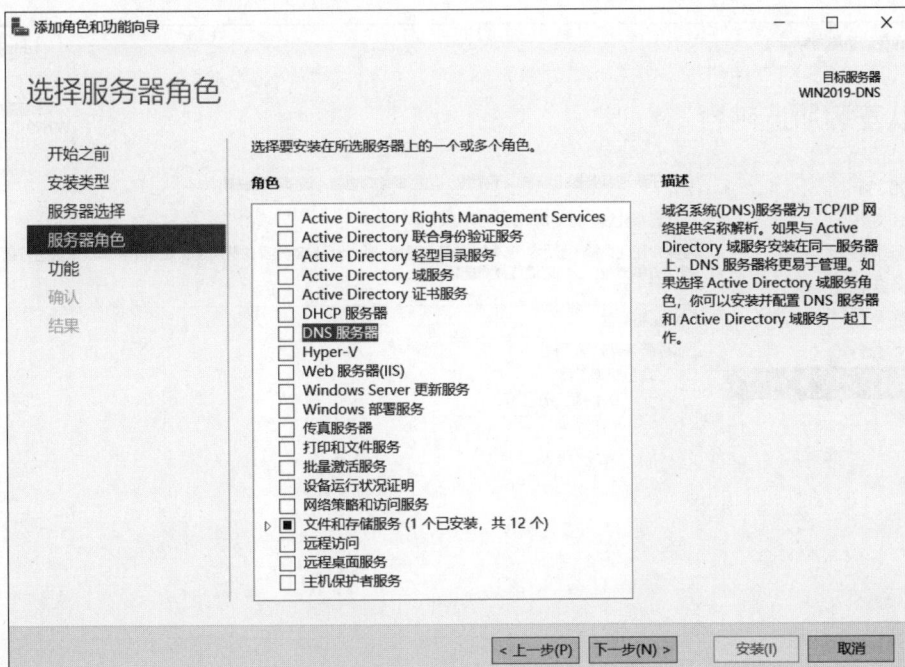

图 14-8　选择服务器角色

（4）在【DNS 服务器】界面单击【下一步】按钮，如图 14-9 所示。

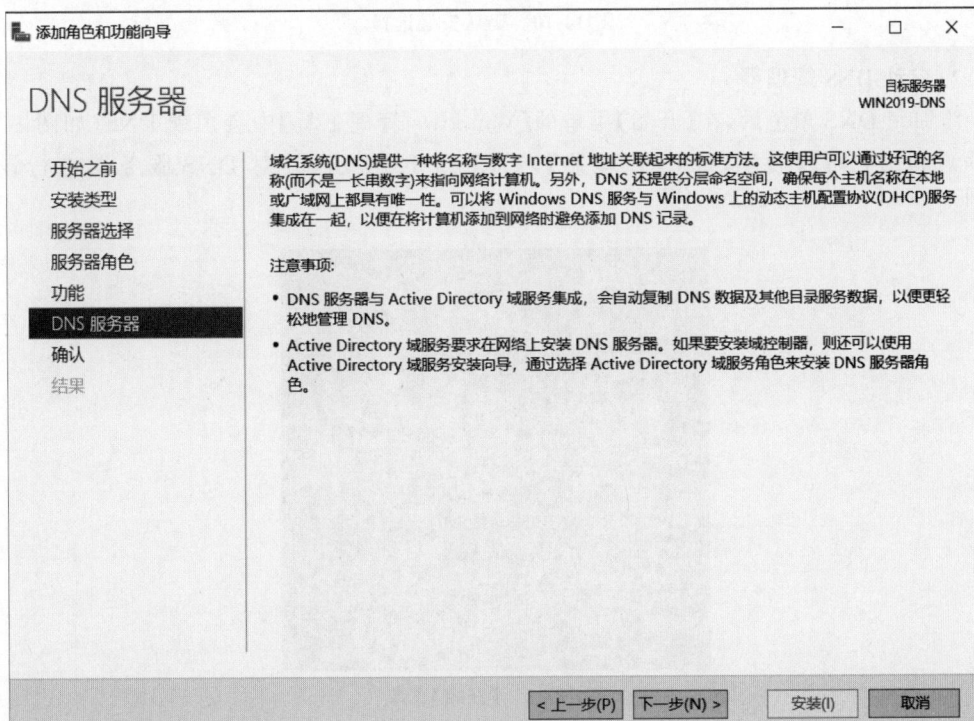

图 14-9　DNS 服务器

（5）在【确认安装所选内容】界面单击【安装】按钮，如图 14-10 所示。DNS 服务器角色安装完毕，单击【关闭】按钮。

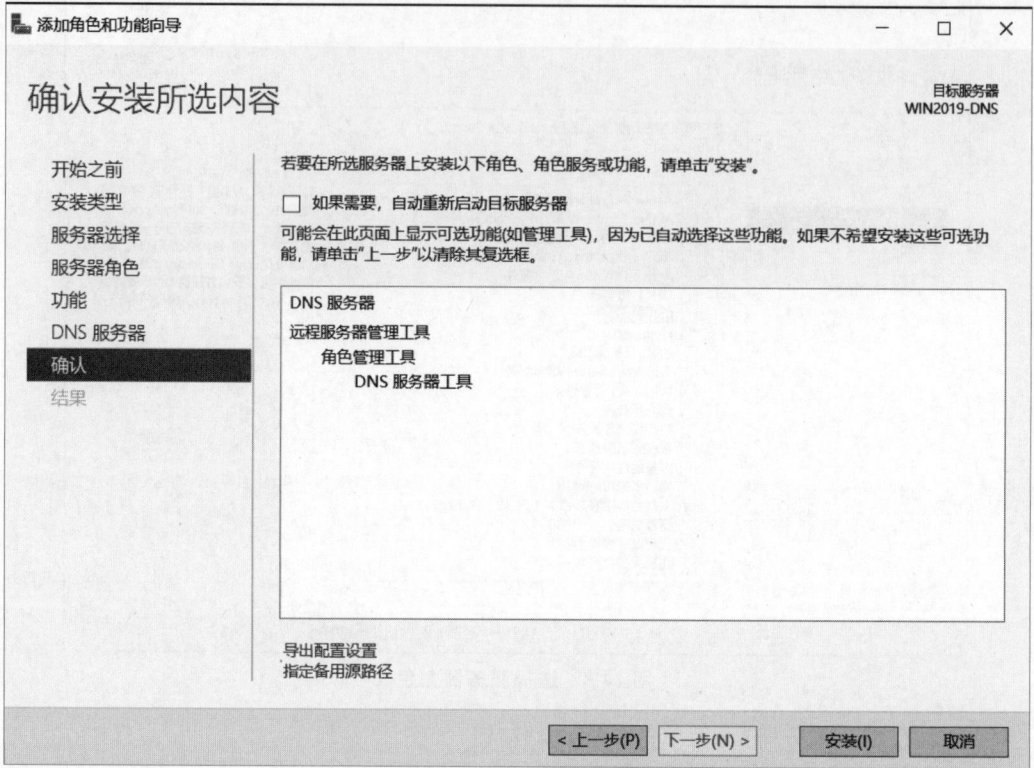

图 14-10　确认安装选择

2. 启动 DNS 管理器

添加完 DNS 角色后，在【开始】菜单的【Windows 管理工具】中会出现 DNS（如图 14-11 所示），利用它可以启动【DNS 管理器】，如图 14-12 所示，并对 DNS 服务器进行设置管理。

图 14-11　【开始】菜单

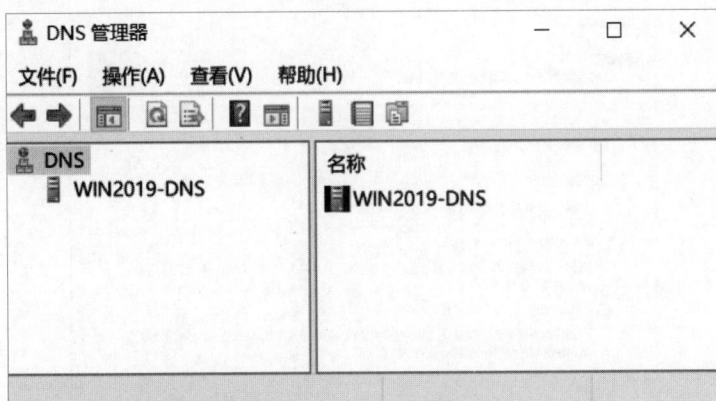

图 14-12　DNS 管理器

14.4.2　主 DNS 服务器的配置

1. 建立正向查找区域

（1）在 DNS 管理器中右击【正向查找区域】，选择【新建区域】命令，弹出【新建区域向导】对话框，如图 14-13 所示，单击【下一步】按钮。

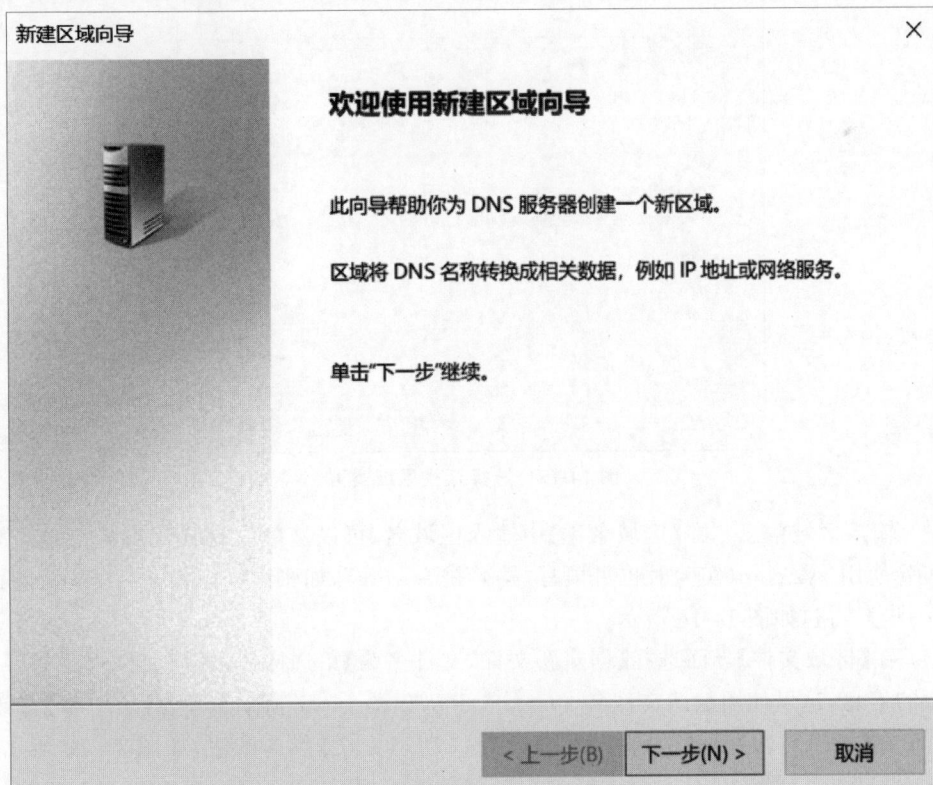

图 14-13　【新建区域向导】对话框

（2）在【区域类型】界面选择【主要区域】单选按钮，如图 14-14 所示，单击【下一步】按钮。选择【正向查找区域】单选按钮，如图 14-15 所示，单击【下一步】按钮。

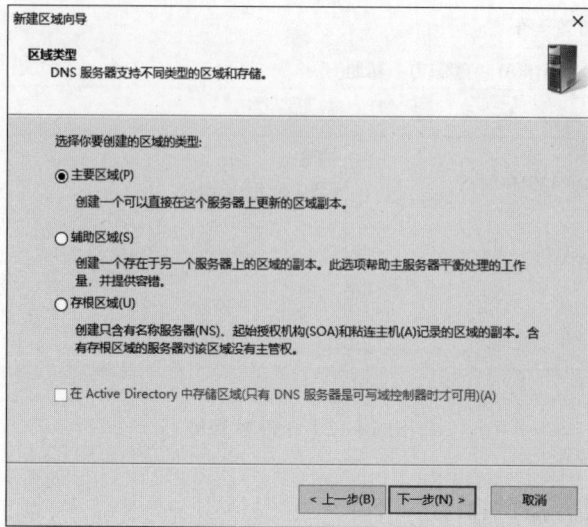

图 14-14　选择区域类型

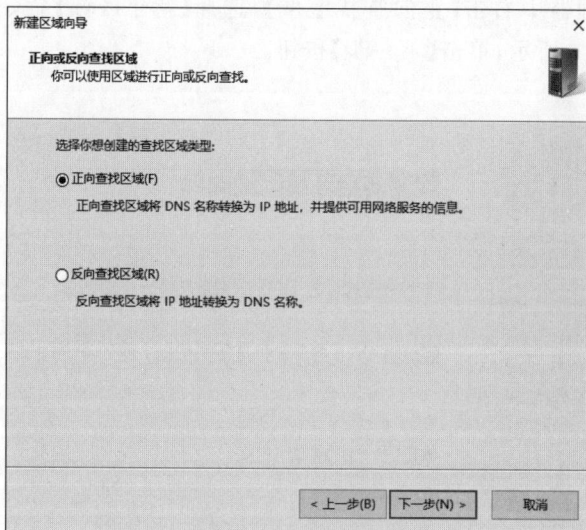

图 14-15　选择查找区域类型

(3) 输入区域信息。在【区域名称】中输入区域名,可以是单位的域名或域名的一部分,如本实验使用 xyz.com(实验时也可填写"姓名拼音.com",如张三同学为 zhangsan.com),单击【下一步】按钮,如图 14-16 所示。

(4) 在【区域文件】界面选择【创建新文件,文件名为】单选按钮,区域文件用于保存区域数据库的信息,这里使用默认文件名 xyz.com.dns,如图 14-17 所示。单击【下一步】按钮。

(5) 在【动态更新】界面中选择默认【不允许动态更新】单选按钮,如图 14-18 所示。单击【下一步】按钮,如图 14-19 所示。

(6) 完成正向查找区域建立后,可在【DNS 管理器】窗口查看到正查找区域的信息,如图 14-20 所示。

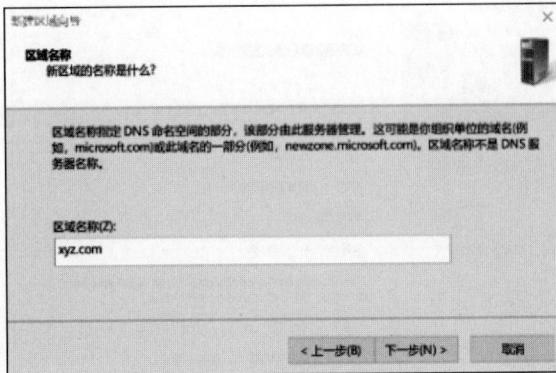

图 14-16　输入区域名称图

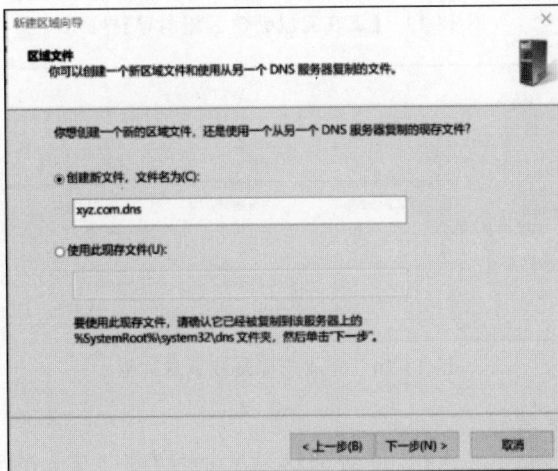

图 14-17　输入区域文件名

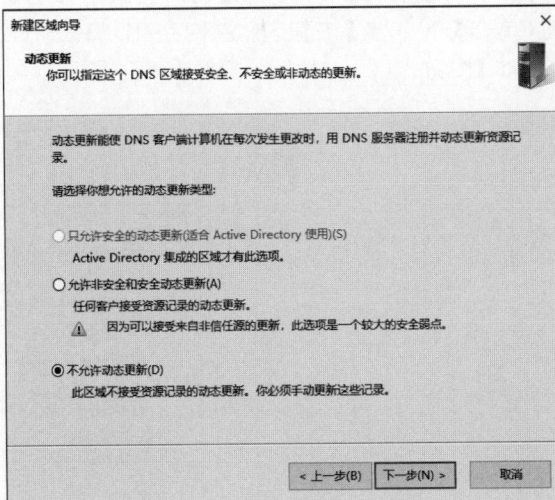

图 14-18　选择是否动态更新

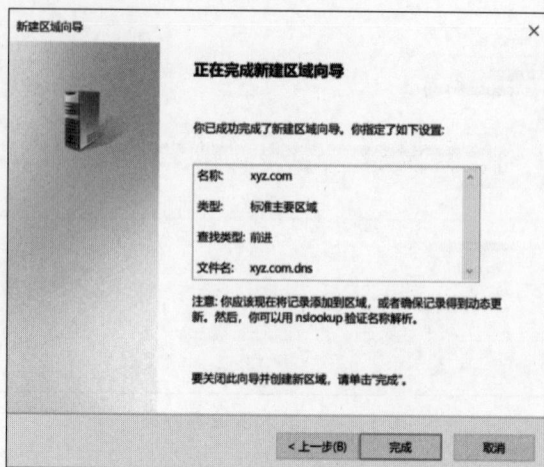

图 14-19 【正在完成新建区域向导】界面

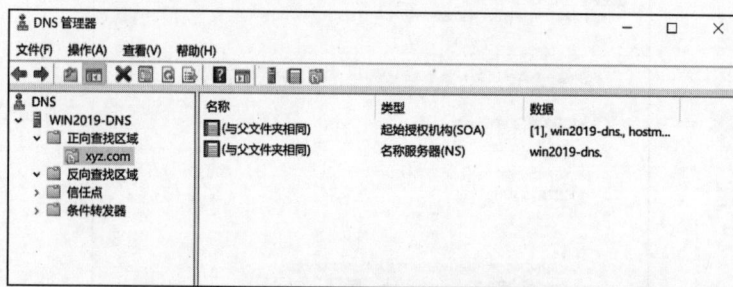

图 14-20 完成正向查找区域建立

2. 建立反向查找区域

（1）在【DNS 管理器】中右击【反向查找区域】，选择【新建区域】命令。弹出【新建区域向导】对话框，单击【下一步】按钮，在【区域类型】界面选择【主要区域】单选按钮，然后单击【下一步】按钮进入【反向查找区域名称】界面。在【反向查找区域名称】界面，选择【IPv4 反向查找区域】单选按钮，单击【下一步】按钮，输入网络 ID"192.168.248"，如图 14-21 和图 14-22 所示，单击【下一步】按钮。

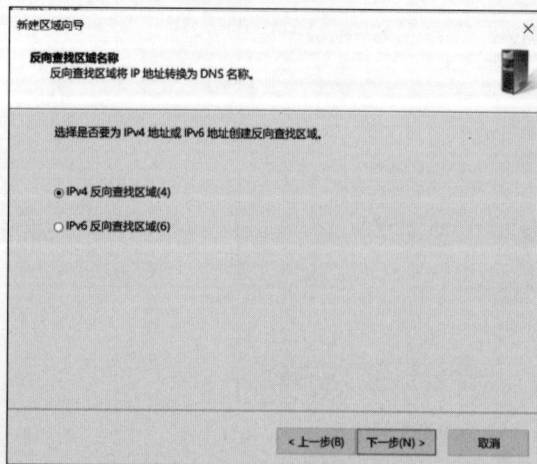

图 14-21 建立 IPv4 反向查找区域

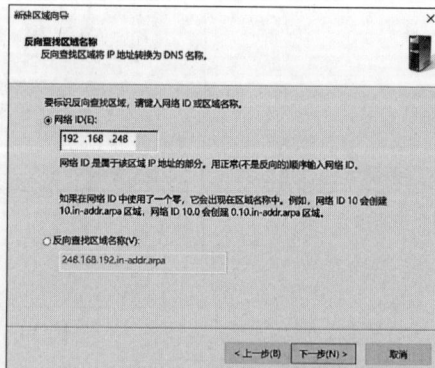

图 14-22 标识反向查找区域

（2）在【区域文件】界面选择【创建新文件，文件名为】命令，使用默认文件名，如图 14-23 所示，单击【下一步】按钮。然后选择【不允许动态更新】单选按钮，如图 14-24 所示，单击【下一步】按钮，完成反向查找区域的建立，如图 14-25 所示。

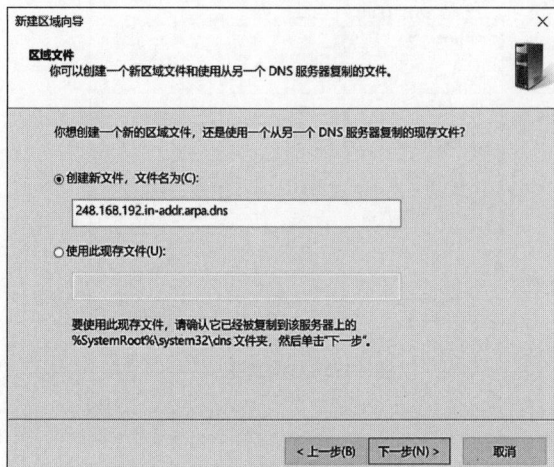

图 14-23　输入反向查找区域文件名

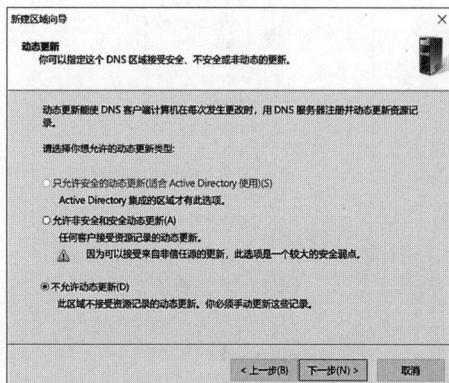

图 14-24　不允许动态更新

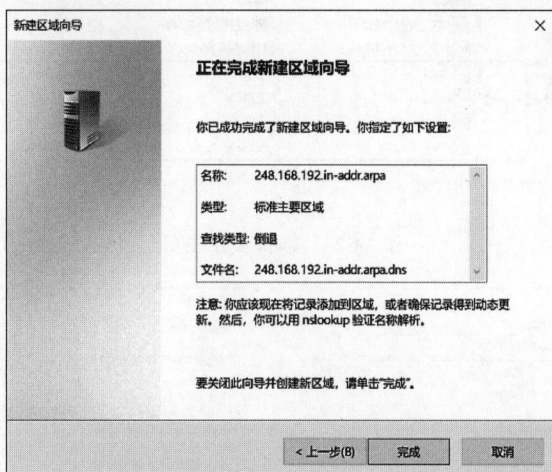

图 14-25　完成反向查找区域的建立

3. 创建主机记录

（1）选中新建的正向查找区域 xyz.com，右击，选择【新建主机】命令，如图 14-26 所示。在【新建主机】对话框中，输入主机名称和对应的 IP 地址，选中【创建相关的指针（PTR）记录（C）】复选框，单击【添加主机】按钮，如图 14-27 所示。

（2）重复以上操作，按照图 14-28 所示添加其他主机。

4. 配置别名记录

在【DNS 管理器】中右击【正向查找区域】下建立的区域，如 xyz.com，选择【新建别名】命令，如图 14-29 所示。在【新建资源记录】对话框中，输入别名（如 smtp）和目标主机的完全合格的域名（如 mail.xyz.com），如图 14-30 所示。目标主机的完全合格的域名也可以通过单击【浏览】按钮选择。

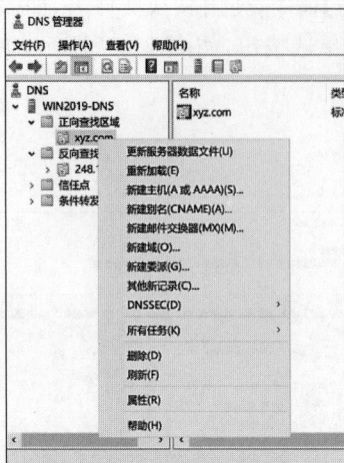

图 14-26　新建主机

图 14-27　添加主机

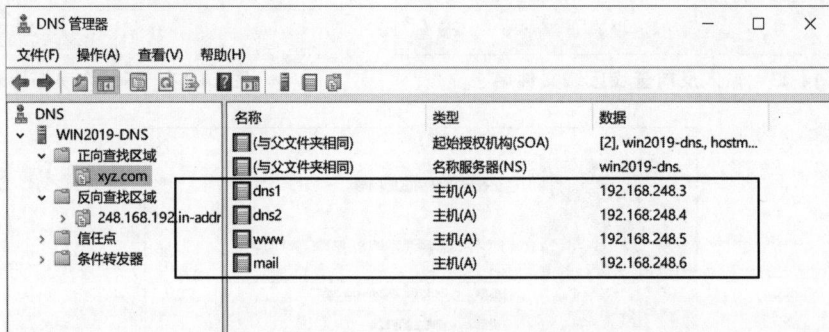

图 14-28　添加多条主机

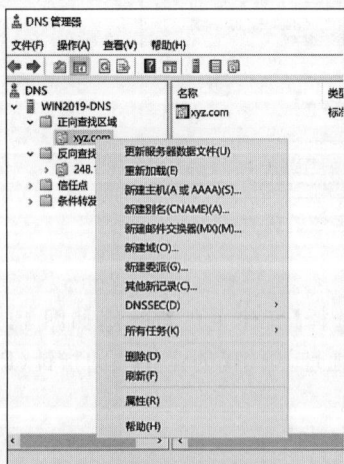

图 14-29　新建别名

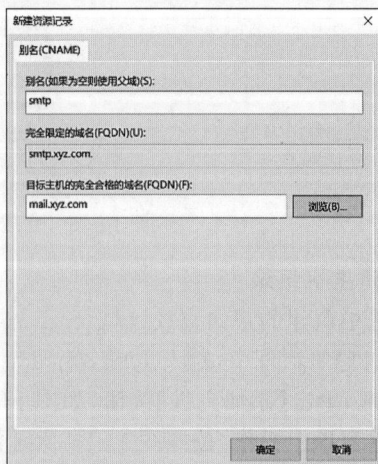

图 14-30　添加别名

5. 配置邮件交换记录

（1）在 DNS 管理器中右击正向查找区域下建立的区域，如 xyz.com，选择【新建邮件交换器】。

（2）在【新建资源记录】对话框中，输入邮件服务器的完全限定的域名，如 mail.xyz. com，也可以使用浏览代替手工输入，然后单击【确定】按钮，如图 14-31 所示。添加完邮件交换记录后，可在 DNS 管理器中查看到相关记录，如图 14-32 所示。主机或子域和邮件服务器优先级使用默认值。邮件服务器优先级用于指定邮件交换服务器的优先顺序，优先级数字越低表示优先级越高。如果存在多个邮件交换记录，邮件将按照优先级从高到低进行投递尝试。

6. 查看反向查找区域信息

配置完成以上正向查找区域信息后，刷新后在反向查找区域能看到生产的对应记录，如图 14-33 所示。

7. 配置区域传送

因为本 DNS 服务器为主 DNS 服务器，需要将区域的副本发送到辅 DNS 服务器。在【DNS 管理器】中

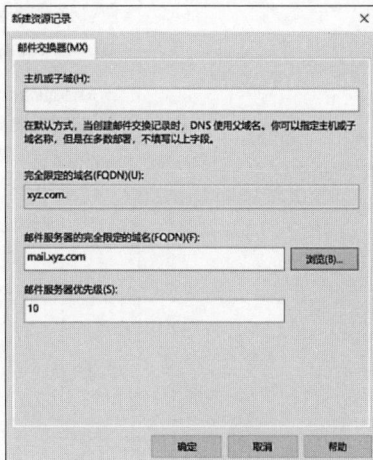

图 14-31　新建邮件交换器

右击【正向查找区域】下建立的区域，如 xyz.com，选择【属性】命令。在【xyz.com 属性】对话框中打开【区域传送】选项卡，选择【只允许到下列服务器】单选按钮，单击【编辑】按钮，在弹出的对话框中添加辅 DNS 服务器的信息，如 192.168.248.4，添加完毕后如图 14-34 所示。同时在【区域传送】选项卡单击【通知】按钮，添加辅 DNS 服务器信息，如图 14-35 所示。

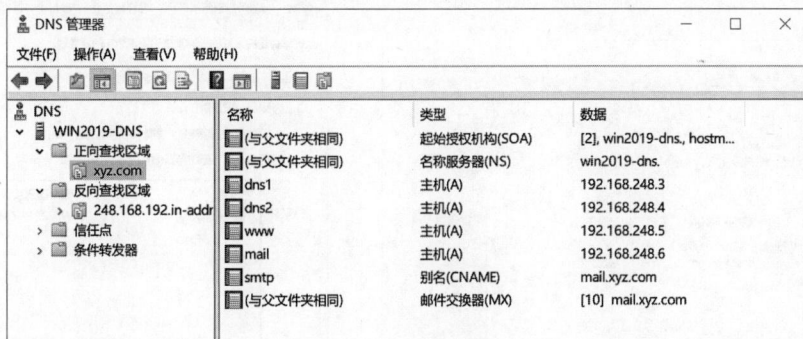

图 14-32　添加完成

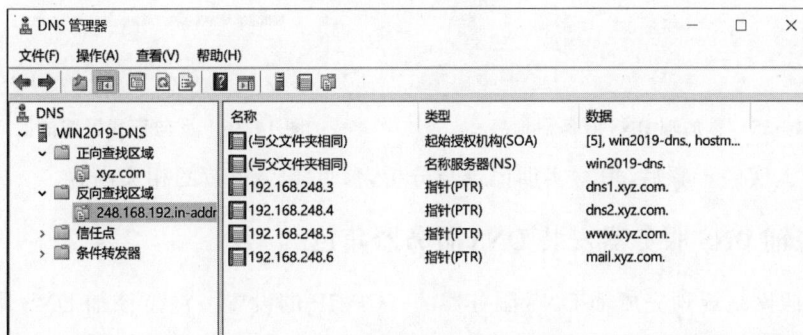

图 14-33　查看反向查找区域信息

在反向查找区域重复以上操作，完成区域传送的设置，如图 14-36 所示。

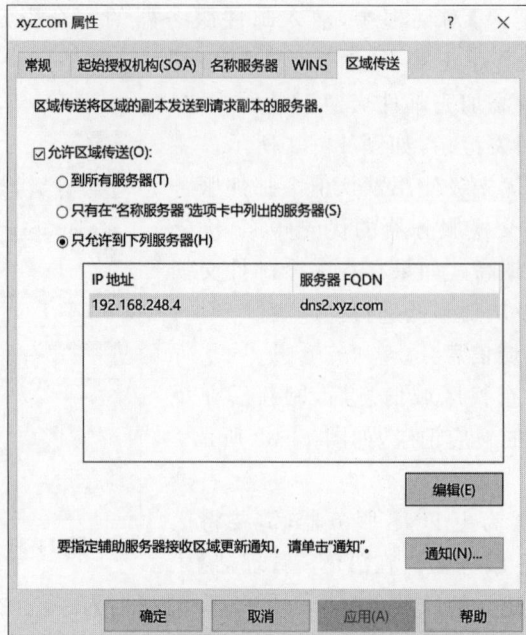

图 14-34　添加区域传送信息

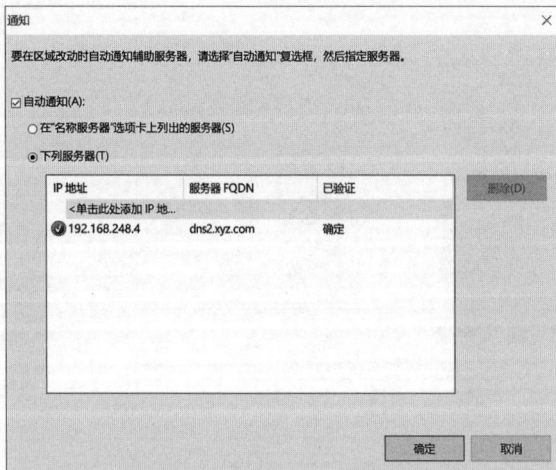

图 14-35　添加辅 DNS 服务器信息

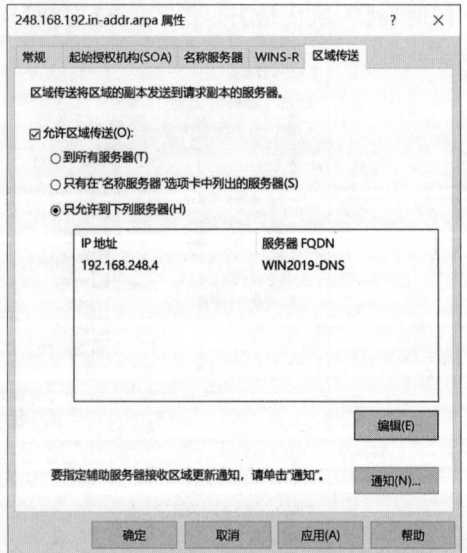

图 14-36　反向查找区域的区域传送设置

完成以上实验步骤后,填写实训记录与分析,参见 14.6.1 节的相关内容。

14.4.3　在辅 DNS 服务器安装 DNS 服务器角色

(1) 按照网络规划完成辅 DNS 服务器的 TCP/IP 的设置。注意该辅 DNS 服务器的首选 DNS 服务器为 192.168.248.4。

(2) 按照 14.4.1 节,在辅 DNS 服务器上安装 DNS 服务器角色。

14.4.4　辅 DNS 服务器的配置

1. 建立正向查找区域

（1）在 DNS 管理器中右击该服务器，选择【新建区域】命令，弹出【新建区域向导】对话框，单击【下一步】按钮。在【区域类型】界面选择【辅助区域】单选按钮，单击【下一步】按钮，如图 14-37 所示。在【区域名称】界面填写区域名称，如 xyz.com，注意与主 DNS 服务器中的区域名称保持一致，如图 14-38 所示。

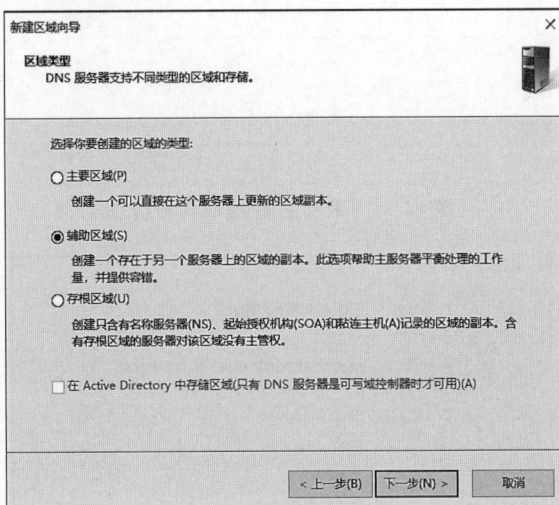

图 14-37　新建辅助区域

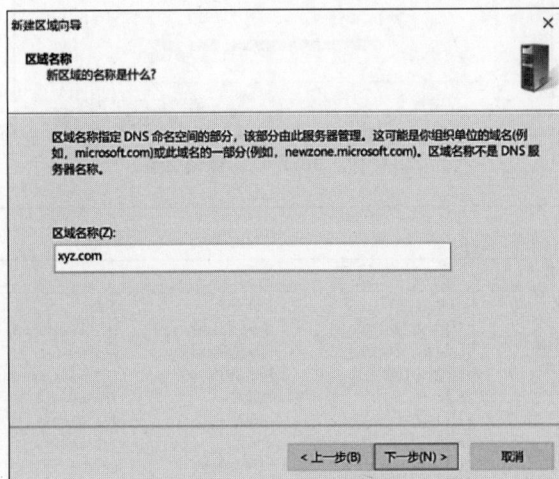

图 14-38　添加区域名称

（2）在【主 DNS 服务器】界面填入主 DNS 服务器 IP 地址，此处为 192.168.248.3。单击【下一步】按钮，建立正向查找区域，如图 14-39 和图 14-40 所示。

（3）刷新新建的正向查找区域后，能看到主 DNS 服务器区域内的记录已经传送至辅 DNS 服务器，如图 14-41 所示。

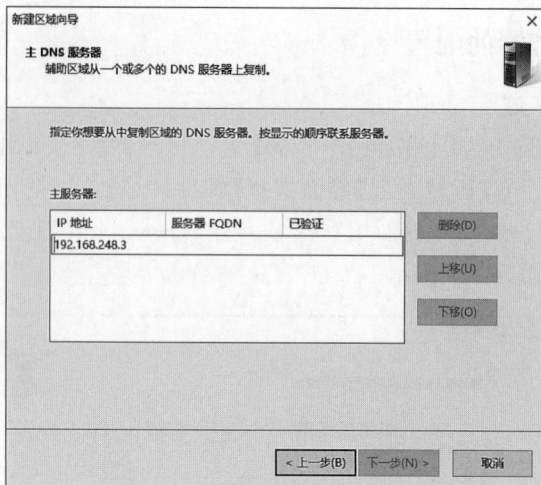

图 14-39　添加主 DNS 服务器信息

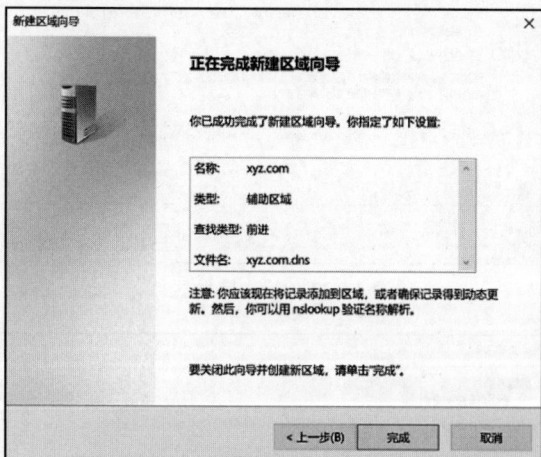

图 14-40　完成新建辅助区域

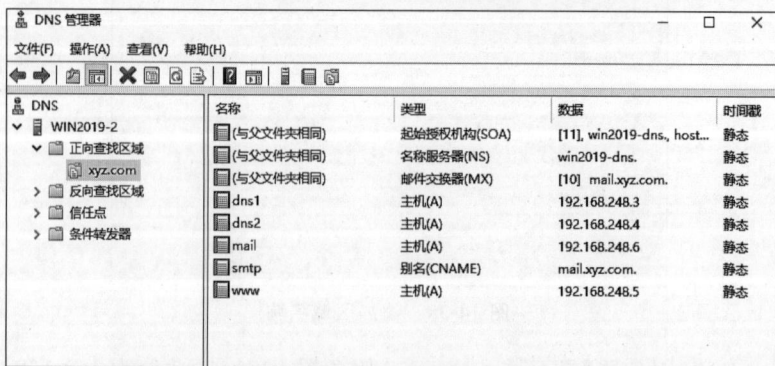

图 14-41　区域传送后辅 DNS 服务器的正向查找区域记录

2. 建立反向查找区域

按照同样的方式建立反向查找区域的辅助区域,并刷新同步记录,如图 14-42 所示。

完成以上实验步骤后,填写实训记录与分析,参见 14.6.2 节的相关内容。

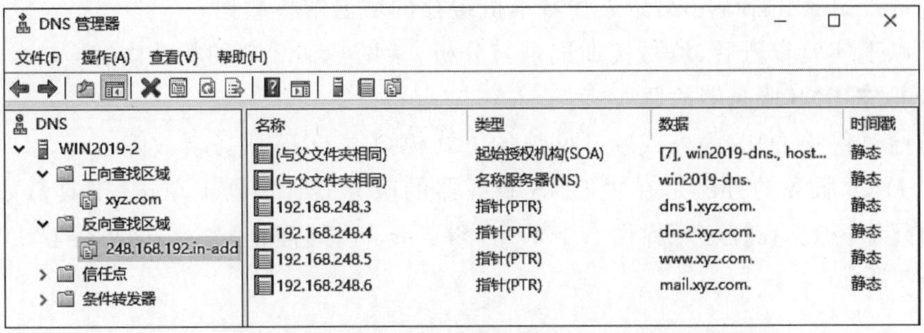

图 14-42　区域传送后辅 DNS 服务器的反向查找区域记录

14.4.5　配置 DNS 客户机并验证 DNS

1. 按照网络规划完成客户机的 TCP/IP 属性配置

注意【首选 DNS 服务器】和【备用 DNS 服务器】分别为主 DNS 服务器和辅 DNS 服务器的 IP 地址，如 192.168.248.3 和 192.168.248.4。

2. 验证主 DNS 服务器解析效果

在客户机上进入命令行窗口，使用 nslookup 命令的交互方式，按顺序查看域名是否解析成功。解析成功的效果如图 14-43 所示。

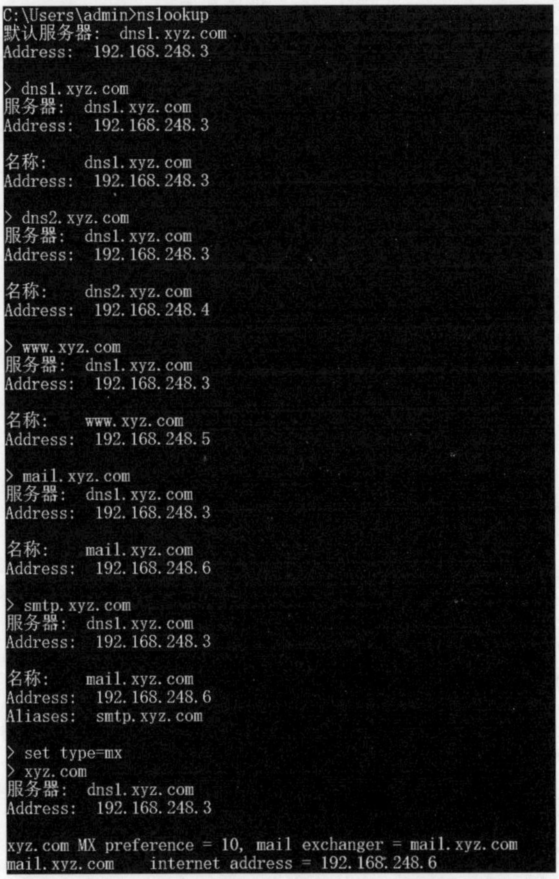

图 14-43　利用主 DNS 服务器进行域名解析的效果

使用 ipconfig/displaydns 命令查看本机缓存的域名解析数据。

完成以上实验步骤后,填写实训记录与分析,参见 14.6.3 节的相关内容。

3. 模拟主 DNS 服务器故障

可以通过停止 DNS 服务或断开网络的方式模拟主 DNS 服务器故障。

暂停 DNS 服务的方法是在主 DNS 服务器的服务器管理器上单击【工具】,如图 14-44
所示,选择【服务】。在【服务】界面右击 DNS Server,选择【停止】命令,即可停止 DNS 服务,
如图 14-45 所示。

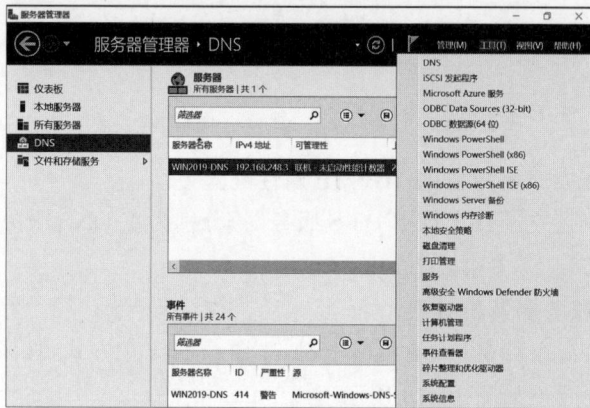

图 14-44　选择服务

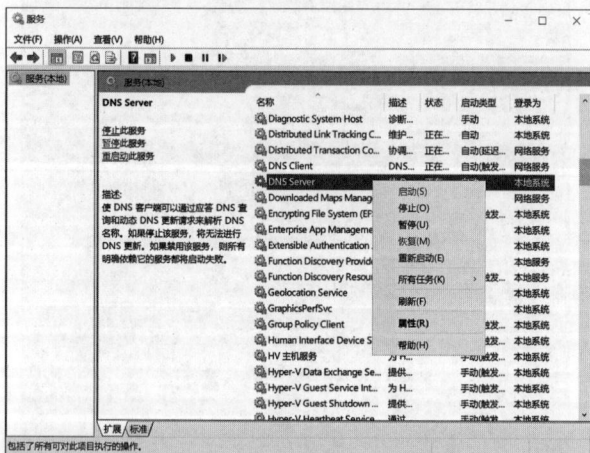

图 14-45　停止 DNS Server 服务

断开网络的方式可拔掉主 DNS 服务器的网线或选择禁用主 DNS 服务器的网卡,模拟
主 DNS 服务网络故障。

4. 验证辅 DNS 服务器解析效果

在客户机的命令行窗口使用 nslookup 命令和 ping 命令查看主 DNS 服务器和辅 DNS
服务器的解析效果。

(1) 使用 ipconfig/flushdns 命令清空计算机的 DNS 解析缓存。

(2) 使用 ipconfig/displaydns 命令显示计算机的 DNS 解析缓存,确认 DNS 解析缓存
情况。

（3）使用 nslookup 命令查看主 DNS 服务器是否能正常工作，查看该域名服务器是否能正常提供域名解析服务。

（4）使用 ping 命令测试任意主机记录，如 ping www.xyz.com，如图 14-46 所示。查看辅 DNS 服务器是否提供域名解析服务，该域名是否成功解析。

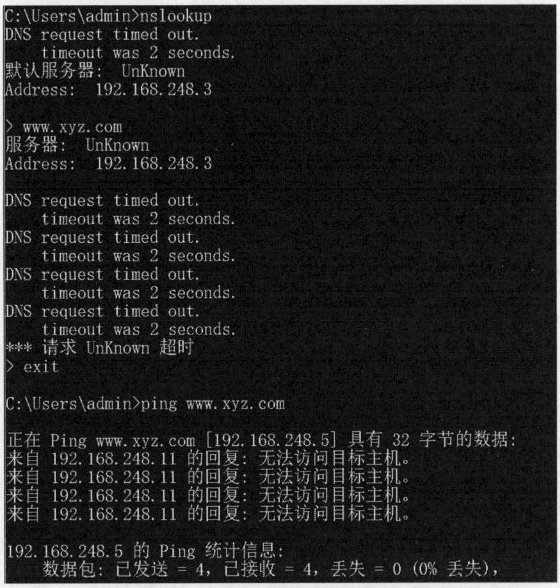

图 14-46　辅 DNS 服务器解析成功

完成以上实验步骤后，填写实训记录与分析，参见 14.6.3 节的相关内容。

14.5　思考题

（1）DNS 服务器的作用是什么？
（2）什么是主要区域？什么是辅助区域？
（3）什么是正向查找区域？什么是反向查找区域？
（4）请说明邮件交换记录的作用？使用 nslookup 命令查询 163.com 的邮件交换记录的内容。

14.6　实训记录与分析

14.6.1　主 DNS 服务器配置

（1）设置主 DNS 服务器的 TCP/IP 属性，完成表 14-2。

表 14-2　设置主 DNS 服务器的 TCP/IP 属性

参　　数	设　置　值
IP 地址	
子网掩码	

续表

参　　数	设　置　值
默认网关	
DNS 服务器	

（2）创建正向查找区域和反向查找区域，完成主 DNS 服务器配置，填入表 14-3 和表 14-4。

表 14-3　主 DNS 服务器正向查找区域作用域参数

参　　数	设　置　值
区域名称	
主机记录 1	
主机记录 2	
主机记录 3	
主机记录 4	
配置别名记录	
配置邮件交换记录	

表 14-4　主 DNS 服务器反向查找区域作用域参数

参　　数	设　置　值
区域名称	
区域记录	（截图）

14.6.2　辅 DNS 服务器配置

（1）设置辅 DNS 服务器的 TCP/IP 属性。完成表 14-5。

表 14-5　设置辅 DNS 服务器 TCP/IP 属性

参　　数	设　置　值
IP 地址	
子网掩码	
默认网关	
DNS 服务器	

（2）创建正向查找区域和反向查找区域，查看区域传送数据，填入表 14-6。

表 14-6　辅 DNS 服务器正向查找区域和反向查找区域作用域参数

参　　数	设　置　值
正向区域名称	
正向区域记录	（截图）

续表

参　　数	设 置 值
反向区域名称	
反向区域记录	（截图）

14.6.3　配置客户机并验证

（1）配置客户机的 TCP/IP 属性，将配置信息填入表 14-7 中。

表 14-7　客户机的 TCP/IP 属性配置

设 置 内 容	设 置 值
IP 地址	
子网掩码	
默认网关	
DNS 服务器	

（2）使用 nslookup 命令，测试主 DNS 服务器解析效果，填入表 14-8。

表 14-8　DNS 服务器配置测试结果（主 DNS 服务器）

测 试 操 作	结　　果	结 果 分 析
运行 nslookup 命令		
验证主机记录 1：	（截图）	
验证主机记录 2：	（截图）	
验证主机记录 3：	（截图）	
验证主机记录 4：		
验证别名记录：	（截图）	
验证邮件交换记录：	（截图）	
运行 ipconfig/displaydns 命令		

（3）模拟主 DNS 服务器停止服务或故障，使用 nslookup 和 ping 命令，测试辅 DNS 服务器，填入表 14-9。

表 14-9　DNS 服务器配置测试结果（辅 DNS 服务器）

测 试 操 作	结　　果	结 果 分 析
ipconfig/flushdns		
ipconfig/displaydns		
nslookup	（截图）	
使用 ping 命令验证任意记录：	（截图）	

第 15 章　WWW 与 FTP 服务器的配置

15.1　知识准备

WWW(World Wide Web)服务器也称为 Web 服务器或 HTTP 服务器,是 Internet 上使用最频繁的服务器。Web 服务器为用户提供便捷的信息和内容共享服务。用户通过使用 Web 服务器可以快速便捷地访问互联网上的信息资源。目前,主流的 Web 服务器有 Apache、Nginx 和 IIS。

Apache 是一种广泛使用的 Web 服务器,它可以运行在不同的操作系统(如 Windows、Linux 和 macOS)上,而且是开源的,可以免费下载和使用。Apache 因其稳定性和灵活性成为许多网站的首选 Web 服务器,适用于中小型网站和需要使用 PHP 等其他开源技术的 Web 应用。

Nginx 是一个轻量级的高性能 Web 服务器,主要运行在 Linux 和类 UNIX 操作系统上,也可以在 Windows 上运行。Nginx 适用于高并发、高可靠性、反向代理和负载均衡的 Web 应用。

IIS(Internet Information Services)是由 Microsoft 公司开发的 Web 服务器软件,只能在 Windows 操作系统中使用。IIS 可与 Windows 上其他 Microsoft 产品相互整合,提供完整的 Web 应用开发环境。IIS 配置简单,配置界面友好,适用于需要与 Microsoft 技术紧密集成的 Web 应用。

FTP 服务器可以为用户提供可靠的文件传输服务,可以通过对用户进行权限控制,确保了文件传输的安全性和稳定性。FTP 服务器上往往存储大量的文件,如软件、电影、程序等。用户通过使用 FTP 客户端软件或浏览器登录 FTP 服务器,从而实现文件的上传或下载。

15.1.1　IIS 介绍

IIS 是由 Microsoft 公司开发的 Web 服务组件,包括 Web 服务器、FTP 服务器、NNTP 服务器和 SMTP 服务器,分别用于网页浏览、文件传输、新闻服务和邮件发送等,它使得在网络(包括互联网和局域网)上发布信息成为一件容易的事。

IIS 10.0 是 Windows Server 2019 中的 Web 服务器(IIS)角色。IIS 角色是可选组件,默认情况下没有安装,需要用户手动安装该组件。

15.1.2　主目录与虚拟目录

1. 主目录

主目录是一个网站用于保存网页文件的文件夹。所有的网站都必须要有主目录。默认的网站主目录是 LocalDrive:\inetpub\wwwroot。用户可以使用 IIS 管理器或通过直接编辑 MetaBase.xml 文件来更改网站的主目录。

2. 虚拟目录

虚拟目录又叫别名,是为了便于用户访问而引入的,指向本计算机上的一个物理目录或者其他计算机上的共享目录。因为虚拟目录名通常比物理目录的路径短,所以它更便于用户输入。同时,使用别名还更加安全,因为用户不知道文件在服务器上的物理位置,所以无法使用该信息修改文件。通过使用别名,用户可以更轻松地移动管理网站中的目录,只需要更改别名与目录物理位置之间的映射,不需要更改目录的 URL。

如果网站包含的文件不存放在本计算机非主目录的其他目录中或在其他计算机上,那么必须创建虚拟目录,以便将这些文件包含到网站中。如果要使用另一台计算机上的目录,必须指定该目录的通用命名约定 UNC(\\目录路径)名称,并为访问权限提供用户名和密码。

3. 默认文档

默认文档即网站主页。当用户访问网站但又没有指定访问哪一个文档时,网站会将默认文档返回给用户。Windows Server 2019 支持多种默认文档,按优先级从高到低分别为 Default.htm、Default.asp、index.htm、index.html 和 iisstart.htm。

15.1.3 在同一服务器上架设多个网站

IIS 支持在单个服务器上同时架设多个网站,能够节约硬件资源、节省空间和降低能源成本。例如,用户可以在同一服务器上架设 3 个网站,而不必使用 3 台不同的服务器。

要确保用户的请求能到达正确的网站,必须为服务器上的每个站点配置唯一的标识。用户可以通过使用不同的 IP 地址、TCP 端口号或主机名标识同一服务器上的不同网站。

1. 多个 IP 对应多个 Web 站点

如果本计算机已绑定了多个 IP 地址,用户可利用不同的 IP 地址架设不同的 Web 站点。在架设过程中,需要将不同的 Web 站点绑定到不同的 IP 地址。

2. 相同 IP 地址的多个端口对应多个 Web 站点

如果本计算机只绑定了一个 IP 地址,用户可以通过给各 Web 站点设置不同的端口号实现多个 Web 站点的架设。比如给 3 个 Web 站点分别设置端口号为 80、8000 和 8080。对于端口号是 80 的 Web 站点,因为 80 是默认端口号,所以访问格式直接使用 IP 地址就可以;而对于绑定其他端口号的 Web 站点,访问时必须在 IP 地址后面加上相应的端口号,如 http://192.168.248.10:8000。

3. 用不同的主机名架设不同的站点

如果本计算机只绑定了一个 IP 地址,用户还可以通过给各 Web 站点设置不同的主机名实现多个 Web 站点的架设。比如某网络工程师需要在同一服务器上使用同一 IP 地址为 A、B、C、D 这 4 家企业建立独立的网站。假设 4 家企业都拥有独立的域名,分别为 www.a.com、www.b.com、www.c.com 和 www.d.com。在域名服务器上,将这 4 家企业域名均指向同一个 IP 地址。网络工程师在 WWW 服务器上分别建立 4 个网站,在创建网站时只需将 4 个网站分别绑定到不同主机名,即 4 家企业的域名。这样,用户就通过不同的域名访问不同的网站。用不同的主机名架设不同的站点需要 DNS 服务器的支持。

15.2　实验目的

（1）理解 WWW 服务器和 FTP 服务器的作用与工作原理。

（2）了解 IIS 架设 Web 服务器和 FTP 服务器的方法。

（3）掌握利用 IIS 架设 Web 服务器和 FTP 服务器的方法，能够在同一服务器上用不同的方式实现多个站点。

（4）结合工程应用场景，能够选择合适的方式进行 WWW 与 FTP 服务器的规划、配置和管理。

15.3　实验环境

15.3.1　模拟场景

某企业为了内部办公和客户服务的需要，决定架设 WWW 服务器（Web 服务器）和 FTP 服务器。因业务需求，企业的一个下属公司也需要一个独立域名的网站。考虑成本和管理等因素，将两个网站架设在同一服务器上。另外，企业业务部和财务部分别需要建立一个供内部使用的部门网站。

15.3.2　实验条件

已安装 Windows Server 2019 的计算机 2 台，1 台充当 DNS 服务器，1 台充当 WWW（FTP）服务器。其他 Windows 系统计算机至少 1 台，充当客户机。交换机 1 台，将设备互连成网。实验接线如图 15-1 所示。

DNS服务器　　WWW/FTP服务器　　客户机

图 15-1　实验网络环境

15.3.3　网络规划

本实验各设备的 TCP/IP 属性配置如表 15-1 所示。各学校可以根据实验室的实验设备情况对设备参数进行调整。

说明：为了在不增加实验设备的情况下提升学生的实践参与度，本实验可采用虚拟机 VMware 软件，在单一物理机上虚拟出 1 台 DNS 服务器，1 台 WWW/FTP 服务器和 1 台客户机。各学校可以根据实验室的实验设备情况，对实验过程进行修改。

表 15-1　各设备的 TCP/IP 属性配置

设　　备	TCP/IP 属性配置	
DNS 服务器	IP 地址	192.168.248.3
	子网掩码	255.255.255.0
	默认网关	192.168.248.2
	首选 DNS 服务器	192.168.248.3
WWW/FTP 服务器	IP 地址	192.168.248.4
	子网掩码	255.255.255.0
	默认网关	192.168.248.2
	首选 DNS 服务器	192.168.248.3
客户机	IP 地址	192.168.248.11
	子网掩码	255.255.255.0
	默认网关	192.168.248.2
	首选 DNS 服务器	192.168.248.3

15.4　实验步骤

15.4.1　在 WWW 服务器上安装 IIS

1. 在充当 WWW 服务器的计算机上安装 IIS

（1）在充当 WWW 服务器的计算机上，打开【服务器管理器】，单击【添加角色和功能】，弹出【添加角色和功能向导】对话框。在【开始之前】界面单击【下一步】按钮，如图 15-2 所示。

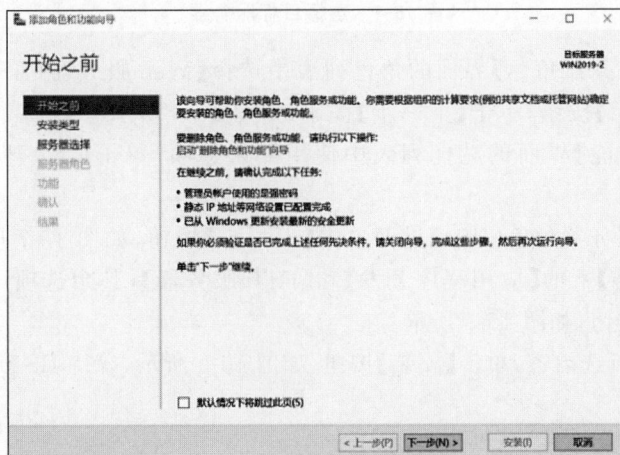

图 15-2　【开始之前】界面

（2）在【选择安装类型】界面选择默认的【基于角色或基于功能的安装】单选按钮，如图 15-3 所示。单击【下一步】按钮。在弹出的【选择目标服务器】界面选择默认的服务器，单击【下一步】按钮，如图 15-4 所示。

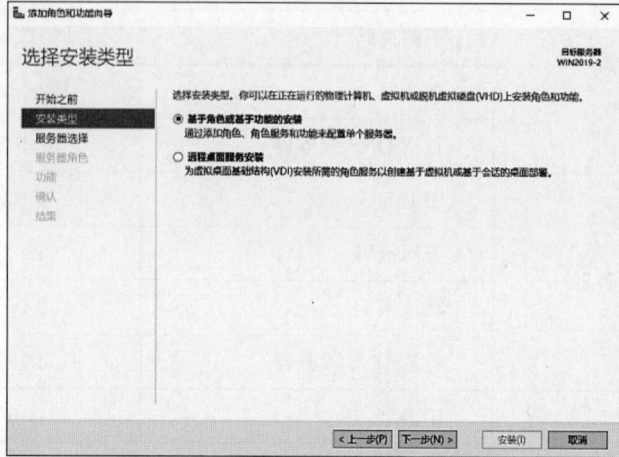

图 15-3　选择安装类型

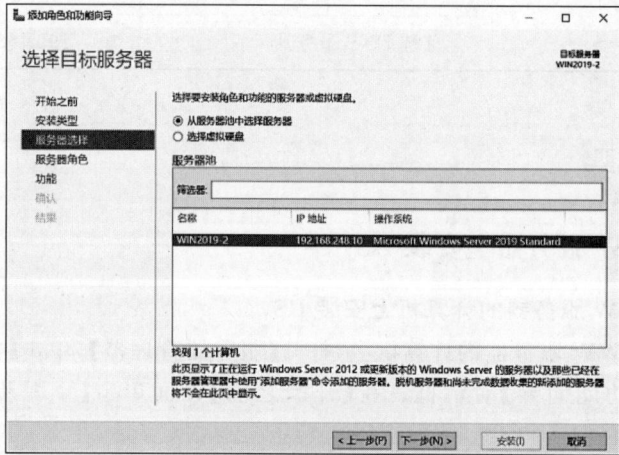

图 15-4　选择目标服务器

（3）在【选择服务器角色】界面的角色列表中选择【Web 服务器（IIS）】，在弹出的对话框中单击【添加功能】按钮，单击【下一步】按钮，如图 15-5 所示。

（4）在【选择功能】界面的功能列表中使用默认选项，单击【下一步】按钮，如图 15-6 所示。

（5）在【Web 服务器角色（IIS）】界面单击【下一步】按钮，如图 15-7 所示。在角色服务中选择【Web 服务器】下的【应用程序开发】和【FTP 服务器】，其余选项可根据需要自行选择，单击【下一步】按钮，如图 15-8 所示。

（6）确认安装所选内容，单击【安装】按钮，如图 15-9 所示，等待 IIS 安装完毕即可。

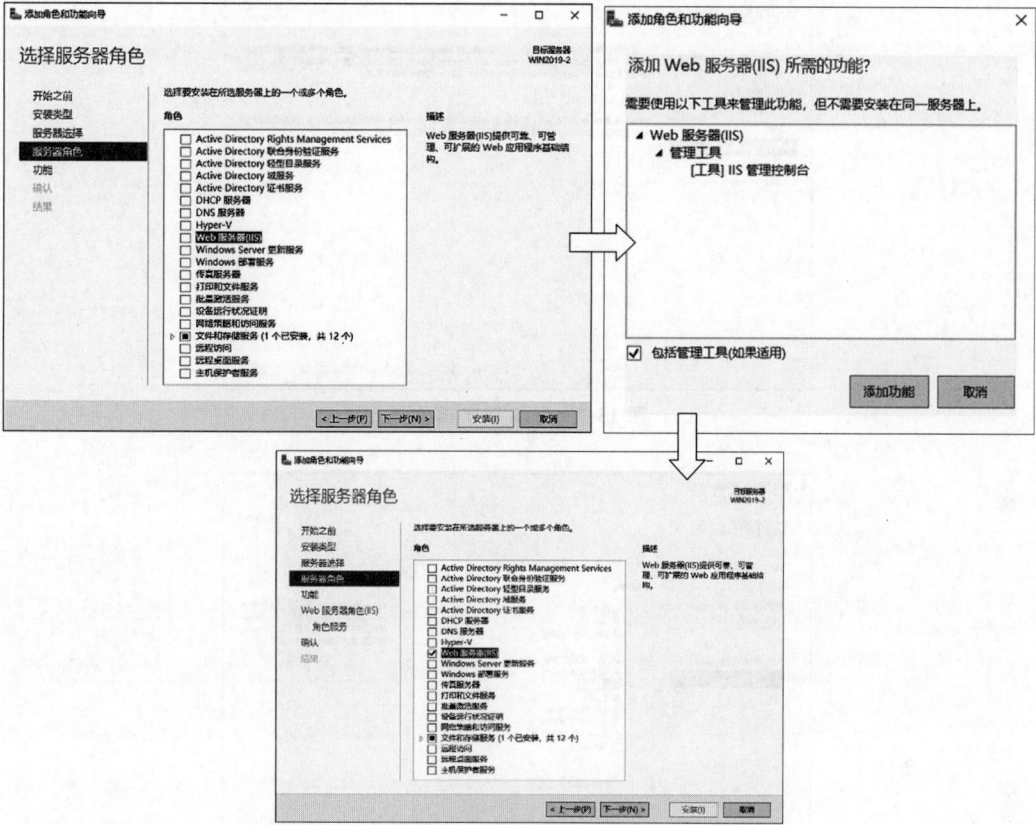

图 15-5　选择服务器角色

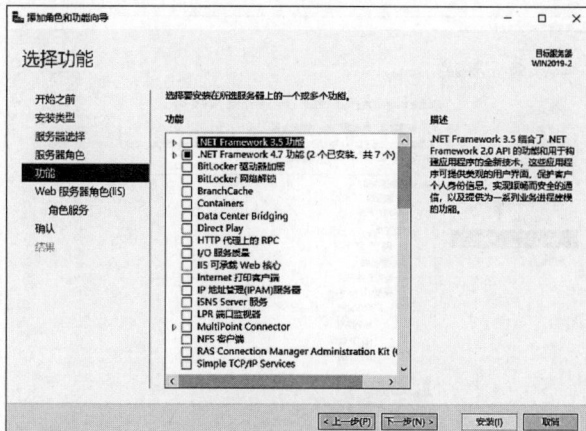

图 15-6　功能列表

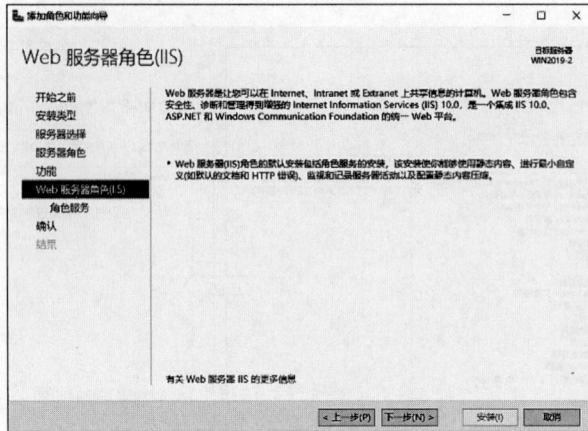

图 15-7　Web 服务器角色

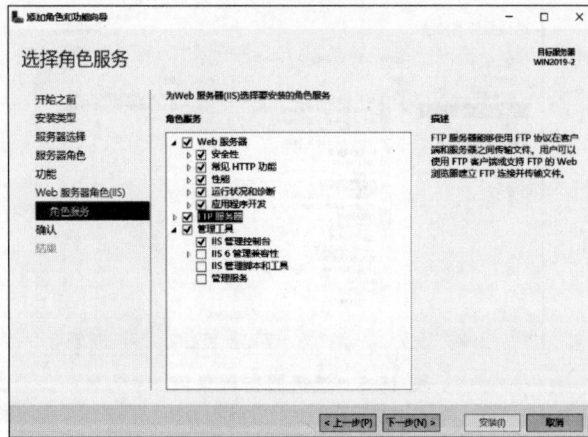

图 15-8　选择角色服务

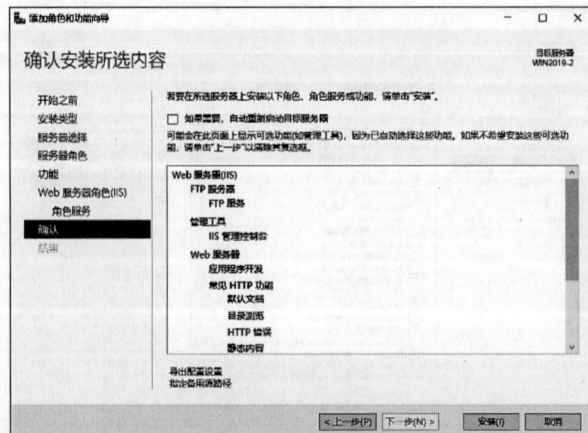

图 15-9　确认安装所选内容

2. 启动 IIS

选择【开始】→【Windows 管理工具】→【Internet Information Services（IIS）管理器】命

令。打开【Internet Information Services(IIS)管理器】后,可以发现一旦 IIS 安装完毕,已经自动建立了一个默认网站(Default Web Site),如图 15-10 所示。同时在 C 盘创建了 inetpub 的文件夹,在该文件夹下面有 wwwroot 和 ftproot 两个子文件夹,如图 15-11 所示。

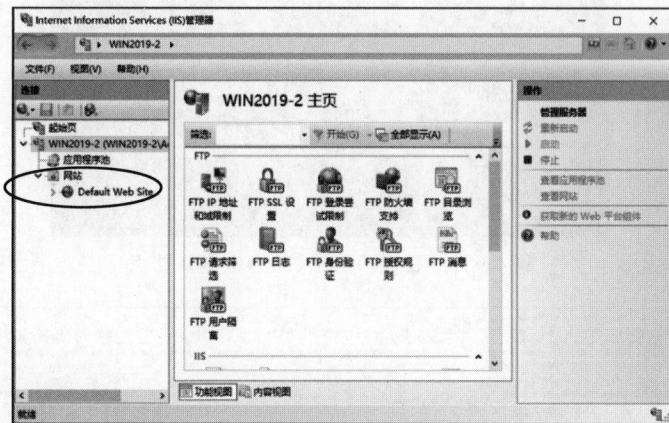

图 15-10　IIS 管理器

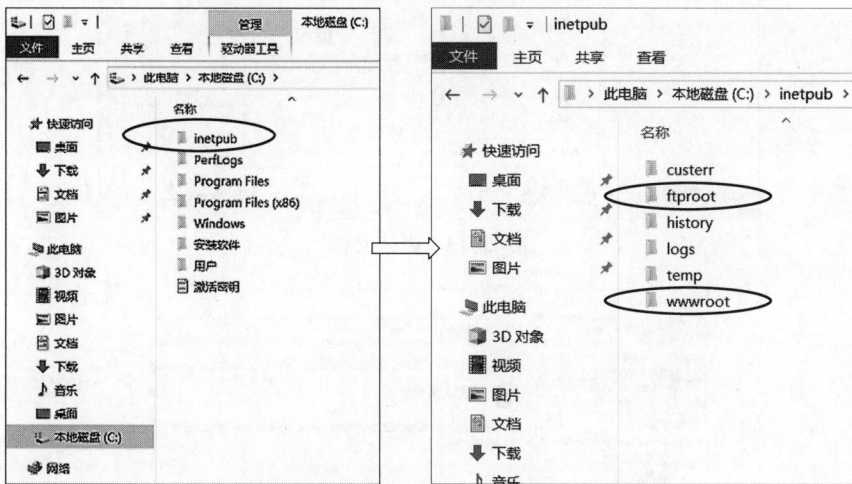

图 15-11　inetpub 文件夹及其子文件夹

3. 在客户机上访问 IIS 的默认 Web 站点

在客户机上打开浏览器,并在浏览器的地址栏中输入"http://192.168.248.4",即 WWW 服务器的 IP 地址,此时浏览访问的是 IIS 创建的默认站点的默认网页,网页为 IIS 自带的 iisstart.htm,如图 15-12 所示。

通过在 WWW 服务器上查看默认 Web 站点的默认文档信息(如图 15-13 和图 15-14 所示),可以发现 iisstart.htm 为该站点的默认文档,因此当用户在浏览器地址栏中输入"http://192.168.248.4"时,该 WWW 服务器给用户返回的是 iisstart.htm 默认文档。

完成以上步骤后,填写实训记录与分析,参见 15.6.1 节的相关内容。

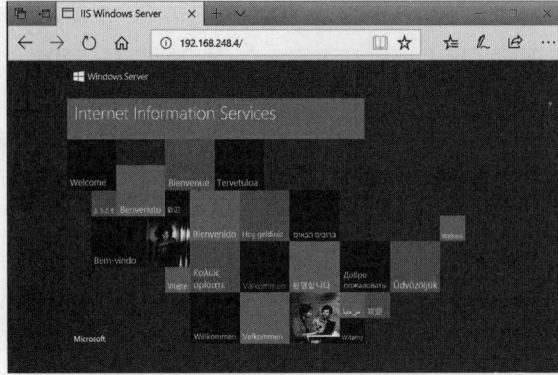

图 15-12　在客户机上访问 IIS 默认站点

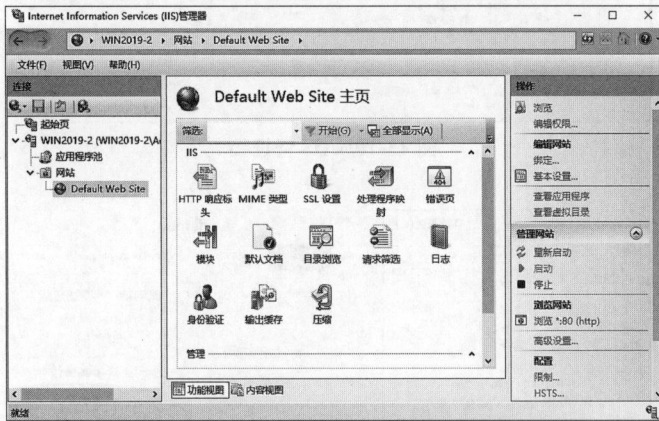

图 15-13　默认文档

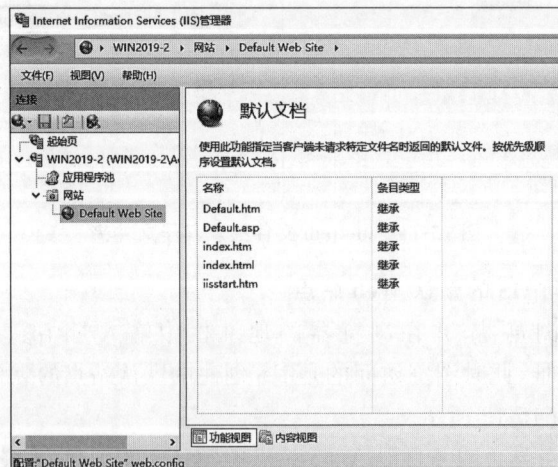

图 15-14　默认文档列表

15.4.2　利用 IIS 的默认 Web 站点发布网站

1. 在 WWW 服务器的默认文件夹中创建网页文件

用户可以在服务器上制作简易的网页文件(网页名为 default.htm),并复制到

C:\inetpub\wwwroot 目录下。例如,用户可用记事本创建一个文件,将其保存为网页类型的文件,命名为 default.htm,如图 15-15 所示。创建完毕后,再次确认文件名和图标,如图 15-16 所示。

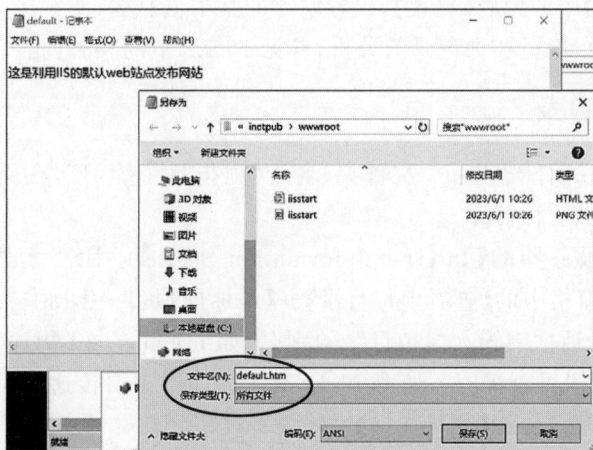

图 15-15　用记事本创建网页文件

2. 在客户机上访问默认 Web 站点

在客户机浏览器的地址栏中输入"http://192.168.248.4",浏览访问默认站点,如图 15-17 所示。

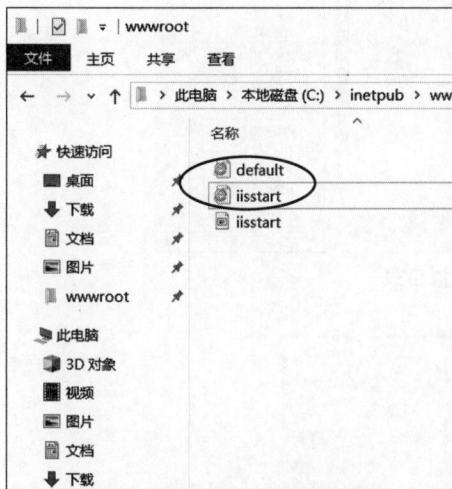

图 15-16　网页文件创建完毕

图 15-17　浏览访问默认站点

查看 WWW 服务器上该默认 Web 站点的默认文档信息。由于 default.htm 和 iisstart.htm 均为该站点的默认文档,但因为 default.htm 的优先级高于 iisstart.htm,所以此时访问 WWW 服务器返回的网页是 default.htm 网页文件。

3. 在 WWW 服务器上管理 Web 站点

在 WWW 服务器的【Internet Information Services(IIS)管理器】中,右击 Default Web Site,可以在快捷菜单中选择【删除】命令删除该站点,选择【重命名】命令更改站点名。选择

【管理网站】命令或在右侧的【操作】窗格中可以停止或启动该站点。

4. 在 WWW 服务器上查看站点属性

在 WWW 服务器的【Internet Information Services(IIS)管理器】中,右击 Default Web Site,选择【管理网站】中的【高级设置】,查看站点的基本信息。

完成以上步骤后,填写实训记录与分析,参见 15.6.2 节的相关内容。

15.4.3 使用虚拟目录

(1) 在 C:\inetpub 下建立一个文件夹,名为"虚拟目录练习",在文件夹中创建一个名为 default.htm 的网页文件。

(2) 在 WWW 服务器的【Internet Information Services(IIS)管理器】中选中 Default Web Site,单击右侧窗格中的【查看虚拟目录】→【添加虚拟目录】,如图 15-18 所示。在弹出的【添加虚拟目录】对话框中输入虚拟目录的别名,如 myalias,在【物理路径】文本框输入或选择"C:\inetpub\虚拟目录练习",如图 15-19 所示。如果需要传递身份验证,则单击【连接为】按钮,选择【特定用户】,在【设置凭据】中输入有权访问此文件夹的用户名和密码即可。

图 15-18　添加虚拟目录

图 15-19　添加虚拟目录完毕

（3）在客户机浏览器的地址栏中输入"http://192.168.248.4/myalias"，返回结果如图 15-20 所示。若将该网页移动到其他文件夹下，不需要更改该网页的访问 URL，修改其映射的物理路径即可。

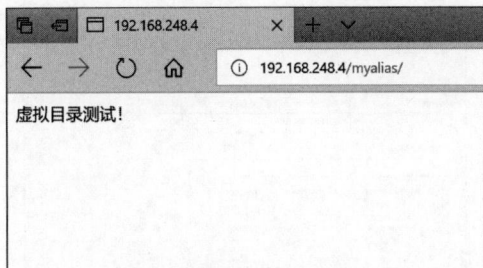

图 15-20　浏览虚拟目录中的网页

15.4.4　利用不同的 IP 地址架设新的 Web 站点

1. 为 WWW 服务器添加多个 IP 地址

选择 WWW 服务器的网络适配器，在【Internet 协议版本 4（TCP/IPv4）属性】对话框中单击【高级】按钮，为服务器添加 IP 地址，如 192.168.248.100。添加完毕后单击【确定】按钮关闭【Internet 协议版本 4（TCP/IP）属性】对话框，以确保添加成功。

2. 创建网站主文件夹和网页文件

在 C 盘创建一个文件夹，名为 webfile1。在该文件夹下创建一个网页文件，名为 default.htm，如图 15-21 所示。

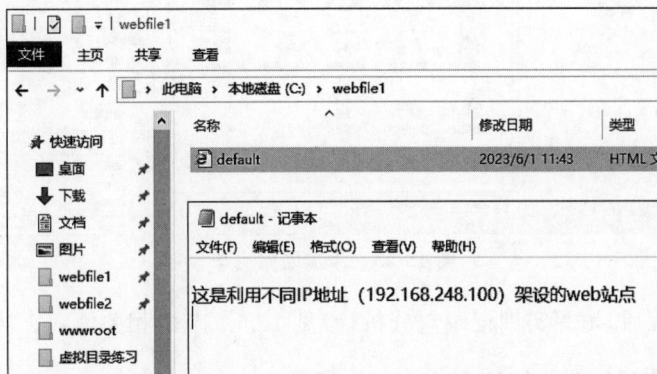

图 15-21　webfile1 文件下的网页文件

3. 使用新 IP 地址建立新 Web 站点

（1）在【Internet Information Services（IIS）管理器】中右击【网站】，选择【添加网站】命令，在【添加网站】对话框中输入站点名为 web1，选择物理路径（C:\webfile1），选择站点的 IP 地址（本机新添加的 IP 地址，如 192.168.248.100）和使用的 TCP 端口号（80），如图 15-22 所示。

（2）单击【确定】按钮，则网站添加完毕，如图 15-23 所示。

4. 在客户机上访问 web1 站点

在客户机浏览器的地址栏中输入"http://192.168.248.100"，查看网站显示的内容。

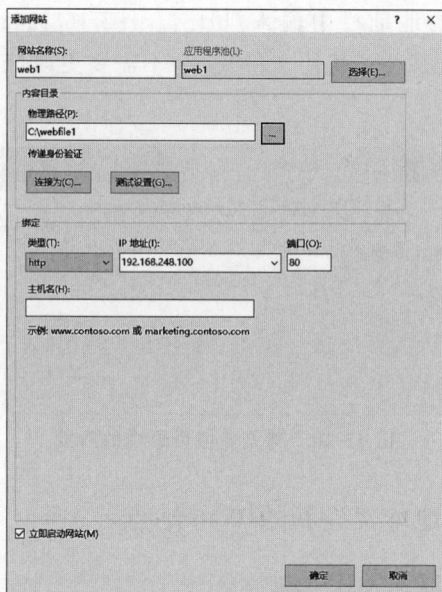

图 15-22　添加网站 web1

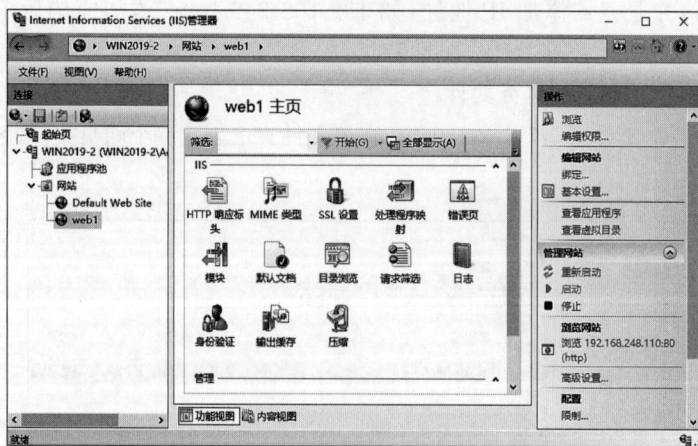

图 15-23　添加网站完毕

完成以上步骤后,填写实训记录与分析,参见 15.6.3 节的相关内容。

15.4.5　利用不同的端口架设新的 Web 站点

1. 创建网站主文件夹和网页文件

在 C 盘建立一个文件夹,名为 webfile2。在该文件夹下创建一个网页文件,名为 default.htm,如图 15-24 所示。

2. 使用不同的端口架设新的 Web 站点

在【Internet Information Services(IIS)管理器】中右击【网站】,选择【添加网站】命令,在【添加网站】对话框输入站点名为 web2,选择物理路径(C:\webfile2),选择站点的 IP 地址(192.168.248.4)和使用的 TCP 端口号(8000),单击【确定】按钮完成站点创建,如图 15-25 所示。

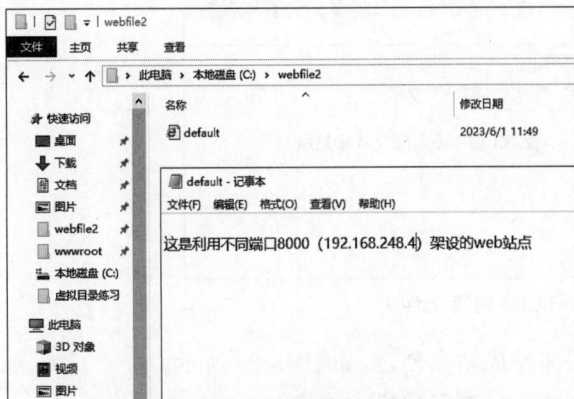

图 15-24　webfile2 网页文件夹

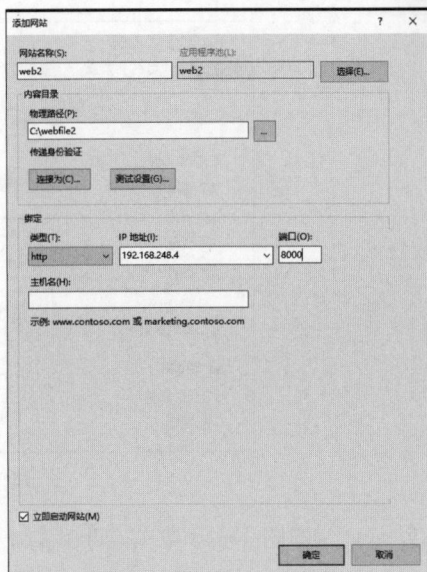

图 15-25　添加网站 web2

3. 在客户机上访问 web2 站点

在客户机浏览器的地址栏中输入"http://192.168.248.4:8000",查看网站显示的内容。完成以上步骤后,填写实训记录与分析,参见 15.6.3 节的相关内容。

15.4.6　利用主机名架设新的 Web 站点

1. 搭建 DNS 服务器,并完成 DNS 服务器的配置

(1) 参照 14.4 节在 DNS 服务器中添加 DNS 服务的角色。

(2) 在 DNS 服务器中新建正向查找区域的主要区域 xyz.com(区域名称可用企业或用户的名字,如张三的区域名称为 zhangsan.com),并添加主机记录 www,如图 15-26 所示。

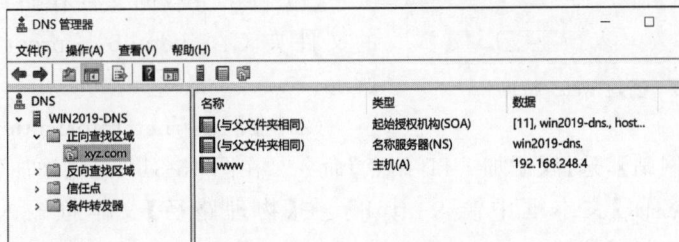

图 15-26　DNS 服务器配置

2. 在 WWW 服务器完成网站的搭建

(1) 创建网站主文件夹和网页文件。

在 C 盘创建一个文件夹,名为 webfile3,在该文件夹下创建一个网页文件,名为 default.htm,如图 15-27 所示。

(2) 使用主机名架设新的 Web 站点。

在【Internet Information Services(IIS)管理器】中右击【网站】,选择【添加网站】命令,在【添加网站】对话框中输入站点名为 web3,选择物理路径(C:\webfile3),填写主机名"www.

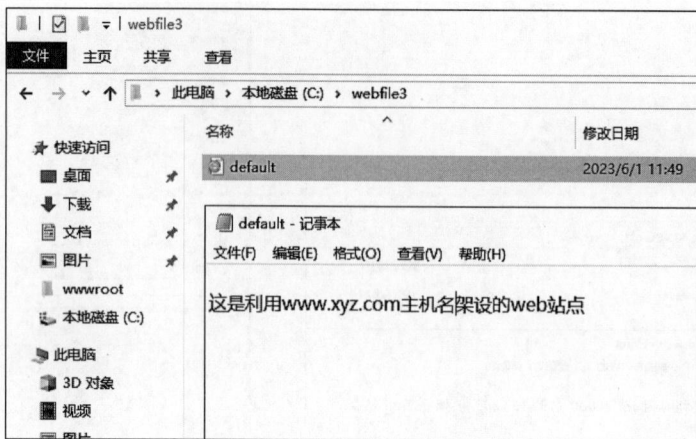

图 15-27　webfile3 网页文件夹

xyz.com",如图 15-28 所示。单击【确定】按钮完成站点创建,如图 15-29 所示。

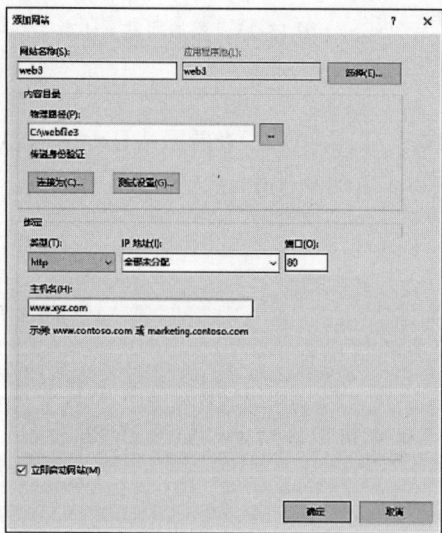

图 15-28　创建 web3 站点

3. 在客户机上访问 web3 站点

在客户机浏览器地址栏中输入"http://www.xyz.com",查看网站显示的内容。

完成以上步骤后,填写实训记录与分析,参见 15.6.3 节的相关内容。

15.4.7　在 IIS 中架设 FTP 站点

IIS 提供 FTP 服务器的功能,由于在一个服务器上架设多个 FTP 网站与 Web 网站类似,因此本实验仅给出利用系统默认站点在 IIS 中架设 FTP 站点的示例。

(1) 将供下载的文件存储到系统自动创建的文件夹 C:\inetpub\ftproot 下,如图 15-30 所示。

(2) 在【Internet Information Services(IIS)管理器】中右击【网站】,选择【添加 FTP 站点】命令。在图 15-31 所示【添加 FTP 站点】对话框的【FTP 站点名称】文本框中输入"ftp1",在【物理路径】文本框输入"C:\inetpub\ftproot",单击【下一步】按钮。

(3) 在【绑定和 SSL 设置】界面,选择【IP 地址】为【全部未分配】,【端口】选择默认值 21,在 SSL 选项组选择【无 SSL(L)】单选按钮,其余默认,单击【下一步】按钮,如图 15-32 所示。

(4) 在【身份验证和授权信息】界面中,【身份验证】选择【匿名】和【基本】,在【授权】【允许访问】中选择【所有用户】,【权限】选择【读取】,单击【完成】按钮,如图 15-33 所示。

(5) 在客户机浏览器地址栏中输入"ftp://192.168.248.4",即可浏览 FTP 服务器,实现文件的传输。

完成以上步骤后,填写实训记录与分析,参见 15.6.4 节的相关内容。

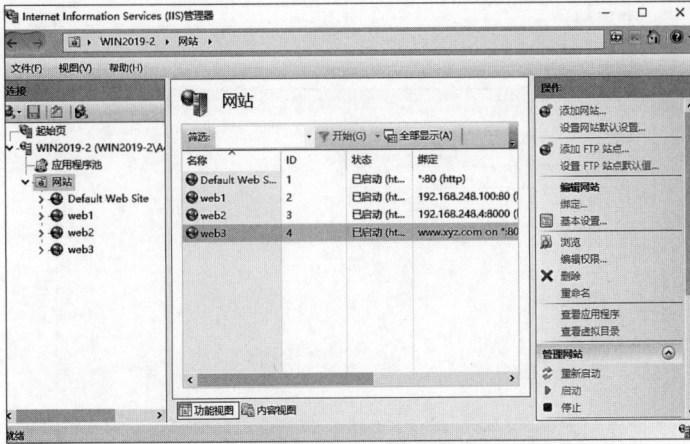

图 15-29　web3 站点创建成功

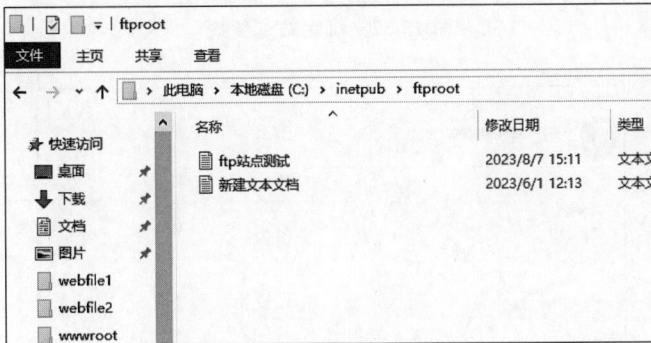

图 15-30　FTP 网站文件夹

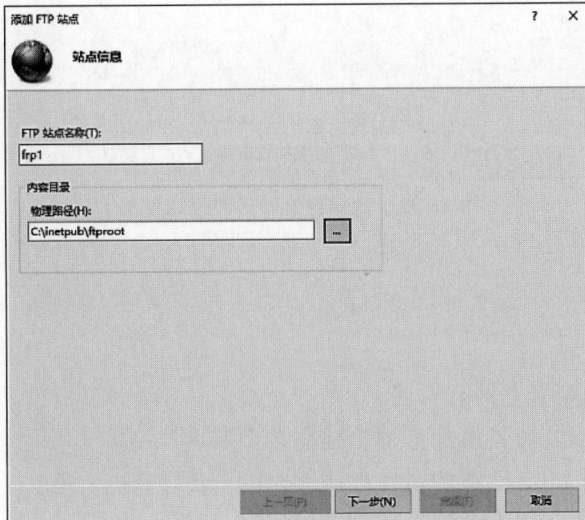

图 15-31　添加 FTP 网站

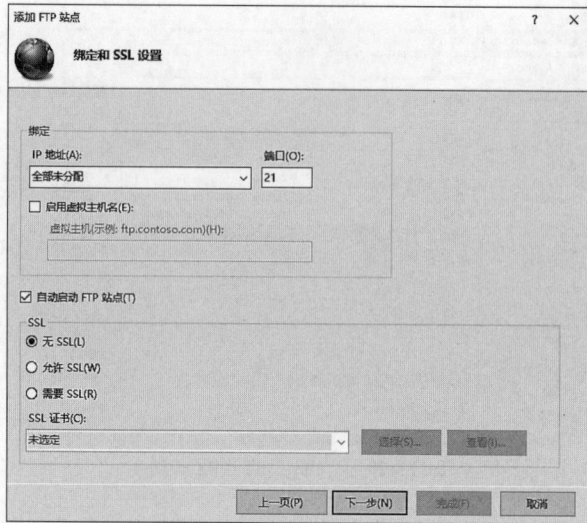

图 15-32 绑定站点参数

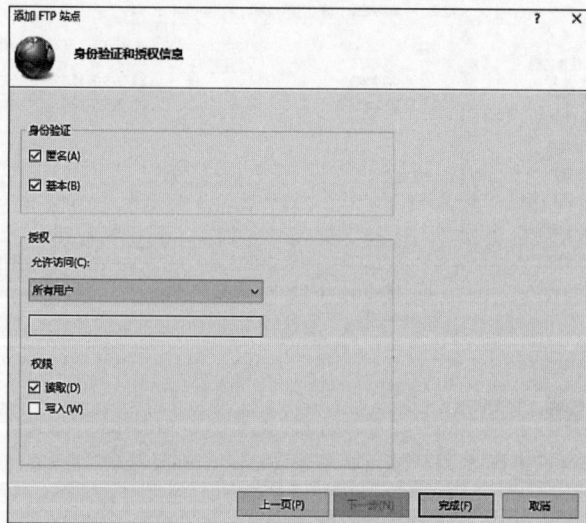

图 15-33 选择身份验证和授权信息

15.5 思考题

(1) 主流的 WWW 服务器有哪些?

(2) 有哪些方法可以在同一服务器上建立多个站点?

(3) 一个 Web 或 FTP 站点的内容必须都放在一台计算机上吗?

(4) 如果企业要在 WWW 服务器上为旗下多个子公司的不同域名架设多个网站,应该如何实现?

(5) 简述在利用主机名架设新的 Web 站点时,客户机通过域名访问网站的具体流程。

15.6　实训记录与分析

15.6.1　在 WWW 服务器上安装 IIS

（1）将计算机的配置结果填入表 15-2。

表 15-2　WWW 服务器 TCP/IP 属性设置

计 算 机	IP 地 址	子 网 掩 码	DNS
WWW 服务器			
DNS 服务器			
客户机			

（2）启动 IIS，并在客户机上访问默认网站，将相关结果填入表 15-3。

表 15-3　访问默认站点

操　作	结　果
启动 IIS	（IIS 管理器截图）
在客户机上访问默认网站	（截图）

15.6.2　利用 IIS 的默认站点发布网站

（1）将名字为 default.htm 的自制网页文件复制到 C:\Inetpub\wwwroot 下。
（2）在客户机上访问默认站点，将访问的结果填入表 15-4。

表 15-4　访问默认站点

操　作	结　果
在客户机上访问默认网站	（截图）

（3）查看默认站点的基本信息，填入表 15-5。

表 15-5　查看默认站点的基本信息

查 看 项 目	查 看 结 果
站点名称	
IP 地址	
端口	

续表

查 看 项 目	查 看 结 果
默认文档	
物理路径	

（4）使用虚拟目录，将结果填入表 15-6。

表 15-6　查看虚拟目录

操　　作	结　　果
设置虚拟目录	（截图）
浏览虚拟目录	（截图）

15.6.3　利用不同的方式架设新的 Web 站点

利用不同的方式在同一服务器上建立站点，将相关参数值填入表 15-7。

表 15-7　利用不同的方式建立站点

建 立 方 式	站 点 名	站 点 参 数	参　数　值
新增 IP	web1	IP 地址	
		端口	
		主目录	
		默认文档	
新端口	web2	IP 地址	
		端口	
		主目录	
		默认文档	
主机名	web3	主机名	
		DNS 解析 IP 地址	
		主目录	
		默认文档	

将访问不同网站的结果填入表 15-8。

表 15-8　访问不同的 Web 网站

站点建立方式	浏览器输入 URL	结　　果
默认站点		（截图）
新增 IP		（截图）

站点建立方式	浏览器输入 URL	结　　果
新端口		（截图）
主机名		（截图）

15.6.4　在 IIS 中架设 FTP 站点

利用不同的 IP 地址建立 FTP 站点，将相关参数值填入表 15-9。

表 15-9　利用不同的 IP 地址建立 FTP 站点

站　　点	站 点 参 数	参　数　值
FTP1	IP 地址	
	端口	
	主目录	
	访问效果	（截图）

第16章 电子邮件服务器配置

16.1 知识准备

电子邮件(E-mail)是通过互联网传输电子消息的一种通信方式。电子邮件不仅使用方便,而且具有传递迅速和费用低廉的优点。电子邮件按照客户服务器方式工作。

16.1.1 电子邮件系统

电子邮件系统由用户代理、邮件服务器和邮件协议组成。

(1) 用户代理

用户代理(User Agent,UA)是用户与电子邮件系统的接口,大多数情况下是运行在用户计算机中的程序。因此,用户代理又称为电子邮件客户端软件。用户代理具备撰写、显示、处理邮件和收发邮件的功能。目前,可使用的用户代理有很多,如 Microsoft 公司的 Outlook Express、腾讯的 FoxMail、畅邮 Dreammail Pro 和酷邮 KooMail 等。

(2) 邮件服务器

邮件服务器相当于电子邮局,服务器运行邮件传输代理软件。邮件服务器负责接收本地用户发来的邮件,并根据目的地址发送到接收方的邮件服务器中;负责接收其他服务器上传来的邮件,并转发到本地用户的邮箱中。

(3) 邮件协议

邮件协议相当于电子邮递员,负责在用户和服务器之间、服务器和服务器之间传输电子邮件。邮件协议包括邮件发送协议和邮件接收协议两类。邮件发送协议用于发送电子邮件,如 SMTP(Simple Mail Transfer Protocol,简单邮件转输协议)。邮件接收协议用于接收电子邮件,如 POP3(Post Office Protocol-Version 3,邮局协议)和 IMAP(Internet Mail Access Protocol,网际存取协议)。

从电子邮件系统构成来看,用户要使用电子邮件就必须在计算机中安装用户代理软件。为了解决对用户代理的依赖问题,Hotmail 于 20 世纪 90 年代中期推出了基于万维网的电子邮件(Webmail)。万维网电子邮件的好处就是不管在什么地方,只要计算机能接入互联网,用户就可以使用浏览器非常便捷地撰写和收发电子邮件。使用万维网电子邮件不需要在计算机中安装用户代理软件。浏览器可以向用户提供非常友好的电子邮件界面(和原来的用户代理提供的界面相似),使用户在浏览器上就能够很方便地撰写和收发电子邮件。

16.1.2 电子邮件地址

电子邮件地址相当于电子信箱,是建立在邮件服务器上的一部分硬盘空间,用于保存用户的电子邮件。用户可以利用电子邮件地址发送和接收电子邮件。

TCP/IP 体系的电子邮件系统规定电子邮件地址的格式如下:

用户名@邮件服务器的域名

电子邮件地址在全球范围内是唯一的。例如在电子邮件地址 zhangsan@ xyz.com 中，xyz.com 是邮件服务器的域名，zhangsan 是在该邮件服务器中收件人的用户名，即收件人邮箱名。

16.1.3　电子邮件协议

邮件服务器使用的协议有 SMTP、POP3 和 IMAP。

1. SMTP

SMTP 是一种可靠的电子邮件传输的协议。SMTP 使用客户服务器方式，SMTP 客户负责发送邮件，SMTP 服务器负责接收邮件。SMTP 是基于 TCP 的应用层协议，SMTP 服务器使用熟知端口 25。SMTP 通信分为连接建立、邮件传送和连接释放 3 个阶段。

SMTP 是一个基于文本的（即 ASCII 码）的协议。为了在发送电子邮件时附加多媒体数据，让邮件客户程序能根据其类型进行处理，引入了 MIME（Multipurpose Internet Mail Extension，多用途互联网邮件扩充）协议，使得在电子邮件中可以传输多媒体邮件。

2. POP3

POP3 协议是邮局协议的第 3 个版本，是规定个人计算机如何连接到互联网上的邮件服务器读取邮件的协议。POP3 使用客户-服务器的工作方式，是基于 TCP 的应用层协议，POP3 服务器使用熟知端口 110。POP3 客户从服务器把邮件存储到本地主机上，同时根据客户端的操作删除或保存邮件服务器上的邮件。POP3 的一个特点就是只要用户从 POP3 服务器读取了邮件，POP3 服务器就把该邮件删除。

3. IMAP

IMAP 也是读取邮件的协议，是基于 TCP 的应用层协议，也使用客户-服务器的工作方式，IMAP 服务器使用熟知的端口 143。

IMAP 是一个联机协议。当用户使用 IMAP 客户程序打开 IMAP 服务器的邮箱时，可以看到邮件的首部。当用户需要打开某个邮件，该邮件才传到用户的计算机上。IMAP 的缺点是如果用户没有将邮件复制到本地计算机，则邮件一直存放在 IMAP 服务器上。因此用户需要经常与 IMAP 服务器建立连接。

16.2　实验目的

（1）理解电子邮件系统的组成和工作原理。
（2）了解电子邮件服务器的搭建和配置方法。
（3）能够结合工程应用需求，实现电子邮件系统的规划、配置与管理。

16.3　实验环境

16.3.1　模拟场景

企业邮箱已经成为企业办公不可或缺的一部分。搭建企业邮箱不仅可以提高办公效率，还能保护企业的信息安全。基于以上需求，某企业需要搭建电子邮件系统，实现企业邮箱的管理与应用。

16.3.2　实验条件

已安装 Windows Server 2019 的计算机 2 台，一台充当 DNS 服务器，一台充当电子邮件服务器，其他 Windows 系统计算机至少 1 台，交换机 1 台，互连成网。实验接线如图 16-1 所示。

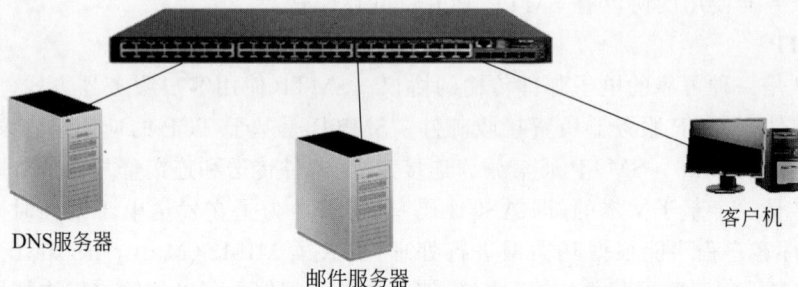

图 16-1　实验的网络环境

16.3.3　网络规划

为了提供基于万维网的电子邮件服务，电子邮件服务器上也架设了 WWW 服务器。本实验各设备的 TCP/IP 属性配置如表 16-1 所示。各学校可以根据实验室的实验设备情况对设备参数进行调整。

表 16-1　各设备的 TCP/IP 属性配置

设 备 名	TCP/IP 属性配置	
DNS 服务器	IP 地址	192.168.248.3
	子网掩码	255.255.255.0
	默认网关	192.168.248.2
	首选 DNS 服务器	192.168.248.3
邮件服务器 （WWW 服务器）	IP 地址	192.168.248.4
	子网掩码	255.255.255.0
	默认网关	192.168.248.2
	首选 DNS 服务器	192.168.248.3
客户机	IP 地址	192.168.248.11
	子网掩码	255.255.255.0
	默认网关	192.168.248.2
	首选 DNS 服务器	192.168.248.3

说明：为了在不增加实验设备的情况下提升学生的实践参与度，本实验可采用虚拟机 VMware 软件，在单一物理机上虚拟出 1 台 DNS 服务器、1 台邮件服务器和 1 台客户机。各学校可以根据实验室的实验设备情况，对实验过程进行修改。

16.4　实验步骤

16.4.1　配置 DNS 服务器

以下操作在 DNS 服务器上进行。

（1）在 DNS 服务器上添加 DNS 角色，参见 14.4.1 节。

（2）在 DNS 服务器上创建主要区域和正向查找区域：xyz.com，参见 14.4.2 节。

（3）在正向查找区域中新建主机记录：mail.xyz.com，IP 地址为 192.168.248.4，参见 14.4.2 节。

（4）在区域中新建邮件交换记录：参见 14.4.2 节。配置效果如图 16-2 所示。

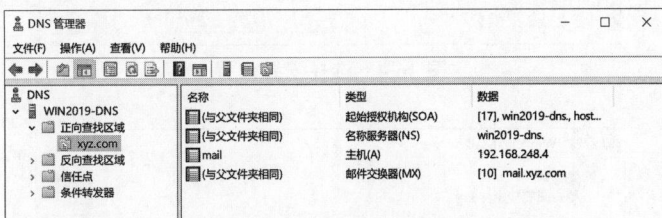

图 16-2　DNS 管理器配置

完成此步骤后，填写实训记录与分析，参见 16.6.1 节的相关内容。

16.4.2　安装 Winmail 并完成快速设置

在邮件服务器上准备好 Winmail 软件，进行 Winmail 的安装和快速设置。

（1）双击 Winmail 安装程序 Winmail 7.1.exe，选择安装时使用语言为【中文（简体）】，单击【确定】按钮后出现 Winmail Mail Server 安装向导界面，单击【下一步】按钮，如图 16-3 所示。

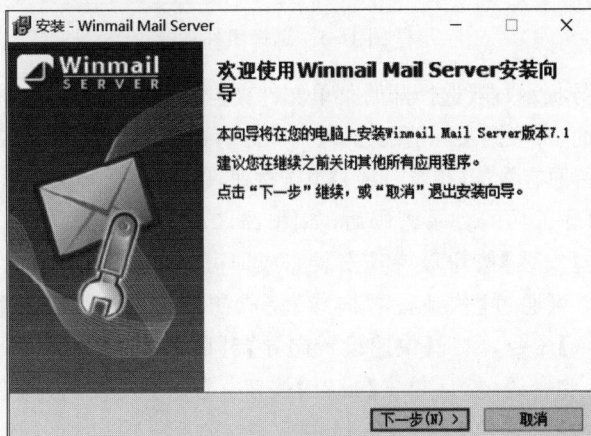

图 16-3　安装向导

（2）根据安装向导提示，在使用许可协议选择【我接受该协议】单选按钮后，单击【下一步】按钮。在【选择安装位置】界面使用默认安装位置，然后单击【下一步】按钮，如图 16-4 所示。在【选择组件】界面选中【服务器程序】和【管理端工具】复选框，然后单击【下一步】按钮，如图 16-5 所示。

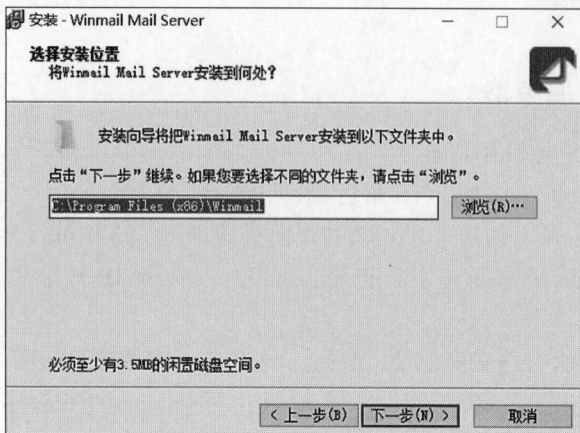

图 16-4　选择安装位置

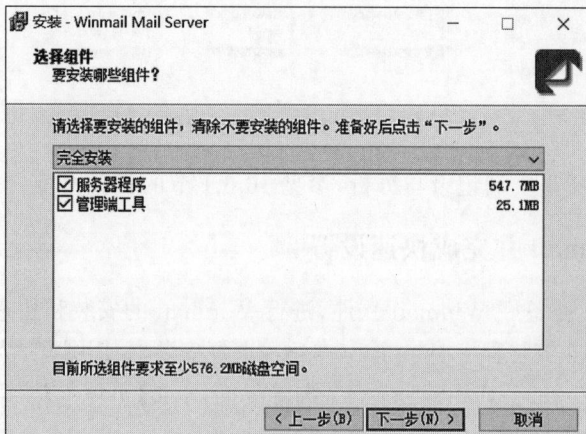

图 16-5　选择组件

（3）根据安装向导提示，在【选择开始菜单文件夹】界面单击【下一步】按钮，如图 16-6 所示。在【选择附加任务】界面，可根据实际情况选择【清除原有数据（全新安装）】或【保留原有数据（版本升级）】，此处选择【保留原有数据（版本升级）】单选按钮，单击【下一步】按钮，如图 16-7 所示。

（4）在设置完管理工具的登录密码后（如图 16-8 所示），单击【下一步】按钮，进入【安装准备完毕】界面，单击【安装】按钮等待其安装完成即可，如图 16-9 所示。

（5）安装完毕后，可通过【快速设置向导】完成初始化设置。选择【开始】→Winmail→【Winmail 服务器程序】命令，出现【快速设置向导】对话框，如图 16-10 所示。在该对话框输入要新建的邮箱地址和密码，然后单击【设置】按钮。【快速设置向导】会自动查找系统数据库，也会测试邮件服务器（SMTP、POP3、HTTP 等）是否成功启动。然后，【快速设置向导】对话框的【设置结果】框内显示设置的相关信息，包括发件服务器的地址和端口、接收服务器的地址和端口、邮箱的用户名和密码、Webmail 网址。通过以上步骤，已自动增加了 zhangsan@xyz.com 的用户邮箱。

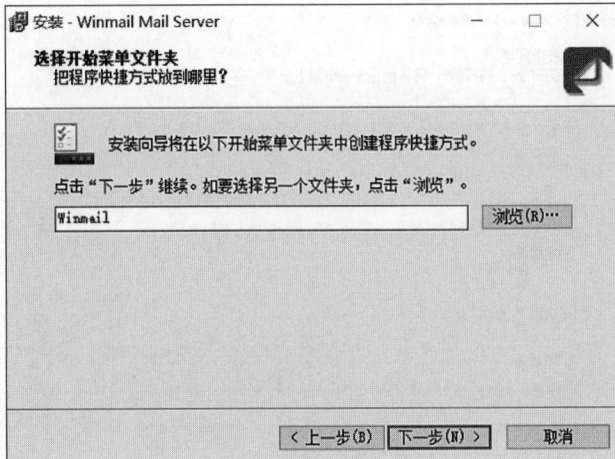

图 16-6　【选择开始菜单文件夹】界面

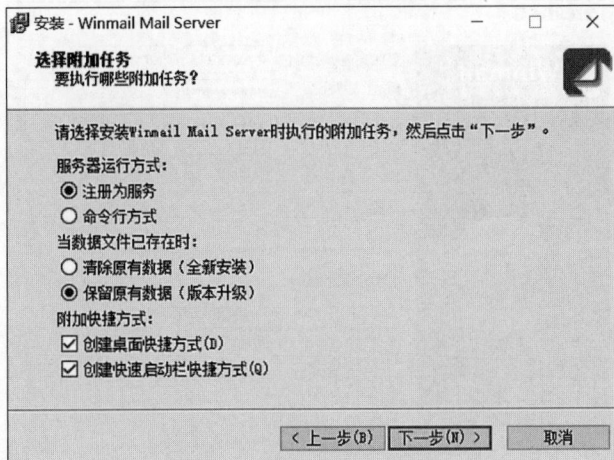

图 16-7　【选择附加任务】界面

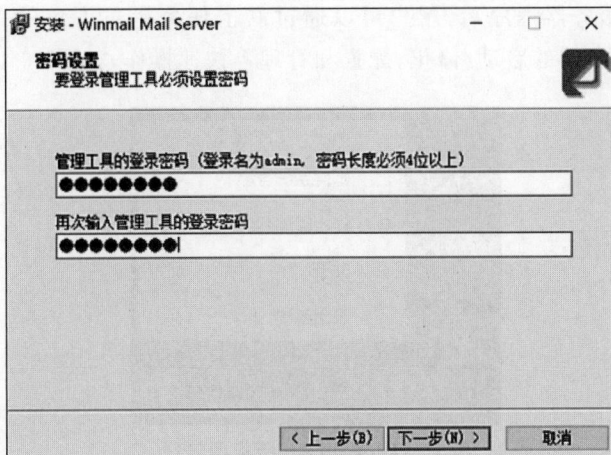

图 16-8　密码设置

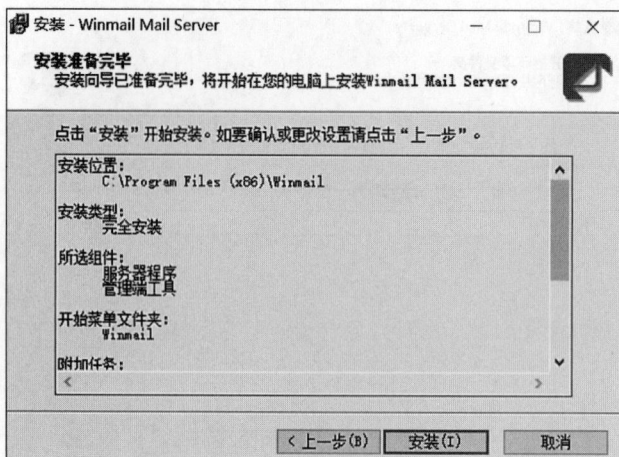

图 16-9 安装准备完毕

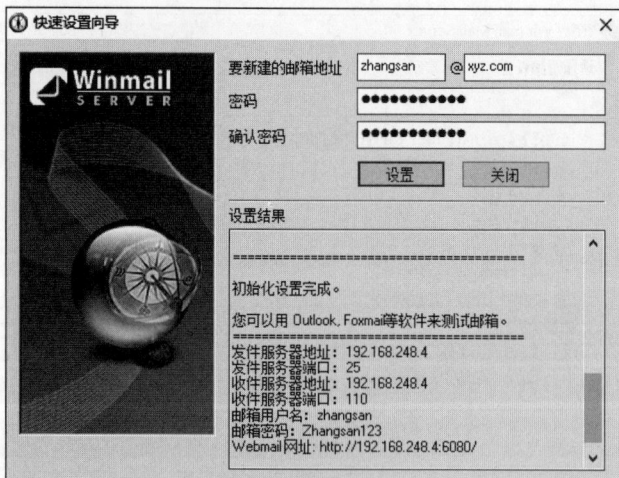

图 16-10 快速设置向导

运行 Winmail 服务器程序后,用户可以通过右击任务栏右下角的 Winmail 服务器图标,进行 Winmail 服务器的启动/停止、配置和管理等快速操作,如图 16-11 所示。

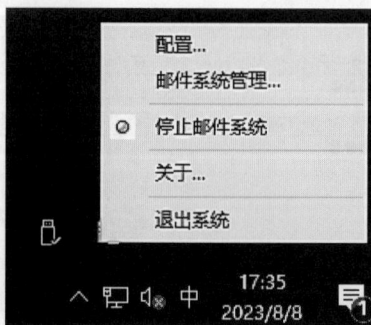

图 16-11 Winmail 服务器管理

完成此步骤后,填写实训记录与分析,参见 16.6.1 节的相关内容。

16.4.3　使用 Winmail 管理端工具

安装 Winmail 并完成快速设置后,管理员就可以利用 Winmail 管理端工具进行邮件服务器的配置和管理,为后续邮件收发测试做准备。

1. 连接服务器

选择【开始】→Winmail→【Winmail 管理端工具】命令,打开【Winmail Mail Server--管理工具】,如图 16-12 所示。单击【连接】弹出【连接服务器】对话框,选择【本地主机】单选按钮,并用安装时设置的密码登录邮件服务器,如图 16-13 所示。

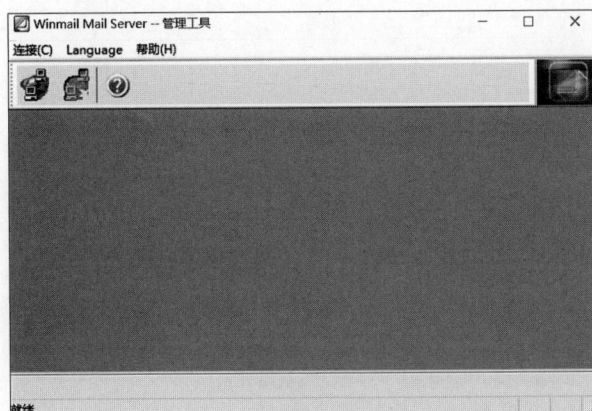

图 16-12　Winmail Mail Server 管理工具

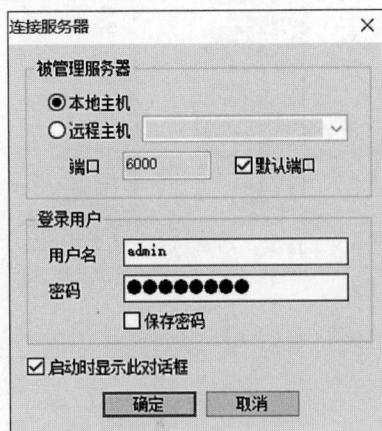

图 16-13　连接服务器

2. 查看系统设置

【Winmail Mail Server--管理工具】的左侧窗格列出了系统相关信息。管理员选中【系统服务】可以查看 ADMIN、SMTP、POP3 等系统服务的状态、运行方式、绑定地址和端口等信息,如图 16-14 所示。可以选择某一服务,然后单击【启动】、【停止】和【设置】按钮来启动、停止或设置相关服务。

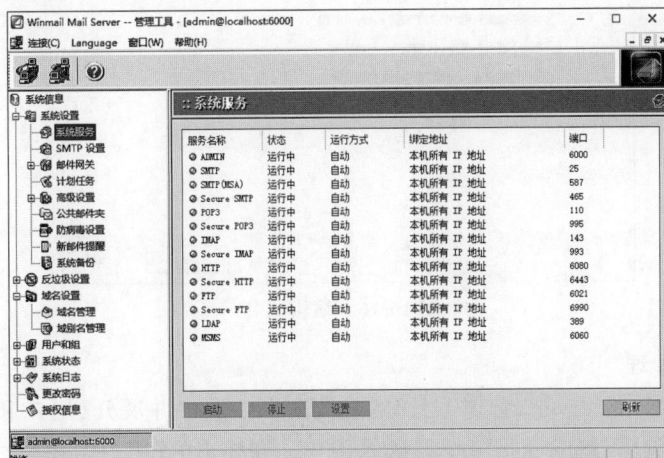

图 16-14　系统服务

3. 域名设置

在【Winmail Mail Server--管理工具】的左侧窗格中选中并展开【域名设置】,单击【域名管理】,则切换到【域名管理】界面,如图 16-15 所示。管理员可以单击【增加】按钮增加需要管理的新域名,单击【编辑】按钮修改某个域名的相关配置信息(如高级属性、默认权限等,如图 16-16 所示),单击【删除】按钮删除某个域名,单击【重算占用空间】按钮可以更新该域名已分配的邮箱数、已分配/已用邮箱容量和网络磁盘容量等数据。

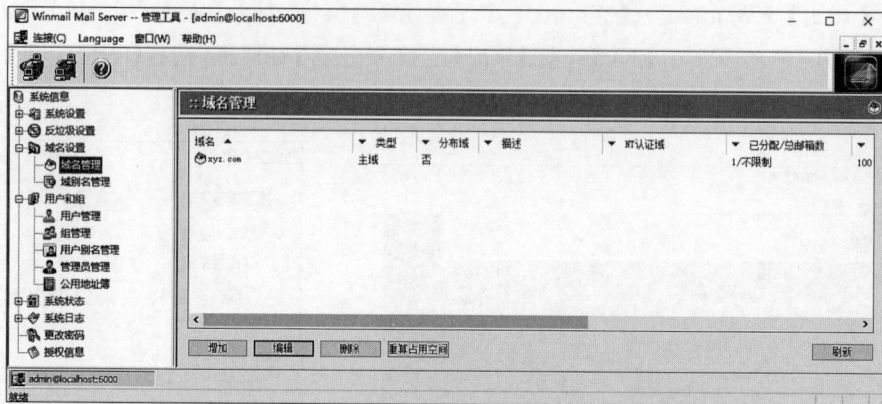

图 16-15　域名管理

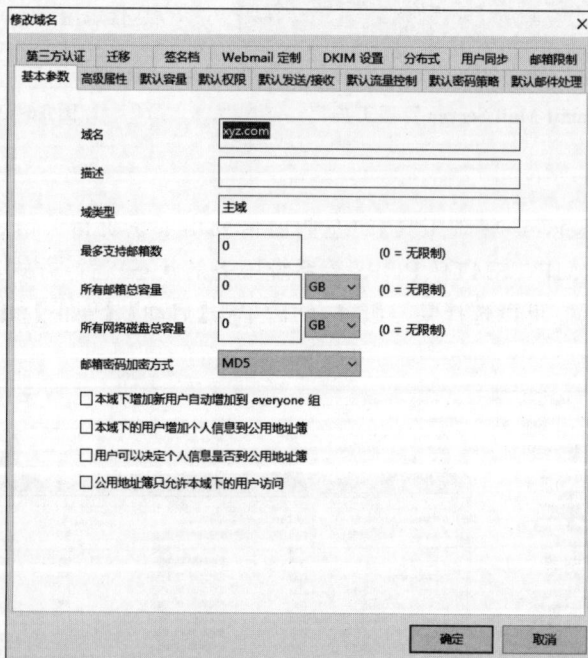

图 16-16　编辑域名

4. 邮箱用户管理

在【Winmail Mail Server--管理工具】的左侧窗格中选中并展开【用户和组】,单击【用户管理】,可以增加、编辑、删除和批量更新邮箱用户。在弹出的【用户管理】对话框中,单击【增加】按钮即可增加邮箱用户,管理员可根据需求依次单击【下一步】按钮对用户邮箱的参数(个人信息、组设置、容量设置、权限设置、发送/接收、流量控制、密码策略、访问控制、邮箱设置和邮件)进行设置,如图 16-17 和图 16-18 所示。按照增加用户向导增加新用户,如 lisi@xyz.com。

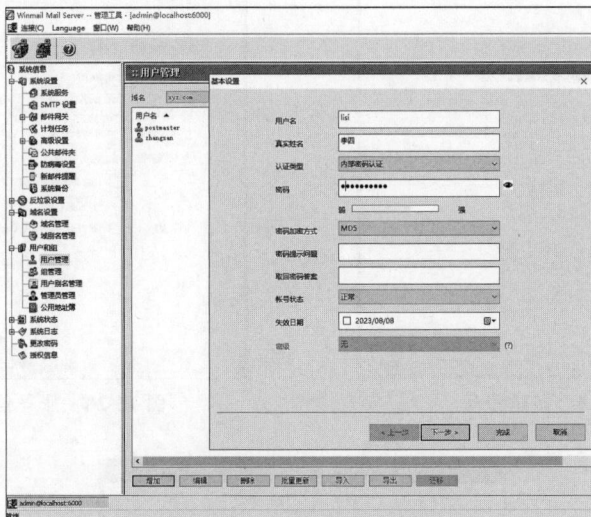

图 16-17　增加用户邮箱

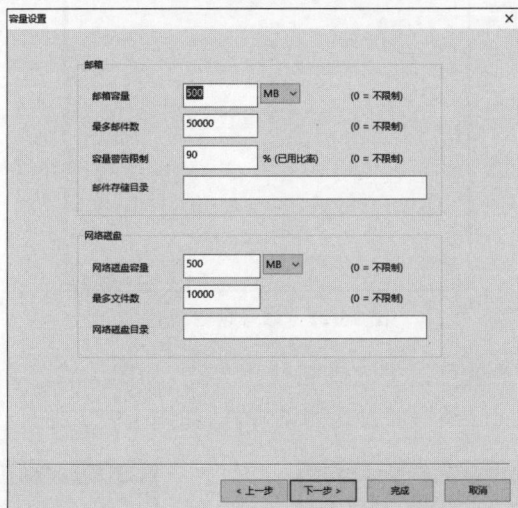

图 16-18　容量设置

完成此步骤后,填写实训记录与分析,参见 16.6.3 节的相关内容。

16.4.4　使用 Foxmail 发送邮件

在客户机上,安装 Foxmail 软件,完成 Foxmail 的设置和邮件的发送。

(1) 按照安装向导提示,完成 Foxmail 的安装。

(2) 选择【开始】→Foxmail 命令,启动 Foxmail 后,选择【其他邮箱】。

(3) 在弹出的【新建账号】对话框中,输入 E-mail 地址和密码(此处用 zhangsan@xyz.com 登录),选择【手动设置】,如图 16-19 所示。在手动设置的界面,按照企业域名填写相关信息,如图 16-20 所示。单击【创建】按钮,验证信息配置无误后弹出"设置成功"。创建成功后,单击【完成】按钮,如图 16-21 所示。

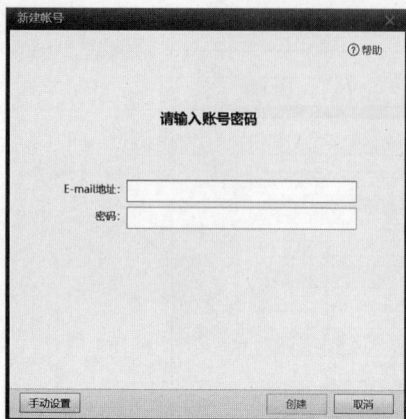

图 16-19　新建账号

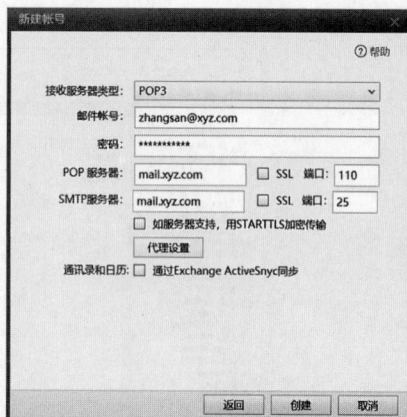

图 16-20　账号信息设置

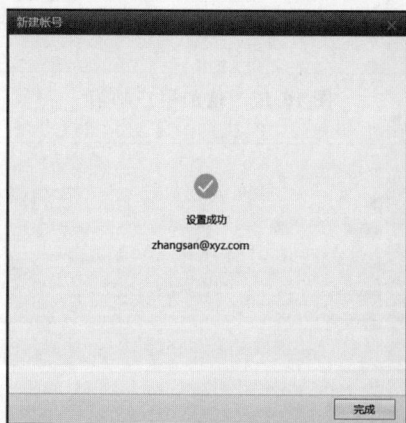

图 16-21　账号创建成功

（4）完成配置后,用户就可以进入邮箱使用界面,如图 16-22 所示。在该界面单击【写邮件】,给用户 lisi@xyz.com 编写并发送测试邮件,如图 16-23 所示。

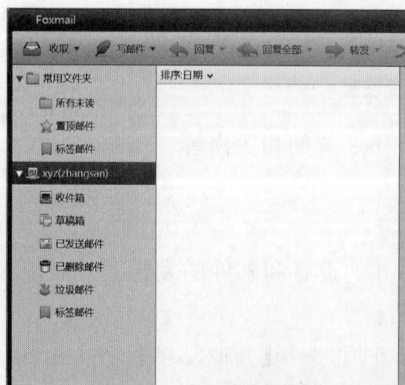

图 16-22　邮箱使用界面

图 16-23　发送测试邮件

完成此步骤后,填写实训记录与分析,参见 16.6.4 节的相关内容。

16.4.5　使用浏览器收发邮件

(1) 在客户机浏览器的地址栏中输入"http://mail.xyz.com:6080",登录基于万维网的电子邮件服务器,如图 16-24 所示。

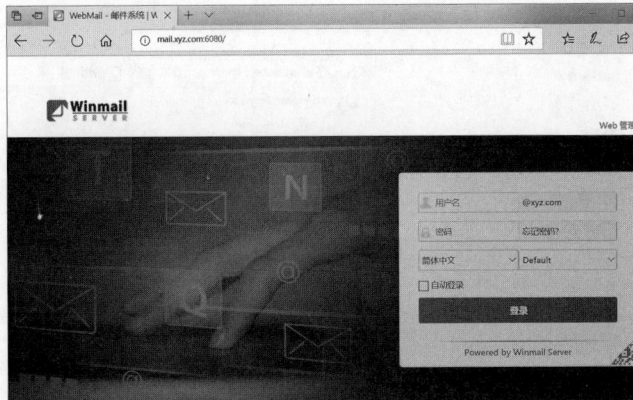

图 16-24　登录基于万维网的电子邮件服务器

(2) 输入邮箱账号"lisi@mail.xyz.com"和密码,单击【登录】按钮,出现企业邮件窗口,如图 16-25 所示。在【收件箱】查看是否接收到之前通过 Foxmail 发送的测试邮件,如图 16-26 所示。

图 16-25　个人企业邮箱界面

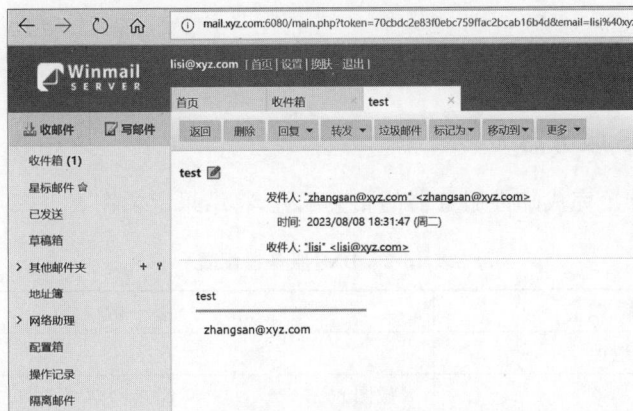

图 16-26　接收到测试邮件

（3）在个人企业邮箱界面单击【写邮件】，输入收件人信箱地址"zhangsan@xyz.com"，撰写主题和内容后单击【发送】按钮，如图 16-27 所示。

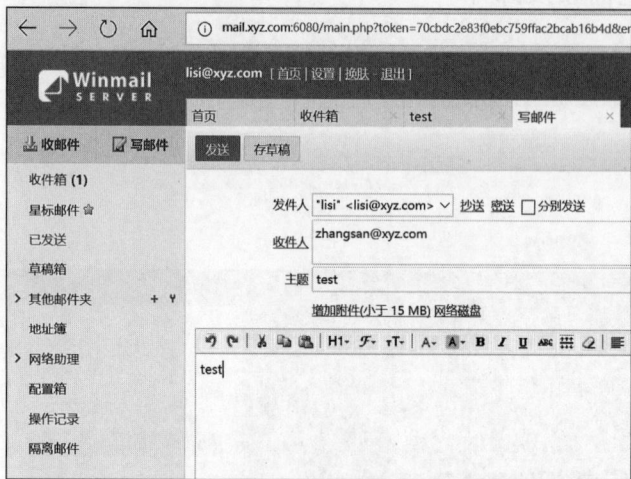

图 16-27　写邮件

（4）在浏览器中退出用户 lisi，使用用户 zhangsan 登录企业邮箱，验证邮件是否正确接收。完成此步骤后，填写实训记录与分析，参见 16.6.5 节的相关内容。

16.5　思考题

（1）电子邮件系统由哪几部分组成？
（2）发送邮件和接收邮件的协议分别有哪些？
（3）SMTP 服务器和 POP3 服务器在运输层使用什么服务？使用的端口分别是多少？
（4）Winmail 管理工具默认的用户邮箱容量是 500MB，如何将某个用户的邮箱容量修改为 1GB？
（5）如果该企业新增加了一个子公司 uvw，该子公司 uvw.xyz.com 需要创建企业邮箱，如何使用 Winmail 管理工具的域名管理在该邮件服务器上创建子公司的电子邮件系统？DNS 服务器需要如何设置？

16.6　实训记录与分析

16.6.1　配置 DNS 服务器

在 DNS 服务器上完成邮件服务器的相关配置，将结果记录在表 16-2 中。

表 16-2　DNS 服务器配置

配　置　参　数	参　数　值
安装计算机的 IP 地址	
主机记录	（截图）
邮件交换记录	（截图）

16.6.2　安装 Winmail 并完成快速配置

在邮件服务器上完成 Winmail 的安装和快速配置，将结果记录在表 16-3 和表 16-4 中。

表 16-3　Winmail 安装过程

配　置　参　数	参　数　值
邮件服务器的 IP 地址	
使用的 Winmail 版本	
管理员密码	

表 16-4　快速设置

配置参数与操作	参　数　值
新建邮箱地址	
密码	
设置信息	（截图）

16.6.3　使用 Winmail 管理端工具

在 Winmail 管理端工具中新增用户信息，将结果记录在表 16-5 中。

表 16-5　快速设置

操　　作	结　　果
新增邮箱地址	（截图）
密码	（截图）

16.6.4　使用 Foxmail 发送邮件

在 Foxmail 创建账户，并用该账户发送测试邮件，将结果记录在表 16-6 和表 16-7 中。

表 16-6　新建账户设置

配　置　参　数	参　数　值
接收服务器类型	
邮件账号	
POP 服务器	
POP 服务器端口	
SMTP 服务器	
SMTP 服务器端口	

表 16-7　用 Foxmail 客户端收发邮件

配置参数与操作	参数/结果
发件邮箱	
收件邮箱	
发送邮件	（截图）

16.6.5　使用浏览器收发邮件

使用浏览器登录邮箱,测试邮件的收发,将结果记录在表 16-8 中。

表 16-8　用浏览器收发邮件

配置参数与操作	参数/结果
发件邮箱	
收件邮箱	
发送结果	（截图）
接收结果	（截图）

图书资源支持

感谢您一直以来对清华版图书的支持和爱护。为了配合本书的使用，本书提供配套的资源，有需求的读者请扫描下方的"书圈"微信公众号二维码，在图书专区下载，也可以拨打电话或发送电子邮件咨询。

如果您在使用本书的过程中遇到了什么问题，或者有相关图书出版计划，也请您发邮件告诉我们，以便我们更好地为您服务。

我们的联系方式：

清华大学出版社计算机与信息分社网站：https://www.shuimushuhui.com/

地　　址：北京市海淀区双清路学研大厦 A 座 714

邮　　编：100084

电　　话：010-83470236　010-83470237

客服邮箱：2301891038@qq.com

QQ：2301891038（请写明您的单位和姓名）

资源下载：关注公众号"书圈"下载配套资源。

资源下载、样书申请

书圈

图书案例

清华计算机学堂

观看课程直播